浙江农民大学农村实用人才培养系列教材

职场礼仪与沟通

ZHICHANG LIYI YU GOUTONG

李文莉 编 著◎

中国林业出版社

内容提要

在人际交往中，礼仪与沟通不仅可以有效地展现一个人的教养、风度和魅力，还能体现出一个人的社会认知水平、个人学识、修养和价值。随着社会的进步，人们越发意识到礼仪与沟通在生活、工作中的重要作用；礼仪已经成为提高个人素质和单位形象的必要条件；沟通是人立身处世的根本、人际关系的润滑剂、现代竞争的附加值。

本书由礼仪篇和沟通篇两部分组成。礼仪篇主要包括职场礼仪概述、职场形象塑造、职场交往礼仪、职场办公礼仪。沟通篇主要包括沟通概述、塑造有效沟通、沟通障碍及其克服、沟通方向。

本书内容体现了时代性、实用性和新颖性，注重从心理学、美学、语言学、民俗学、伦理学、公共关系学、社会学等多学科、多角度综合且细致地叙述、总结了在人际交往中所反映的沟通理念和各种礼仪规范。本书注重理论与实践的结合，提供了案例分析。

图书在版编目（CIP）数据

职场礼仪与沟通/李文莉编著. —北京：中国林业出版社，2017.6（2024.8重印）
ISBN 978-7-5038-9164-9

Ⅰ.①职… Ⅱ.①李… Ⅲ.①心理交往—礼仪—通俗读物 Ⅳ.①C912.1-49

中国版本图书馆CIP数据核字（2017）第164248号

国家林业局生态文明教材及林业高校教材建设项目

中国林业出版社·教育出版分社

策划编辑：杨长峰　唐　杨
责任编辑：张　佳　韩新严
电　　话：(010)83143561　　　　传　　真：(010)83143516

出版发行	中国林业出版社（100009　北京市西城区德内大街刘海胡同7号） E-mail: jiaocaipublic@163.com　　电话：(010)83143500 http://lycb.forestry.gov.cn
经　销	新华书店
印　刷	北京中科印刷有限公司
版　次	2017年6月第1版
印　次	2024年8月第2次印刷
开　本	787mm×1092mm　1/16
印　张	16.75
字　数	387千字
定　价	41.80元

未经许可，不得以任何方式复制或抄袭本书之部分或全部内容。

版权所有　侵权必究

前　言

在竞争日趋激烈的今天，越来越多的企业和员工认识到职业礼仪和沟通的重要性，却又有很多困惑：礼仪的内涵和规则是什么？在重要的场合如何进行职业形象设计？怎样留下完美的职场第一印象？职场中如何与上司、同事、下属相处？在公务拜访过程中又如何做到有礼有节，并与交往对象进行融洽、有效的沟通？因此，礼仪与沟通已成为现代人生活和工作中必不可少的交往艺术和方式。

本书内容分为礼仪篇和沟通篇，共两篇八章。主要介绍职场礼仪与职场沟通的有关知识，同时兼顾礼仪与人际沟通普适性知识，其目的是帮助职场人构建一座通往事业成功的"桥梁"。礼仪篇重点要求学员掌握并运用语言和非语言技巧，掌握职业场所需的职业形象塑造、交往礼仪与办公礼仪，创造和谐的人际关系。沟通篇以学员为主体，构建人际沟通的理论体系和训练体系，重点培养职场人员人际沟通的良好态度，提高人际沟通的能力，协调并建立职场良好的人际关系。

本书语言清晰流畅简洁，可读性强，注重实用，书中设置名人名言、谈古论今、知识课堂、技能实训、案例分析等模块，将礼仪与沟通的理论知识完全融入职场工作情景和社交活动中，并结合企业文化建设、企业形象建设、企业市场营销的需要，分析人脉关系的积累与礼仪关系的必要性。

本书由李文莉编著，由赖俊明主审，李文莉负责定稿，曹振杰、王静然对本书的编写提出了很多宝贵意见。本书是李文莉等多位老师多年从事教学与培训成果的积累，也参阅并引用了许多相关学者的有关著作和论述，在此一并表示由衷的感谢！

由于编者学识有限，难免有疏漏和不妥之处，敬请各位专家和读者不令赐教，以便今后修订日臻完善。

编者
2017 年 4 月

目　录

前　言

第一篇　礼仪篇

第一章　职场礼仪概述 ·· 3
第一节　礼仪的起源与发展 ··· 3
第二节　礼仪的原则与特征 ··· 7
第三节　职场礼仪功能与作用 ·· 9
第四节　学习职场礼仪的方法 ··· 13

第二章　职场形象塑造 ·· 17
第一节　职场仪容礼仪 ·· 17
第二节　职场仪态礼仪 ·· 26
第三节　职场服饰礼仪 ·· 40
第四节　职场人际关系礼仪 ·· 56

第三章　职场交往礼仪 ·· 66
第一节　见面礼仪 ·· 66
第二节　通联礼仪 ·· 76
第三节　聚会礼仪 ·· 82
第四节　餐饮礼仪 ·· 87

第四章　职场办公礼仪 ··· 103
第一节　通讯礼仪 ··· 103
第二节　宴会礼仪 ··· 114
第三节　出行礼仪 ··· 119
第四节　赠送礼仪 ··· 126
第五节　出国礼仪 ··· 131

第二篇　沟通篇

第五章　沟通概述 ··· 143
第一节　沟通的概念、类型与过程 ·· 143
第二节　有效沟通的特征、原理与原则 ··· 149
第三节　沟通的作用与重要性 ··· 158
第四节　沟通的准备与实施 ··· 163

第六章　塑造有效的沟通 ·· 168
第一节　语言沟通及其基本技巧 ··· 168
第二节　非语言沟通及其基本技巧 ·· 178
第三节　有效沟通的聆听、提问与反馈 ··· 187

第七章　沟通障碍及其克服 ··· 198
第一节　有效沟通的障碍 ··· 198
第二节　克服沟通障碍的方法 ··· 206

第八章　沟通方向 ··· 219
第一节　沟通渠道 ·· 219
第二节　具体措施 ·· 248

参考文献 ·· 257

第一篇

礼仪篇

第一章　职场礼仪概述

中国自古有"礼仪之邦"的美誉,礼仪在中国传统文化中是个十分重要的概念。自西周王朝礼仪典制发展至今,现代礼仪在博大精深的传统礼仪基础上,又融入了现代社会的特殊意义,涉及政治、道德和社会等各方面。

第一节　礼仪的起源与发展

名人名言

礼仪的目的与作用本在使得本来的顽梗变柔顺,使人们的气质变温和,使他尊重别人,和别人合得来。

——约翰·洛克

礼貌使有礼貌的人喜悦,也使那些受人以礼貌相待的人们喜悦。

——孟德斯鸠

谈古论今

孔融,是东汉末年著名的文学家,建安七子之一,他的文学创作深受魏文帝曹丕的推崇。据史书记载,孔融幼时不但非常聪明,而且还是一个注重兄弟之礼、互助友爱的典型。孔融四岁的时候,常常和哥哥一块吃梨。每次,孔融总是拿一个最小的梨子。有一次,爸爸看见了,问道:"你为什么总是拿小的而不拿大的呢?"孔融说:"我是弟弟,年龄最小,应该吃小的,大的还是让给哥哥吃吧!"孔融小小年纪就懂得兄弟姐妹相互礼让、相互帮助、团结友爱的道理,使全家人都感到惊喜。

知识课堂

一、礼仪的起源

1. 东方礼仪溯源

中国作为东方文化的发源地,素有"文明古国""礼仪之邦"的美誉。中国的礼仪源于礼。"礼"和"仪"最早是分开使用的。礼是"禮"的简化字。"禮"最初产生于刀耕火种的原始社会,是指以祭"天"、敬"神"为主要内容的图腾崇拜活动仪式和程序以及对参加活动的人的行为要求。"仪"的概念,则是在奴隶社会向封建社会转型的春秋时期才提到,意即:仪式,仪文。"礼"和"仪"连用始于先秦的《诗经·小雅·楚茨》:"为宾为客,献酬交错。礼仪卒度,笑语卒获。"

中国古代最早最重要的礼仪著作是《周礼》《仪礼》和《礼记》,合称"三礼"。在我国从原始社会走向封建社会的漫长阶段中,古代的"礼仪"本质上更偏重于政治体制上的道德教化。进入封建社会后,"礼"就逐渐演变为"治国之法",具有了三层主要含义:政治制度、礼貌礼节、礼物。"仪"作为"仪式""仪文",也具有三层含义:容貌和外表,仪式和礼节,准则和法度。新中国成立后礼仪大致经历了三个发展阶段:

(1)礼仪革新阶段:1949—1966年是中国当代礼仪发展史上的革新阶段。此间,摒弃了昔日束缚人们的"神权天命""愚忠愚孝",以及严重束缚妇女的"三从四德"等封建礼教,确立了同志式的合作互助关系和男女平等的新型社会关系,而尊老爱幼、讲究信义、以诚待人、先人后己、礼尚往来等中国传统礼仪中的精华,则得到继承和发扬。

(2)礼仪退化阶段:十年动乱使国家遭受了难以弥补的严重损失,也给礼仪带来一场"浩劫"。许多优良的传统礼仪,被当作"封资修"货色扫进垃圾堆。礼仪受到摧残,社会风气逆转。

(3)礼仪复兴阶段:1978年党的十一届三中全会以来,改革开放的春风吹遍了祖国大地,中国的礼仪建设进入新的全面复兴时期。从推行文明礼貌用语到积极树立行业新风,从开展"18岁成人仪式教育活动"到制定市民文明公约,各行各业的礼仪规范纷纷出台,岗位培训、礼仪教育日趋红火,讲文明、重礼貌蔚然成风。《公共关系报》《现代交际》等一批涉及礼仪的报刊应运而出,《中国应用礼仪大全》《称谓大辞典》《外国习俗与礼仪》等介绍和研究礼仪的图书、辞典、教材不断问世。广阔的华夏大地上再度兴起礼仪文化热,具有优良文化传统的中华民族又掀起了精神文明建设的新高潮。

2. 西方礼仪发展缘由

法语"Étiquette",原意是"法庭上的通行证";英文"Etiquette"演变成"人际交往的通行证",具有了"礼仪"的三层涵义:谦恭有礼的言谈举止、教养和规矩。十七八世纪是欧洲资产阶级革命浪潮兴起的时代,尼德兰革命、英国革命和法国大革命相继爆发。随着资本主义制度在欧洲的确立和发展,资本主义社会的礼仪逐渐取代封建社会的礼仪。资本主义社会奉行"一切人生而自由、平等"的原则,但由于社会各阶层经济上、政治上、法律上的不平等,因此未能做到真正的自由、平等。不过,资本主义时代也编撰了礼仪著作,例如,英国资产阶级教育思想家约翰·洛克于1693年写作的《教育漫画》系统而深入地论述了礼仪的地位、作用,以及礼仪教育的意义和方法;德国学者缅南杰斯的礼仪专著《论接待权贵和女士的礼仪,兼论女士如何对男性保持雍容态度》于1716年问世;英国政治家切斯特菲尔德勋爵在其名著《教子书》中指出,"世界最低微、最贫穷的人都期待从一个绅士身上看到良好的教养,他们有此权利,因为他们在本性上是和你相等的,并不因为教育和财富的缘故而比你低劣。同他们说话时,要非常谦逊、温和,否则,他们会以为你骄傲,而憎恨你"。西方现代学者编纂、出版了不少礼仪书籍,其中比较著名的有法国学者让·赛尔著的《西方礼节与习俗》,英国学者埃尔西·伯奇·唐纳德编的《现代西方礼仪》,德国作家卡尔·斯莫卡尔著的《请注意您的风度》,美国礼仪专家伊丽莎白·波斯特编的《西方礼仪集萃》,以及美国教育家卡耐基编撰的《成功之路丛书》等。

二、礼仪的内涵与概念

礼仪,是人们在长期生活交往过程中慢慢形成的一种生活习惯,它涵盖礼节和仪式。最初的"礼"源于对祖先和神灵的祭祀和膜拜,与人们对神灵的敬畏之情有关,后来发展到对人如王者、尊者及长者的敬意之情。"礼"即礼貌、礼节、礼仪;"仪"即仪表、仪态、仪式。

(1)礼。"礼"是人们在长期社会生活实践中约定俗成的行为规范。

①礼貌　是指人际交往中,相互表示敬重和友好的道德准则和言行规范。它主要包括口头语言的礼貌、书面语言的礼貌、态度和行为举止的人类文明行为的最基本要求。

②礼节　是人们在交际过程和日常生活中,相互表示尊重、友好、祝愿、慰问以及给予必要的协助与照料的惯用形式,是人们在交际过程中逐渐形成的约定俗成和惯用的各种行为规范的总和。礼节是社会外在文明的组成部分,具有严格的礼仪性质。它反映了一定的道德原则的内容,反映了对人对己的尊重,是人们心灵美的外化。

③礼仪　是人们在隆重而正式的交际场合,在礼遇规格和礼宾次序等方面为个人、集体,乃至国际社会都必须普遍遵守的基本原则和行为规范,它是礼貌、礼节的最高表现形式。

(2)仪。"仪"作为人际交往中相互表示尊重、友好的具体形式,主要包括仪表、仪式和礼仪器物。

①仪表　是指人的外表,包括仪容、服饰、体态等。仪表属于美的外在因素,反映人的精神状态。仪表美是一个人心灵美与外在美的和谐统一,美好纯正的仪表来自于高尚的道德品质,它和人的精神境界融为一体。

②仪式　是一种比较正规、隆重的礼仪形式。仪式是行礼的具体过程或程序。它是礼仪的具体表现形式。仪式往往具有程序化的特点,这种程序是人为地约定俗成的。例如,司仪、仪仗队等。

③礼仪器物　是为表达敬意、寄托情意的一些物品。例如,哈达、锦旗、奖杯、纪念勋章等。

(3)礼俗。礼俗即民俗礼仪,它是指各种风俗习惯,是礼仪的一种特殊形式。

三、礼仪的功能

1. 弘扬礼仪传统

中华民族,素以"礼仪之邦"著称于世。几千年来,我国各族人民创造了一整套独具特色的礼节、仪式、风尚、习俗、节令、规章和典制等,深受广大人民所喜爱并且被沿袭下来。这些礼仪习俗,反映了中华民族的传统美德与优良品质,勾画了中华民族的历史风貌。

2. 提高自身修养

在人际交往中,礼仪往往是衡量一个人文明程度的准绳。它不仅反映着一个人的交际技巧与应变能力,而且还反映着一个人的气质风度、阅历见识、道德情操、精神风貌。因此,从这个意义上讲,礼仪即教养,而有道德才能高尚,有教养才能文明。

3. 完善个人形象

讲究礼仪对个人的成功是至关重要的,因为它关系到个人的形象。个人形象,是一个人仪容、表情、举止、服饰、谈吐、教养的集合,而礼仪在上述诸方面都有自己详尽的规范,因此学习礼仪,运用礼仪,无疑将有益于人们更规范地设计个人形象,更充分地展示个人的良好教养与优雅风度。

4. 改善人际关系

一个人只要同其他人打交道,就不能不讲礼仪。运用礼仪,可以使个人在交际活动中充满自信,胸有成竹,处变不惊;还可以帮助人们规范彼此的交际活动,更好地向交往对象表达自己的尊重、敬佩、友好与善意,增进大家彼此之间的了解与信任。

5. 塑造组织形象

良好的组织形象是任何组织都有意追求的目标,组织形象的塑造处处都需要礼仪,它通过组织员工的仪容仪表、言谈举止、礼貌礼节、仪式及活动过程表现出来,是塑造组织形象的基础工程。

6. 建设精神文明

世界各国和各民族都十分重视交往时的礼节礼貌,并把它视为一个国家和民族文明程度的重要标志。

四、礼仪与道德

道德是礼仪的基础,礼仪是道德的表现形式。

1. 礼仪是人类社会道德自主的表现

礼仪作为生活中卓有成效的交往工具,其核心是以礼为中心的道德规范。

2. 礼仪与社会公德

社会公德,是一个社会中全体成员都必须遵守的、借以维护社会正常生活秩序的各种行为规范的总和。社会公德是人们最基本的公共生活准则,是人类生活、人际关系中的一个基本问题。社会公德主要包括三个方面:共同道德规范;人道主义精神;共同行为准则。

3. 礼仪与职业道德

职业道德是指各类职员在从事职业活动中所必须遵守的各种行为规范的总和。讲究礼仪是职业道德的基本要求。只有掌握一定的礼仪规范,才能提高职业道德修养。

4. 礼仪与伦理道德

中国传统礼制中的伦理道德主要体现在三个方面：尊长爱幼；忠群孝亲；尊卑贵贱。我们在日常生活中，应汲取传统伦理道德中的合理成分，提倡人人平等、尊老爱幼等。同时，我们应摒弃传统礼制中的消极成分，如男尊女卑、盲目地忠孝君亲、森严的等级制度等。

第二节　礼仪的原则与特征

一、礼仪的原则

礼仪的核心是"尊敬"。礼仪主要起规范作用，规范则有标准和尺度；而礼仪水平的高低则反映出个体或群体的修养和境界。礼仪的原则可概括为以下四点：

1. 真诚尊重的原则

真诚是对人对事的一种实事求是的态度，是待人真心真意的友善表现，真诚和尊重首先表现为对人不说谎、不虚伪、不侮辱，只有真诚尊重方能使双方心心相印、友谊地久天长。

2. 平等适度的原则

平等是人与人交往时建立情感的基础，是保持良好的人际关系的诀窍。适度原则即交往应把握礼仪分寸，根据具体情况、具体情境而行使相应的礼仪。具体而言，应做到：

(1) 感情要适度；
(2) 语言要适度；
(3) 行为要适度；
(4) 距离要适度。

3. 自信自律的原则

自信是社交场合中一个心理健康的原则。唯有对自己充满信心，才能如鱼得水，得心应手。

自律是自我约束的原则。在社会交往过程中，在心中要树立起一种道德信念和行为修养准则，以此来约束自己的行为。

4. 信用宽容的原则

信用即讲信誉的原则，孔子曰："民无信不立，与朋友交，言而有信"。在职场中，尤其要讲究一是要守时，与人约定时间的约会、会见、会谈、会议等，决不应迟到。二是守约，即与人签定的协议、约定和口头答应的事，要说到做到，即所谓言必行，行必果。

宽容就是心胸坦荡、豁达大度，能设身处地为他人着想，谅解他人的过失，不计较个人得失，有很强的容纳意识和自控能力。职场中要宽以待人，在人际纷争问题上能够保持豁达大度的品格和态度。凡事想开一点，眼光看远一点，善解人意、体谅别人，才能正确对待和处理好各种关系与纷争，争取到更长远的利益。

二、礼仪的特征

1. 文明性

礼仪是人类文明的结晶，是现代文明的重要组成部分。文明的宗旨体现的是尊重，既是对人也是对己的尊重，这种尊重总是同人们的生活方式有机、自然、和谐地融合在一起，成为人们日常生活和工作中的行为规范。

2. 共通性

无论是交际礼仪、商务礼仪还是公关礼仪，都是人们在社会交往过程中形成并共同认可的行为规范。虽然各国家、各地区、各民族形成了许多特有的风俗习惯，但就礼仪本身的内涵和作用来说，仍具有共通性。

3. 多样性

世界是丰富多彩的，礼仪也是五花八门、绚烂多姿的。不同场合有不同的人际关系，因而也就产生了各种不同的礼仪要求。家庭生活中有夫妻之礼、父子之礼；社会交往中有各种社交礼仪；学校生活中有师生之礼、同学之礼；各种职业也都有自己的职业礼仪。

4. 变化性

礼仪并不存在僵死不变的永恒模式。随着时间的推移，礼仪会发生巨大的变化。可以说，每一种礼仪都有其产生、形成、演变和发展的过程。礼仪在运用时也具有灵活性。

5. 规范性

礼仪的规范性，是指人们在交际场合待人接物时必须遵守的行为规范。这种规范性，不仅约束着人们在一切交际场合的言谈话语、行为举止，使之合乎礼仪，而且也是人们在一切交际场合必须采用的一种"通用语言"，是衡量他人、判断自己是否自律、敬人的一种尺度。

三、礼仪与社会公德

社会公德是社交礼仪的基础。独善其身是私德，是要求自己的。和别人相处就是我们讲的公德的概念，也是社会交往中要讲的道德。社交礼仪是社会公德的表现形式。

中共中央在2001年9月20日正式发表《公民道德建设实施纲要》，其中对公民的基本道德规范做了规定："爱国守法；明理诚信；团结友善；勤俭自强；敬业奉献。"

（1）热爱祖国。在任何情况下，不能做出有损于国格的事情。人格不能有损，国格不能有损。

（2）遵守法律。法律规范是一种刚性规范。没有法律意识的人，就是没有现代文明意识的人，也是会自己破坏自己的前途和命运的人。

（3）保护弱者。保护弱小，扶老携幼，尊重妇女，尊重老人，照顾儿童，这是现代公德的基本要求。

（4）遵守秩序。公共秩序对我们每个人、对我们的国家都是非常重要的。它代表了大家的共同要求和愿望、共同利益，是社会文明的标志，是一个人有道德的表现。

（5）为人诚信。以和为贵，与人为善，诚信为本。这是我们的传统美德。言而有信是取信于人的前提。

（6）保护环境。保护环境实际上也是爱护我们人类自身。

（7）讲究卫生。它不仅是个私德问题，而且是个公德问题。

第三节　职场礼仪的功能与作用

名人名言

礼，所以正身也；师，所以正礼也。

——荀况

礼仪，是聪明人想出来的与愚人保持距离的一种策略。

——爱默生

谈古论今

我国自隋唐至明清的科举制度影响广泛，被公认为是开创了世界文官制度的先河。现代公务员制度由文官制度演变而来，其建立至完善经历了一个不断努力的阶段。就我国来说20世纪80年代中后期提出建立公务员制度，经过几年的努力1987年初提出了以建立国家公务员制度为主要内容的人事制度改革系统设想和法规草案。1993年8月14日，国务院总理李鹏正式签署颁布了国家公务员管理的第一个基本行政法规《国家公务员暂行条例》，并决定从当年10月1日起在全国正式实施。此后，随着国家公务员制度的全面实施，人事部先后制定了录用考核、职务升降、辞职辞退、交流、回避等十多个与《国家公务员暂行条例》相配套的单项规定和实施办法。这些"规定和办法"在对我国"深化人事制度改革，完善公务员制度，建立一支高素质的专业化国家行政管理干部队伍"起到积极作用的同时，也对每一位公务员规范个人言行，担当文明礼仪表率起到了约束和参照作用。

2004年，浙江省档案局颁布全系统《女公务员办公礼仪规范》，在着装、语言、交往、行为等四个方面对女公务员提出了要求，这是全国范围内专门针对女公务员制定礼仪规范的先例。2007年，在两会上，政协委员叶宏明建议，国务院和各省市自治区机关公务员应统一着装。且不说公务员的着装是否能统一，但关于公务员形象的种种关注，至少说明了一个相当重要的问题：公务员是代表国家、政府与社会各个层面的公众打交道，其文明礼仪风貌必须予以重视。

"银烛朝天紫陌长,禁城春色晓苍苍。千条弱柳垂青琐,百啭流莺绕建章。剑佩声随玉墀步,衣冠身惹御炉香。共沐恩波凤池上,朝朝染翰侍君王。"此诗描写的是古代上朝礼仪。在长约两千年的科举制度存续期间,再留给本国和其他国家对人才选拔问题的广泛思考的同时,也留下了不少"繁文缛节",随着时代的进步、社会制度的革新,其中封建的、糟粕的内容和形式已为人们所抛弃,但其中的文精化髓不应为人们所忽视,无论在哪个时代政府部门的工作人员必须知礼、守礼。

知识课堂

成功的职业生涯,不只是需要才华横溢,更重要的是要有一定的职场生存技巧。职场礼仪就是职场工作者生存技能之一。懂得在职场中以礼仪规范自己的行为,就能以一种恰当合理的方式与人沟通和交流,就能使自己在职场中赢得别人的尊重,抢占职场先机。初涉职场的年轻人都面临着各种各样的突发情况和第一次的无所适从,如第一次接待客户、第一次递名片。如何与人交谈最得体,怎样的坐姿才最适当,任何礼仪上的失误都会导致职业上的挫折。由此可见,学习并适用职场礼仪是非常必要的。

身在职场,时时刻刻需要礼仪规范,尤其是想要获得职场上事业的成功,更应该首先学会职场礼仪,使礼仪规范成为你通往成功道路上的"通行证"和"加速器"。

一、礼仪是职场人生的成功必修课

礼仪是文明社会约定俗成的行为准则。在我国,礼仪一直是国家、民族文化中的重要组成部分,也是人们在日常生活中必须掌握的一门学问。一个人想要融入社会,就要对社会上的习俗和规范做详细了解,并以此来规范自己的言行。

随着社会经济的发展,国内企事业单位与国外企事业单位的合作交流也日益增多,我们的传统礼仪文化与西方礼仪文化相互碰撞、融汇,形成了当今更完善合理的职场礼仪文化,礼仪的概念和内容以及形式、功能也有所改变。为了适应社会的发展,企事业单位员工学习礼仪,并且熟练掌握礼仪这门学问已经成了大势所趋。

当今社会,人们越来越注重礼仪,良好的礼仪和文明的作风,能够体现出一个人的修养、风度和魅力,也能帮人们营造良好的人脉关系,建立坚实的人际关系基础。所以,良好的礼仪对每个人的家庭幸福、职场发展、社会交际起着非常重要的作用。

在不同的环境中,我们会扮演不同的角色。立足于社会,我们是一名公民,是社会的一分子;立足于职场,我们是员工,是事业的建设者;立足于家庭,我们是父母或者儿女。随着环境的转换,我们的社会角色也在不断变换着。我们要应对生活、工作、家庭甚至各种特殊的场合,都需要不断学习各种礼仪知识,运用在生活和工作的每个细节中,来展现自己的素质修养。

今天,"讲文明,懂礼仪",是每一个职场工作者都要不断学习和努力才能逐步完善的事情,这样才能更好地融入职场,融入生活,融入社会,为自己创造完美的事业和生活,为公众营造良好的社会风气。

《论语》中有这样一句话:不学礼,无以立。意思是讲,一个不讲究礼仪的人,是没有立足之地的。所以,要想成就事业,先要学会文明做人,依礼做事。

二、职业发展与事业成功离不开礼仪

职场礼仪,是指职业工作者在职业场所中应当遵循的一系列礼仪规范。了解、掌握并恰当地应用职场礼仪,有助于完善和维护职场人士的职业形象,会使每个职业工作者的工作左右逢源,事业蒸蒸日上,成为一个成功职场人士。这就是职场礼仪的价值所在。

礼仪对于职场生存的重要意义不言而喻。或许有人会说:工作能力才是员工在企业中立足的最重要基础,这是我们在事业中取得成就的硬件,而礼仪充其量只是个软件。事实上并非如此,如果员工忽略了文明礼仪的重要性,就可能给自己的生活和工作带来意想不到的恶劣后果。在职场中,拥有良好的礼仪,可以帮助你在职场上有更好发展。一个人如若不知礼,不仅会遭人耻笑,也会给自己的事业带来极其严重的负面影响。知礼懂礼守礼的人,会严格把握自己的言行举止和外在形象,给人以严谨、成熟、做事干练、有修养的印象,因此,这样的人更容易得到上司的青睐、同事的帮助以及合作者的认可。

文明礼仪就是当今职场每一个职业工作者的名片,自己的穿着打扮、举手投足、言谈举止,都能间接体现出自我内在的精神风貌、道德品质和文明修养,都在很大程度上决定着职场的作为与事业的成就。

每个员工都是企事业单位的组成细胞。一个企事业单位的整体形象,都是通过企事业单位中的每个成员的精神风貌体现出来的,从这个意义上说,企事业单位中的每一位员工都是企业的"形象大使"。对于企事业单位来说,礼仪是单位文化、单位精神的重要表现方式,在规模较大的企事业单位中,对员工礼仪都有非常高的要求。因此,企事业单位员工讲文明,懂礼仪,不仅是员工自己的责任,更是对企事业单位和集体的责任。

技能实训

讲文明懂礼仪,应该由每一人从自身做起,从细节做起,再用自己的行动来感染身边的每一个人,带动起集体和社会的良好风气。

三、不懂礼仪就不能成为一名好员工

中国素有"礼仪之邦"之称,因此我们都知道文明礼仪在人们工作、生活中所起到的重要作用。文明礼仪与法律法规不同,它是一种约定俗成的规范,是依靠个人自觉遵守的,不是被强制执行的道德标准,所以礼仪更能体现出一个人的思想道德水平、文化修养以及交际能力等方面的素质。

在现代职场,不懂礼仪就不能成为一名好员工,甚至可能为此砸掉自己的饭碗。

案例分析

某市一家文化企业,有一位刚入职两个月的"高材生"。此君不仅是名牌大学毕业,而且聪明伶俐,知识丰富,业务很快就能上手。但很快,从经理到同事都受不了这位新同事了:很少洗澡,身上总有股异味;好好的工作服经他穿两天,不是皱就是脏;肩膀上的头皮屑从不清理；耳孔里总有很多耳垢……最让人受不了的，是他经常当着客户的面跷腿，并把手伸进袜子里挠脚，提醒多次也无济于事。"高材生"总是这样辩解：重在业务能力，形象无所谓。

其实，形象就是尊严。与客户交往中，这样的"高材生"，只能坏事。

当大家走过办公室，却看到桌上杂乱不堪，地上扔满了杂物的时候；当大家在安静地办公，却听到有人大声接打电话的时候；当大家坐在一起上班，同事们之间面无表情，互不理睬的时候；当上司与下属交流，却互相攻击、语言污秽时，这样的职场一定是毫无生气的，这样的企事业单位一定是毫无希望的。

正如人们知道的，不文明，缺少礼仪的行为在今天的职场生活中随处可见，事实上做到讲文明，懂礼仪并不是件简单的事情。文明礼仪涉及的范围很广，文明礼仪的规范几乎涵盖了职场生活和工作中的所有活动。良好的社会风气与每个职场人士息息相关，影响着大家的工作和生活，需要每个人努力提高自身的素质来维护和改善。因此，我们应该从自己做起，时刻规范自己的行为，注意自己的举止，依靠大家共同的努力，知礼而守礼，才会消除工作中的不文明现象，才会为所在职场带来勃勃生机。

今天，在不少单位中，常常可以看到一些员工缺乏职业道德和礼仪意识，工作态度消极、不注意形象、同事关系紧张、不尊重领导、工作不汇报、没有团队观念、不懂礼宾次序……这些看似不起眼的一个个细节，都会成为团队涣散、效率低下等问题的关键原因。总结职场中成功者的实际经验，职场中改变自己命运的，往往就是这些大家并不在意的礼仪和素养。避免在职场中经历不必要的挫折或失误，才能使自己因此成为受同事尊重、客户尊敬、领导重视的好员工！

技能实训

在现代职场上，个人形象往往代表着单位的素质。任何人都有维护单位尊严的义务和责任。因此，不懂礼仪，不讲礼仪的人，在单位里是不受欢迎的。

四、职场永远需要具有良好礼仪风范的员工

每一个职工都是本单位的形象大使，每一个单位都需要拥有良好文明礼仪的职工。随着社会进步和经济的快速发展，许多企事业单位都意识到培养职工的文明礼仪风范是展现单位文化，烘托单位健康向上的形象的唯一途径。近些年来，企事业单位在重视经济发展的同时，也把职工的素质教育，特别是文明礼仪的普及工作当成自己不可推卸的责任。职工的文明礼仪风范已经不仅仅是员工自己的事情了，更是企事业单位快速建设和发展的标志。原因如下：

（1）职工文明有礼，有利于促进单位形象和素质的提升。企事业单位的形象和素质是通过企事业单位文化建设来逐步提升的，而职工文明礼仪又是企事单位文化建设的重要组成部分。每一个职工在工作中的行为表现都是企事业单位影像的缩影，透视着企事业单位的经营管理、建设发展的各方面信息。因此拥有良好文明礼仪的职工，不但能在企事业单位内部带动起职工的整体素质，还能通过完美的单位形象，提高社会公众对单位的认可程度。

（2）职工文明有礼，有利于适应发展需要。由于经济的快速发展，企事业单位的经营管理模式正由以前的封闭转为公开透明，因此企事业单位职工在工作中与外界接触的较以前多。企事业单位内许多业务需要通过电话、网络或者直接会谈来完成，这就要求职工具备一定的礼仪知识来适应信息化工作形式。

（3）职工文明有礼，有利于形成良好的单位风气。随着国内经济的迅猛发展，物质文明与精神文明的差距也越来越大，在许多企事业单位里精神文明的发展相对滞后的现象非常普遍。为了改变企事业单位发展状况好但风气差的状况，企事业单位不断推出文明礼仪的培训课程，并选拔出礼仪形象较好的职工作为学习典型，这在一定程度上也起到了改善企事业单位风气的作用。

（4）职工文明有礼，有利于推动单位的发展。企事业单位的发展离不开职工的贡献，拥有良好文明礼仪的职工通常职业素养也较高，这样的职工对于企事业单位来说，就是促进企事业单位发展的中坚力量。另外，企事业单位的管理和经营也离不开礼仪文化，企事业单位规模不断扩大，走向全国走向世界，更需要职工熟悉与各界交往的法则和规范。

一个具备良好文明礼仪的职工在企业中占据着重要的地位，是企业最佳的形象代言人。

由此可见，单位最需要的是具有综合职业素养的职工，工作能力强，道德素质高，工作态度认真，最关键的一点还要拥有良好的文明礼仪风范。

第四节 学习职场礼仪的方法

名人名言

夫君子之行，静以修身，俭以养德，非淡泊无以明志，非宁静无以致远。

——诸葛亮

善气迎人，亲如弟兄；恶气迎人，害于戈兵。

——管仲

谈古论今

在许多古装戏曲或影视作品中，我们经常能看到朝廷官员们身着不同颜色、绣有不同图案的官袍，这实际上象征着官员身份和地位的不同。黄色和龙的图案是皇室高贵地位的象征，而朝廷官员在正式场合下的装束也颇有讲究。譬如，文官身着服装的图案按等级分别是鹤（一品）、锦鸡（二品）、孔雀（三品）、雁（四品）、白鹇（五品）、鹭鸶（六品）、鸂鶒（七品）、鹌鹑（八品）、练雀（九品）；武官身着服装同样有等级之分，一品为麒麟、二品为狮子、三品为豹子、四品为虎、五品为熊、六品为彪、七品八品为牛、九品为海马。

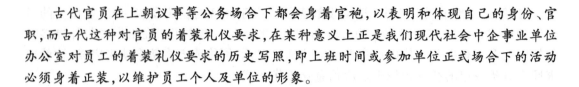

古代官员在上朝议事等公务场合下都会身着官袍,以表明和体现自己的身份、官职,而古代这种对官员的着装礼仪要求,在某种意义上正是我们现代社会中企事业单位办公室对员工的着装礼仪要求的历史写照,即上班时间或参加单位正式场合下的活动必须身着正装,以维护员工个人及单位的形象。

知识课堂

职场礼仪需要员工在仪容、服饰、行为举止、表情、谈吐等各个方面不断规范化,努力掌握日常办公、人际交往、商务活动等特定场合的礼仪规定。虽然职场礼仪涉及的范围很广,从日常工作到特定场合和特定活动都有不少规范,但只要我们在日常工作中掌握其基本要领,勤于实践,就能使自己成为一个讲文明、懂礼仪的优秀员工。

一、让自己成为一名有魅力的员工

在现代职场,要成为受人尊重、企事业单位欢迎、有魅力的好员工,很重要的一点就是要知礼守礼,养成文明有礼的好习惯。

1. 从自己做起,讲文明,懂礼仪

礼仪是一张个人素质的名片,想要把自己打造成一个素质高雅,文明懂礼的人,就应该不断学习掌握一些礼仪知识,同时意识到自己的行为对于集体乃至整个社会的影响。只有具备了这种意识,才有可能自觉加强个人礼仪学习,规范个人行为,加强个人修养。

2. 打好基础,注重平时的修养

礼仪能体现出一个人的修养和素质,同样的道理,自身修养和素质都很高的人,也一定具备文明和规范的举止。因此良好的修养是文明礼仪的基础。

3. 时刻把尊重他人放在心上

人们常说:只有你尊重别人时,别人才会尊重你。当自己奉行尊重他人的原则时,自然而然地与人为善,礼貌相待,才能形成良好的工作气氛和社会风气。

4. 持之以恒,坚持不懈

讲文明,懂礼仪不仅是社会、集体对每个人的要求,也是每个人的良好习惯的展现。形成好习惯的过程是漫长的,需要人们在日常生活和工作中坚持不懈,是一个需要不断学习和升华的过程。

技能实训

一个员工只要掌握了以上几点要领,勤力修炼,就可以成为讲文明、懂礼仪的标兵,也必然是企事业单位里最受欢迎的"形象大使",为企事业单位的兴盛与发展做出自己的贡献。

二、培养职场礼仪素质的基本要求

拥有良好的礼仪修养，是职场工作者成熟的个性和不断自我完善的表现，也是以后走向事业成功的阶梯。一个员工要想做到知书达理，文明礼貌，不是一朝一夕可以成就的，它需要一个长期的过程和科学的方法。特别是在平时工作中，要注意掌握以下几点基本要求。

1. 提高对礼仪重要性的认识

提高礼仪认识是树立职场礼仪意识的起点，也是实现礼仪修养其他环节的前提和基础。提高礼仪认识是将礼仪规范逐渐内化的过程。通过学习、评价、认同、模仿和实践过程，逐渐学习和完善自己的礼仪规范体系，并以此来评价他人的行为。

2. 陶冶礼仪情感

光有礼仪认识还不够，如果没有真挚的情感，即使凭理智去遵循礼仪规范，也会显得勉强，不自然。陶冶情感主要包括两方面，一是形成与应有的礼仪认识相一致的礼仪情感；二是要改变与应有的礼仪认识相抵触的礼仪情感。比如，企业组织的集体活动和公益活动，都是陶冶员工个人礼仪情感的表现，使自己在学会关心人和帮助人的实际行动中，更富有爱心，从中得到快乐，并陶冶自己的情操。

3. 锻炼礼仪意志

要想使遵循职场礼仪变成自觉的行为，没有坚韧的意志是办不到的。职场工作变数大，稳定性相对较差，要想使礼仪成为你自觉的行为，非付出艰苦的努力不可。如空中小姐"微笑"服务，绝不是一日之功。因此，只有坚定的意志才能保证克服困难，排除干扰，使其礼仪行为从一而终，并取得良好的效果。

4. 养成礼仪习惯

礼仪修养要达到的最终目标，就是要养成按礼仪要求去做的行为习惯。在职场礼仪培养过程中，通过一些看得见的礼仪训练，使我们通过模仿、学习提高自己的实际操作能力，进而养成良好的礼仪习惯，对以后的职场礼仪实践将有益处。

三、职场礼仪素质自我培养的方法

职场礼仪可以通过下述几个方法进行自我培养。

1. 知行统一

知而不行叫作"惰"，行而无知谓之"盲"。"知"就是学习、掌握包括职场礼仪规范在内的各种知识，"行"就是积极实践，知与行是相互促进的。礼仪关键在于运用，在运用实践中，才能比较准确地认识到自己在礼仪知识方面的欠缺，认识到自己的行为习惯与职场礼仪要求不协调或相抵触的地方，从而促使自己有意识地及时补充"新鲜血液"，改进不足。同时通过工作实践还可以开阔视野，拓宽知识面。在职场工作中往往能学到许多书本上学不到的知识，"问渠哪得清如许，为有源头活水来"，职场人士要想不断丰富发展自己的礼仪知识,实践永远是取之不尽、用之不竭的"源头活水"。所以我们要坚持知行统一,重视实践,在学习职场礼仪知识的基础上,再进一步向实践学习。

2. 见贤思齐

古人云:"三人行,必有我师焉。"在职场工作中,我们应善于从他人的言谈举止中发现、挖掘他人的优势与长处,比如某同事很善于与人相处;某领导举止稳重、为人真诚、敢于负责,得到下属的认可;某老板善于应酬、谈吐不俗、衣饰得体,等等。这种榜样形象而具体,我们应"以人为镜",在比较鉴别的基础上取长补短,完善自己,这对塑造个人形象大有好处。

3. 躬身自省

任何事物发展的根本原因在于其内部,职场礼仪的修养也不例外。没有高度的自觉性,修养可能只是迫于外力的推动和压力仅仅是做做样子,流于形式,而养成良好的礼仪习惯只能是一句空谈。在某种意义上,礼仪修养本身是一个自我认识、自我解剖、自我教育、自我改造和自我提高的过程。自觉性是通过自省的形式体现出来的。自省是一种经常化的自觉的自我检查,是培养礼仪习惯的重要途径。"日省其身""有则改之,无则加勉",也是职场礼仪提倡的修养方法。如果能把这种方法与实践活动相结合,那么对于礼仪修养是大有益处的。坚持这一修养方法,往往能严于律己,知错就改,达到防微杜渐,经一事长一智的效果。

总之,职场礼仪是现代职场工作者生存的必需、发展的条件和成功的根基。培养自我的职场礼仪修养,对未来的人生与事业的成功有着不可估量的作用。

第二章　职场形象塑造

第一节　职场仪容礼仪

名人名言

君子不可以不学,见人不可以不饰。不饰无貌,无貌不敬,不敬无礼,无礼不立。

——孔子《大戴礼·劝学》

世界上只有懒女人,没有丑女人。

——索菲亚·罗兰

谈古论今

  1960年9月,尼克松和肯尼迪在全国的电视观众面前,进行他们竞选总统的第一次辩论。当时,大多数评论员预测,尼克松素以经验丰富的"电视演员"著称,可以击败比他缺乏经验的肯尼迪。但事实并非如此。为什么呢?肯尼迪预先进行了练习和彩排,还专门跑到海滩晒太阳,养精蓄锐。结果,他在屏幕上出现,精神焕发,满面红光,挥洒自如。而尼克松却没有听从电视导演的规劝,加之那一阵子十分劳累,更失策的是面部化妆用了深色的粉,因而在屏幕上显得精神疲惫,表情痛苦,声嘶力竭。正如一位历史学家所形容的:"他让全世界看来,好像是一个不爱刮胡子和出汗过多的人带着忧郁感等待着电视广告告诉他怎么不要失礼。"正是仪容仪表帮助肯尼迪取胜,使竞选结果出人意料。可见,仪容仪表的作用是很大的,是不可忽视的。

  人最直观的表现就是容貌,礼也是从端正容貌和服饰开始的。一个有良好修养的人,在公共场所,特别是在十分郑重的场合,一定是体态端正、服饰整洁、表情庄重、言辞得体,这既是内在修养的表露,也是对他人尊敬的表现。古人对仪容体态的礼仪有很明确的要求,即所谓"三紧七不"。"三紧"是宋代学者朱熹对古人服饰方面的要求所做的总结。所谓"三紧",就是帽带要紧、腰带要紧、鞋带要紧。三者都扎紧了,人的精神状态才会显得振作,才能表现出对人、对事的郑重。现代服饰虽然不同于古代,但穿衣得体、整洁、庄重、大方的要求,却无二致。所谓"七不",是指《礼记》提出的"不敢哕噫、嚏咳、欠伸、跛倚、睇视;不敢唾;寒不敢袭;痒不敢搔;不有敬事,不敢袒裼;不涉不撅;亵衣衾不见"等七条规定。这些规定既适用于与父母、尊长共用的场所,也适用于工作场所。在严肃、正规的场合，打饱嗝、打哈欠、伸懒腰、吐唾沫、擤鼻涕、歪坐、斜视、跷二郎腿，或者只穿睡衣、内衣，甚至赤膊，都显得随便、懒散，缺乏敬意。

  今天我们所说的仪容美，不仅注重仪容修饰美，还要注重仪容自然美、仪容内在美三者的高度统一。所谓仪容自然美，是指仪容的先天条件好，天生丽质。尽管以貌取人不合情理，但先天美好的相貌，无疑会令人赏心悦目。仪容修饰美，指依照规范与个人条件，对仪容进行必要的修饰，扬长避短，设计塑造出美好的个人形象。不能太过，也不能忽视，"狎甚则相简，庄甚则不亲"，即为此道理。仪容内在美，指通过努力学习，不断提高个人的文化艺术素养和思想道德水准，培养高雅的气质和美好的心灵，使自己秀外慧中，表里如一。

知识课堂

  仪容指人的外观、外貌，包括发式、面容、颈部、手部以及总体的精神面貌、仪表风度，是个人仪表的基本要素。仪容之美即人的容貌美，追求容貌美本是人们的天性。随着人民生活水平的提高和社会交往的密切，各行各业的人都力求以一种美好的容貌出现在公众的面前。这既维护了个人的自尊，又体现了对他人的尊重。仪容美的塑造是一项艺术性和技巧性很强的系统性工程，职场人员的仪容应当保持端庄，做到干净、整洁、卫生、简约，并养成习惯，自觉坚持。

一、美发礼仪

  美发的礼仪，指的就是有关人们的头发的职场与修饰的礼仪规范。主要分为护发礼仪与作发礼仪这两个有机组成部分。

  1. 护发礼仪

  护发礼仪的基本要求是：头发必须经常保持健康、秀美、干净、清爽、卫生、整齐的状态。要真正达到以上要求，就必须在头发的洗涤、梳理、养护等几个方面好好努力。

  首先，要重视头发的洗涤。任何一个健康而正常的人，头发都会随时产生各种分泌物，这就需要除头屑、去异味。其次，要经常梳理头发，保持头发整齐，但梳理头发是一种私人性质的行为。还要定时修剪头发，职场中男士要做到：头发前不覆额，侧不掩耳，后不及领，并且面不留须。对女士来说，一般要求在工作岗位上头发长度不宜超过肩部。对于长发，建议在上班时最好对其稍加处理，如暂时将其盘起来或者束起来。最后，要注意对头发的养护，使头发健康、秀美。可在洗头之后，酌情地采用适量的护发剂。

  2. 作发礼仪

  选择恰当的发型，既可以为自己扬长避短，又可以体现人体的整体美。发型的选择可根据自己的脸型、体型、年龄、发质、气质与职业。一般情况如下：

  （1）脸型与发型。

  圆脸型的人：由于双颊饱满，可选择垂直向下的发型。侧分头缝，以不对称的发量与形状来减弱脸形扁平的特征，面颊两侧不宜隆发。

方脸型的人：选择发型时，应侧重于以圆破方，以发型来增长脸形。可采用不对称的发缝、翻翘的发帘来增加发式变化，并尽量增多顶发。但勿理寸头，耳旁头发不宜变化过大。

长脸型的人：选择发型时，应重在抑"长"。可适当地保留发窜，在两侧增多发量，削出发式的层次感，顶发不可高隆，垂发不宜笔直。

三角形脸：选择发型时，应力求上厚下薄，顶发丰隆。双耳之上的头发可令其宽厚，双耳之下的头发，则可限制其发量，前额不显露在外。

六角形脸的人：主要特征是颧骨突出。作发时，避免直发型，并遮掩颧骨。在作短发时，要强化头发的柔美，并挡住太阳穴。作长发时，则应以"波浪式"为主，发廊蓬松丰满。

（2）身材与发型。

身材高大威壮者：总的原则是简洁、明快，线条流畅。应选择显示大方、健康、洒脱美的发式，以避免给人大而粗、呆板生硬的印象。一般以直发为好，或者是大波浪卷发。头发不要太蓬松。

身材高瘦者：比较适宜于留中长发，直发、卷曲的波浪式发型皆可。应避免将头发削剪得太短薄，或高盘于头顶上。头发长至下巴与锁骨之间较理想，且要使头发显得厚实、有分量。

身材矮小者：适宜留短发或盘发，因为露出脖子可以使身材显得高些，并可以根据自己的喜好，将发式做得精巧、别致些，追求优美、秀丽。但矮小身材者不宜留长发或粗犷、蓬松的发型，那样会使身材显得更矮。

身材较胖者：不要留披肩长发，尽可能让头发向高度发展，显露脖子以增加身体高度感。头发应避免过于蓬松或过宽。

另外，如果上身比下身长，或上下身等长，发式可选择长发以遮盖其上身；如果肩宽臀窄，就应选择披肩发或下部头发蓬松的发式，以发盖肩，分散肩部宽大的视角；若颈部细长，可选择长发的发式，不适宜采用短发式，以免使脖颈显得更长；若颈部短粗，则适宜选择中长发式或短发式，以分散颈粗的感觉。

（3）服装与发型。

与西装相适应的发型：无论直发或烫发都要梳理得端庄、艳丽、大方，不要过于蓬松。

与礼服相适应的发型：着礼服时，可将头发挽在颈后结低发髻，显得庄重、典雅。

与运动衫相适应的发型：可将头发自然披散，显得活泼、潇洒。或将长发高束，编成长辫。

与连衣裙相适应的发型：如果是外露较多的连衣裙，选择披发或束发；如果是V字领连衣裙，可选择盘发。

（4）职业与发型。

一般来说，创作型行业如艺术创作者、演艺从业者、IT行业从业者等允许保留张扬个性的发型及比较时尚的染发和烫发，而在机关、学校、公司等机构，发型一般要求庄重保守，不能过分时尚。

(5)年龄与发型。选择发型时,必须客观地正视自己年龄的实际状况。切勿"以不变应万变",从而使自己的发型与自己的年龄相去甚远,彼此抵触。举例来说,一位少女若是将自己的头发梳成"马尾式"或是编成一条辫子,自可显现出自己的青春,可若是一名人过中年的女士做出这种选择的话,则不但显得她无自知之明,也有着"冒充少女"之嫌。

3. 染发礼仪

一般来讲,在工作场合不提倡染彩色发。除非头发花白,可以把它染黑,或染成本民族头发的正常颜色。但近年来,染发越来越受到青年人的青睐。为了体现更好的效果,在选择染发的颜色时应根据自己的肤色、职业、气质、性格等特点,不能盲目地跟风或标新立异。另外,需要注意的是,为配合染发的效果,最好化淡妆,过于浓艳的妆会使你看上去有些轻佻,也不符合职场要求;如果不化妆,会显得没精神,你的染发就失去了效果。

二、面部礼仪

面部修饰除了要保持整洁,还要注意以下几个部位的修饰。

(1)眼睛。眼睛是心灵的窗户,眼睛在人际交往中有着重要作用,要保持眼部清洁。若眼睛患有传染病,应自觉回避社交活动。对于近视者,应选用合适的眼镜,不能"眯"着眼睛看人或"视而不见",这是不礼貌的。选戴眼镜时,应注意镜框形状和脸型必须平衡;镜框颜色应与肤色相协调,而且还应随时对其进行揩拭和清洗。一般在工作场合不戴墨镜或有色眼镜。

(2)耳朵。要保持外耳和内耳的清洁,及时修剪耳毛。选用耳饰要符合自己的发型、服装、年龄和气质等。

(3)鼻子。应注意保持鼻腔清洁,不要让异物堵塞鼻孔,或让鼻涕流淌。不要随处吸鼻子、擤鼻涕,更不要在他人面前挖鼻孔。参加社交应酬之前,勿忘检查一下鼻毛是否长出鼻孔之外。一旦出现这种情况,应及时进行修剪。

(4)口腔。牙齿洁白,口腔无味,是礼仪的基本要求。常规的牙齿保洁应做到"三个3",即:3顿饭后都要刷牙;每次刷牙的时间不少于3分钟;每次刷牙的时间在饭后3分钟之内。在重要应酬之前,忌食烟、酒、葱、蒜、韭菜、腐乳之类气味刺鼻的东西。进餐时应闭嘴咀嚼,不可在人前露出满口牙齿,发出很大的响声。口臭患者在与人交谈时要保持一定距离,切不可唾沫四溅。进餐后如要剔牙,应用手或餐巾掩盖,切不可当众剔牙。

(5)胡须。如果没有特殊的宗教信仰和民族习惯,职场一般不留胡子,养成每日剃须的习惯。

三、手(臂)部礼仪

手的清洁与否与一个人的整体形象密切相关,它反映一个人的修养与卫生习惯。要随时清洁双手,指甲要及时修剪与洗刷。职场一般不涂指甲油,若涂必须均匀、完整,颜色与自己的彩妆相协调。若皮肤粗糙、红肿、皲裂,应及时进行治疗。若长癣、生疮、发炎、破损、变形,则不仅要治疗,而且还应避免用手接触他人。

另外,戒指一般不宜随便乱戴,按习俗它戴在各个手指上所表示的含义不一样,这是一种沉默的语言,也是一种信号和标志,所以在佩戴时要细心考虑,以免闹出笑话。大拇指上一般不戴戒指;食指上表示想结婚,但目前未婚;中指上表示已有对象,已在恋爱中;无名指上表示已订婚或已结婚;小指上表示独身主义或已离婚。还有,如果只戴一个手镯,应戴在左手上;戴两个时,每只手戴一个,也可以都戴在左手上;戴三个时,应都戴在左手上,不可一手戴一个,另一手戴两个;手镯要与戒指、服装样式协调统一。在我国中小学生、医护人员、公务员等礼仪规范中,不提倡戴戒指和手镯等饰品。

在非常正式的政务、商务、学术、外交活动中,人们的手臂,尤其是肩部,不应当裸露在外。在他人面前,尤其是在外人或异性面前,腋毛是不应为对方所见的,根据现代人着装的具体情况,女士要特别注意这一点。在正式场合,一定要牢记,不要穿着会令腋毛外露的服装。而在非正式场合,若打算穿着暴露腋窝的服装,则务必先进行脱毛或剃去腋毛。

四、化妆礼仪

要美化自己的仪容仪表,化妆是很重要的一个手段。在职场交往应酬中,化妆也是一种礼貌。

1. 化妆的原则

(1)化妆要自然。"清水出芙蓉,天然去雕饰"。在日常生活职场中,一般不要化舞台妆,应当化淡妆。力求化妆之后自然而然没有痕迹,给别人以天生丽质的感觉。

(2)化妆要协调。这主要指的是自身整体的协调、与环境的协调和与身份的协调。自身整体的协调主要包括三个部分:其一,使用的化妆品最好要成系列,因为不同的化妆品品牌的香型往往不一样,有时会造成冲突,达不到好的效果;其二,化妆的各个部位也要协调,不同部位的颜色要过渡好;其三,要与自己的服饰相协调。

(3)化妆要避人。不在公共场合化妆。在公共场所,在众目睽睽之下修饰面容是没有教养的行为。如真有必要化妆或补妆,一定要到洗手间去完成。

2. 妆型的选择

(1)年龄与妆型。

少女妆的特点:在于自然、清新而艳丽,给人以青春朝气和不加修饰之感,切忌浓妆艳抹,否则会失去自然美。

少妇妆的特点:白天讲究化妆的整体淡雅,晚间则可稍微浓重一些。最忌效仿少女妆,而应重在展现其青春风韵犹存、成熟之美初生的风姿。

中年女性妆的特点:宜突出自然、优雅之感。化妆可以修饰脸部皱纹。

老年女性妆的特点:我国的老年女性大多不加打扮,认为人老珠黄再美容化妆会惹人说笑,这是极为错误的观念。其实即使是老年人,也可借助巧妙的化妆技巧来美化自己,展现"黄昏"之美。老年女性的化妆应上下统一而协调,庄重大方,给人高雅之感。

（2）脸型与化妆。

长脸型的人：化妆时额头和下巴用阴影来修饰，粉底宜采用自然色或略白的颜色，胭脂不宜采用深色，最好用淡桃红色的。眼影要向侧面展开，唇膏要以圆滑的线条突出宽阔感。眉毛，修正时应令其成弧形，切不可有棱有角的。眉毛的位置不宜太高，眉毛尾部切忌高翘。

圆脸型的人：主要是要增强轮廓感、立体感。眼睛用深色眼影，向鼻部加深。眼睑中部涂上胭脂粉，鼻子两侧涂得稍重些。鼻梁与鼻端加上打影粉。眉毛可画得粗细适中，平缓流畅，且稍长些。在外睫毛涂上较浓的睫毛膏，并向外刷，会使眼睛显得秀长。嘴唇最好采用淡色唇膏，从视觉上来看不会感觉过于集中。

方脸型的人：以双颊骨突出为特点，因此在化妆时，要设法加以掩蔽，增加柔和感。胭脂，宜涂抹得与眼部平行，切忌涂在颧骨最突出处。可抹在颧骨稍下处并往外揉开。粉底，可用暗色调在颧骨最宽处造成阴影，令其方正感减弱。下额部宜用大面积的暗色调粉底造成阴影，以改变面部轮廓。唇膏，可涂丰满一些，强调柔和感。眉毛，应修得稍宽一些，眉形可稍带弯曲，不宜有角。

三角脸型的人：其特点是额部较窄而两腮较阔，整个脸部呈上小下宽状。化妆时应将下部宽角"削"去，把脸型变为椭圆形状。胭脂，可由外眼角处起始，向下抹涂，令脸部上半部分拉宽一些。粉底，可用较深色调的粉底在两腮部位涂抹、掩饰。眉毛，宜保持自然状态，不可太平直或太弯曲。

倒三角脸型的人：其特点是额部较宽大而两腮较窄小，呈上阔下窄状。人们常说的"瓜子脸""心形脸"，即指这种脸型。化妆时，掌握的诀窍恰恰与三角脸型相似，需要修饰部分则正好相反。胭脂，应涂在颧骨最突出处，而后向上、向外揉开。粉底，可用较深色调的粉底涂在过宽的额头两侧。唇膏，宜用稍亮些的唇膏以加强柔和感，唇形宜稍宽厚些。眉毛，应顺着眼部轮廓修成自然的眉形，眉尾不可上翘，描时从眉心到眉尾宜由深渐浅。

标准脸型的人：这种脸型又叫鹅蛋脸，这种脸型修正起来最简单，只需要在面颊部稍微加上深色的粉底并在鼻梁和额头上稍微加上浅色处理，便能增加脸型的立体效果，使脸型更明显，轮廓更完美。

（3）职业与妆型。

记者妆：化妆强调脸部骨点的立体感，眼部化妆不重，但用线精致，有层次感。鼻影恰到好处，只染鼻根侧，双眼看上去会有专注、理解的印象。唇峰宜阔不宜紧，且上下起伏不宜大，而是平缓开阔的，给人以善言的感觉。

教师妆：不可以太浓，妆面应干净整洁简单。整个化妆要看起来可亲可近，精力充沛，而且要显智慧。

公务员妆：要大方、得体、厚实，看上去不是彩妆，而是单色的化妆色，是敬业而朴实的形象，特别是正挺的鼻子、平实沉稳的眉眼唇形。

秘书妆：妆型清秀，妆面光洁，直发干净柔顺。不强调嘴唇的峰谷而是平滑又上翘的微笑型唇，给人以温和服从的印象。眼镜框要简单、细巧。

护士妆：妆面干净又富于立体感，不能有化妆痕迹，化妆色要淡到几乎没有。口红应很淡，只是滋润的印象。定妆粉需轻薄、透明。

（4）戴眼镜的人的化妆。

应注意眼镜框的上边是否与眉形相配合，以上边线与眉平行为佳，切不可框线下垂而眉形上扬。画眉毛的眉笔色调应与镜框的颜色尽量相配。

应选用较明亮的眼影色及浓密一些的假睫毛或深色的睫毛膏。由于近视往往会使眼睛显得小些，所以应在上睫毛下画上较深色的眼线。

胭脂、口红的颜色应与镜框的颜色相调和，深色镜框需配以较深色的口红，反之则较淡些。胭脂应抹得低些，以免被眼镜遮住。发型应以简单为宜。额前的刘海不要太多、太长。

（5）环境与妆型。

日妆：又称生活淡妆，用于一般人的日常生活和工作。主要特征是：简约、清丽、素雅，具有鲜明的立体感，既要给人以深刻的印象，又不要显得脂粉气十足。

晚宴妆：应化得浓艳些，眼影色彩尽可能丰富漂亮，眉毛、眼形、唇形也可做些适当的矫正，使其更显得光彩迷人。

宴会妆：要特别讲究细节，同时化妆色彩也要和衣服相配，但也别装扮过度，以免抢了主人的风采。无论是酒会、婚宴都难免要享用美食。因此，要格外费心地描绘唇妆，窍门是画完口红后再按上蜜粉，或用纸巾将口红吸干，然后再涂一次，再吸干，这样唇膏就不易脱落了。

舞会妆：舞会妆不同于日妆和宴会妆，淡妆效果不佳，可以浓艳一些。粉底色调与自然色基本相仿，太浅、太深都不适宜。若穿露肩背式礼服，颈部、肩部、手臂部也应涂上粉底。应选用鲜红色的胭脂，唇膏用桃红色或玫瑰色。

新娘妆：新娘妆以鲜艳明快、典雅高贵为佳，所以可选用亮一点的粉底霜，再铺上透明度强的妆粉，使肌肤嫩白润滑。选用玫瑰红或者桃红唇膏，以显得喜庆。暴露于衣服外面的肌肤，如耳朵、脖子、手臂等都必须一起上粉，使肤色一致。

3. 化妆注意点

不宜拔眉毛。化妆拔眉毛会给人一种光秃的造型感，从医学角度看，拔眉不仅会损害生理功能，而且会因毛囊被破坏和化妆涂料对皮肤的刺激导致局部感染。最好用小刮刀将新生的眉毛刮掉。

不宜多用口红。口红中的油脂能渗入人体皮肤，而且有吸附空气中飞扬的尘埃、各种金属分子和病原微生物等副作用。通过唾液的分解，各种有害的病菌就可乘机进入口腔，容易引起"口唇过敏症"。所以，在涂口红前先涂润唇膏，在用餐前将口红先抹掉，另外在涂完口红后最好不要用舌头舔唇部。

不宜用不适合自己的粉底。粉底的颜色与脸部的肤色相比过深或过浅，都会破坏你的容貌。应该针对自己的皮肤颜色的状况，选择最适合自己的粉底。

不宜不断补妆。如果终日不断地在脸上补粉，胭脂之上敷胭脂，脸上就会出现很不雅观的斑底。所以要保持妆型应先把原来的妆清洗掉，重新上妆。

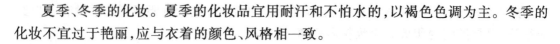

夏季、冬季的化妆。夏季的化妆品宜用耐汗和不怕水的,以褐色色调为主。冬季的化妆不宜过于艳丽,应与衣着的颜色、风格相一致。

小贴士:化妆的程序

①清洁面部;②基础底色;③定妆;④画眼线;⑤画眼影;⑥修眉毛;⑦面颊红;⑧涂口红。

4. 妙用香水

香水是美容的化妆品之一。喷香水时要注意使用不要过量,避免产生适得其反的效果。

香水要喷洒或涂抹在适当的地方。一般洒在耳朵后面或是手腕的脉搏上。另外,手臂内侧和膝盖内侧也是合适的部位。除了直接涂于皮肤,还可以喷在衣服上,一般多喷在内衣和外衣内侧、裙下摆以及衣领后面。而面部、腋下、易被太阳晒到的暴露部位、易过敏的皮肤部位以及有伤口甚至发炎的部位,都不适合涂香水。

通常清淡如花的气味,如茉莉花香味比较适合大多数人。欧洲人和中东人用的香水会比较浓。我们没有必要效仿西方,应选择喜欢并适合自己的香水。香水是无形的装饰品,没有什么比香水能更快、更有效地改变一个人的形象的了。

在工作时,用清新淡雅的香水,这样才不会给人以唐突的感觉。在运动旅游场合,就用各品牌中标有"运动"字样的运动香水;而在私下亲密的时刻,当然可以用浓烈诱人的古典幽香了。在白天和冬季由于湿度低,香水应相应增加浓度。

5. 仪容的常识性问题

职场人士在仪容礼仪方面要关注六个方面的常识问题:一是不在众人面前化妆,需要补妆时应到洗手间或偏僻处;二是不非议他人的化妆,每个人都有自己的化妆手法,不要对他人的化妆品头论足;三是不借用别人的化妆品,因为这既不卫生,也不礼貌;四是面部化妆应避免与颈部出现明显的界线;五是化妆后要检查是否对称均匀、和谐、自然,并与服装、发型整体协调;六是发型忌讳太有个性,女性忌讳颜色过亮,男性忌讳光头或过于新潮或掉头屑、有异味等。

技能实训

一、操作技巧一:洗脸方法

正确的洗脸方法是:先用温水润湿脸部,再用适量的适合自己皮肤的洗面奶、洗面乳,用双手的中指、无名指由下颌向上揉搓,手指由内向外打圈,经过鼻翼两侧至眼眶,再从颈部至耳部,反复多次,以达到对皮肤彻底清洁的目的。最后用温水洗净面部。另外,洗完脸,最好坚持2~3分钟的面部按摩,可加速新陈代谢,有效地防止皮肤的皮下脂肪层松弛和老化。洗脸的步骤如图2-1所示。

 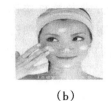  

(a)　　　　　　　(b)　　　　　　　(c)　　　　　　　(d)

图 2-1　洗脸的步骤

(a)取适量洗面品　(b)均匀抹于面部　(c)轻轻打圈按摩　(d)用清水洗净

二、操作技巧二：脸部比例

"三庭五眼"是中国古代关于面容比例关系的一种概括,可作为化妆的着色定位参照尺度。三庭：将脸的纵向分成三等分,上庭是发迹线到眉头；中庭是眉头到鼻底；下庭是鼻底到骸底。五眼：以一只眼的长度为单位,将脸的横向分成五等分,如图2-2所示。

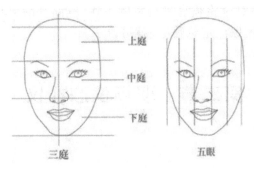

图 2-2　"三庭五眼"

三、操作技巧三：职业女性六步骤彩妆技巧

职场女性晨起的时间都是很宝贵的,既想要打扮得漂漂亮亮,又想上班不迟到。早起是不可能的,由于还没有睡够,那么就只能够在化妆上进行时间的缩短。由于职业妆也不需要有太多的修饰,淡妆就可以了。职业妆六步骤示范如下：

职业妆步骤一：一分钟快速搞定底妆。

为了节省时间,选择一款多功能的底妆产品是必须的,把隔离修护润色三者合一,一个操纵满足三个需求。在脸上和颈部均匀地涂上底妆产品,对肤肌进行修饰,提亮肤肌。这里给大家一个小小的化妆技巧,假如你已经习惯使用粉底,那么你就在你的粉底产品中混合适量有提亮肤肌效果的产品。

职业妆步骤二：一个钟搞定脸部瑕疵。

对全脸进行修护提亮后,接下来我们要做的是先检视一下全脸,看看有哪些地方是需要进行再一步的遮瑕。之后就用遮瑕刷或者是眼线刷,蘸取少许的遮瑕膏,把它涂抹在需要遮瑕的位置,然后用指腹轻轻拍打遮瑕膏,直到它跟肤肌自然融合。

职业妆步骤三：三十秒的好气色。

当我们完成底妆后,接下来就是需要修葺一下我们的脸色了。选择跟嘴唇颜色同属一个色系的腮红,用腮红刷蘸取适量的腮红,或者是直接用手蘸取,把腮红涂抹在苹果肌处,轻轻地扫刷和拍打。一般来说,液体腮红和膏状腮红会比粉质腮红更显色,也会更加持久。而粉质腮红我们需要在正确涂抹后,再快速地拍上薄薄的一层透明散粉,就可以让腮红更加持久了。

职业妆步骤四:三十秒打造深邃眼妆。

为了能够让眼线、眼影一步到位,请使用眼影膏或者是质感柔润、轻易晕染的眼影笔。它们既能够作为眼影使用,又能够当眼线使用,而且它的色彩还丰富,满足你多变的要求。按照常规操纵,画上眼线,然后用化妆刷稍作晕染就可以了,很快捷。假如晚上需要出席派对,它还是打造香熏妆容的好帮手。

职业妆步骤五:三十秒刷出卷翘美睫。

用睫毛夹快速地夹卷睫毛,然后涂上纤长效果的睫毛膏,让眼部轮廓变得更加清楚,但是又不会显得太过浓。

职业妆步骤六:底妆检查查漏补缺。

用剩下的时间,我们对全脸妆容进行审阅工作,查漏补缺,唇妆方面用常用的唇彩就可以了。出门前喷一喷保湿定妆喷雾,就可以了。

第二节　职场仪态礼仪

名人名言

文质彬彬,然后君子。

——孔子

举止是映照每个人自身形象的镜子。

——歌德

谈古论今

美国福特公司名扬天下,不仅使美国汽车产业在世界占居鳌头,而且改变了整个美国的国民经济状况,谁又能想到该奇迹的创造者福特当初进入公司的"敲门砖"竟是"捡废纸"这个简单的动作!

那时候福特刚从大学毕业,他到一家汽车公司应聘,一同应聘的几个人学历都比他高,在其他人面试时,福特感到自己没有希望了。当他敲门走进董事长办公室时,发现门口地上有一张纸,很自然地弯腰把它捡了起来,看了看,原来是一张废纸,就顺手把它扔进了垃圾篓。董事长对这一切都看在眼里。福特刚说了一句话:"董事长,您好!我是来应聘的福特。"董事长就发出了邀请:"很好,很好,福特先生,你已经被我们录用了。"福特惊讶地说:"董事长,我觉得前面三位都比我强,您为何只录用了我?"董事长说：“福特先生，前面三位学历确实比你高，且仪表堂堂。但他们眼里只有大事，而看不见小事。你的眼睛不仅看见了小事，而且你的文明行为给我们留下了深刻的印象！”福特就这样进了这家公司，后来成为总裁，并使美国汽车产业在世界名列前茅。

中华民族素有"礼仪之邦"的美称，这种美德陶冶和滋养了华夏世世代代的儿女。一个人的德性教养，从举止姿态中可见一斑。在《论语·里仁》中曾记载"夫容貌者，人之符表。符表正，故性情治；性情治，故仁义存；仁义存，故盛德著"。可见古人把言行举止等个人修养的品质提高到了齐家、治国、平天下的高度。现代优秀外交家周总理即是我国"礼仪楷模"。周总理的母校——南开中学的教学楼镜子上印刻着关于个人仪态礼仪的"镜铭"：头容正、胸容宽、肩容平、背容直。周总理时刻将其精神精髓体现在实际践行中。

在与人交往方面，人应当"不失足于人，不失色于人，不失口于人"。"足"，此处指人的姿态举止。"色"，即容貌神态气质。所以古人主张君子应当从姿态举止和容貌神态上不造成过失，从而使人敬畏而又信任。具体而言，古人主张坐立行，举手投足都得有式有度，"站如松，坐如钟，行如风，卧如弓"。如何做到这一点呢？这需要"心时时严正，身时时整肃，足步步规矩，念时时平安，声气时时和蔼，喜怒时时中节"。如此时时习礼，则会面容厉肃，视容清明，立容如山，浩然正气充分体现出来。

知识课堂

仪态指人的身体各部位在人际交往中的变化及姿态。主要包括站姿、坐姿、步态、眼神、手势等。职场中每个人的仪态在一定程度上能表现出人在交往中的心理变化及对交往的态度，是一个人精神面貌的外在体现，是人的体与形、动与静的结合。良好的仪态既能表现出对别人的尊重，又能博得别人的喜欢。

仪态是一种无声的语言，在人际交往中，一个人在举手投足、一颦一笑之间会自然流露出他的气质风度、礼貌修养和所要传递的信息，在人类的语言中，躯体语言占到人与人之间沟通的一多半，而且往往比有声语言更真实、更富有魅力。另外，仪态的正确与否对人体各部分器官有着独特的功能。姿势不正确，就会影响器官的功能乃至身体的正常发育，如长时间的含胸驼背，会使背部体型弯曲改变。保持正确的姿势，可以展示一个人内在素质和外在表现的和谐，只有通过规范的练习，协调身体各部分的动作，才能使仪态的魅力富有永久性。

一、站、坐、走

1. 礼仪名词

站姿：指人的双腿在直立静止状态下所呈现出的姿势。站姿是走姿和坐姿的基础。

坐姿：指人在就座以后身体所保持的一种姿势，是一种静态的造型。坐姿是人们日常生活、工作中常用的一种举止。端庄优美的坐姿，会给人以文雅、稳重、自然大方的美感。

走姿:走姿是指一个人在行走过程中的姿势。它是在站姿的基础上展示的一种动态美。行走是人生活中的主要动作,无论在日常生活中,还是在社交场合,走姿常常是最引人注目的体态语言,最能表达一个人的内涵和韵味。

2. 站姿、坐姿、走姿的方位礼仪

古代传统的汉族宴饮礼仪,由主人迎接贵客从左边入席,因为左边为首席。席中座次排列依次为:左为首座,相对的同排右边为二座,首座之下为三座,二座之下为四座。

行走时,男左女右不仅是中国传统习俗,也是国际礼仪。国际礼仪"前尊后卑、右大左小"8字是行走时的最高原则。比如,男士和长官或女士同行时,应在长官或女士的后方或左方。男女同行时,男士应走在女士左方,或靠马路的一方,以保护女士的安全。

虽然中外都有男左女右的习俗或礼仪,但东方和西方所代表的意义大不相同。中国传统社会,帝王左侧是东方,因此尚东的同时,左也尊贵起来。文左武右、男左女右都是尊左的习俗。

西方恰恰相反,男左女右代表的是男卑女尊。英文的"右边"是right,而right的英文也有"正确"的意思,拉丁文的"左边"sinister在英文中的意思是邪恶的、不吉祥的,或可看出西方尊右的意味。

二、眼神

1. 表示善意、尊重的眼神

正视:正视即直接看着对方的眼睛,表示尊重对方、大方坦然,适用于各种情况。可用于朋友之间的关心问候。

凝视:凝视是正视的一种特殊情况,是正视的进一步深入,即全神贯注地进行注视,表示对某人的话极感兴趣。

环视:环视即有范围地注视不同的在场人员。它适用于同时与多人交谈,表示自己"一视同仁",注意到了每一个人。需要注意的是"环视"的视线变化一般是水平变化的。

仰视:即主动居于低处,抬眼向上注视他人,表示尊重、敬畏之意,适用于面对尊长时使用。

2. 表示恶意、无礼的眼神

虚视:虚视是相对于凝视而言的一种直视,其特点是眼神不集中在一点,目光没有聚焦。它多用于表示胆怯、疑虑、走神、疲乏或是失意、无聊。

扫视:扫视是区别于环视的一种眼神表达方法,它使用时往往是上下打量某人,这与环视每一个人的水平视线是不同的。它在同性中使用表示挑衅,在异性中则有歹念的意思。

睨视:睨视又称为睥睨,即斜着眼睛看某人。它多表示怀疑、轻视,一般应忌用。与初次结识的人,尤其要忌用。

他视：他视即与某人交往时眼神的焦点不是放在对方的脸上，而是东张西望，看着别处。它表示胆怯、害羞、心虚、反感、心不在焉，社交中不宜采用的一种眼神。

无视：无视即在人际交往中闭上双眼不看对方，又叫闭目而视，表示疲倦、反感、生气、无聊或没有兴趣。它给人的感觉往往不太友好，甚至会被对方理解为厌烦、拒绝。

3. 无明显意思或可表示两种含义的眼神

盯视：盯视即目不转睛、长时间地凝视某人的某一部位。它可以表示对某一人或某一事物特别感兴趣，也可以表示挑衅的意思，在实际运用中我们应该掌握好它的分寸。

平视：平视又称正视，即视线呈水平状态。一般在普通场合与注视者身份、地位平等的人交往时适用。

侧视：侧视是平视的一种特殊情况，即位居交往对象一侧，面向对方，平视着对方。它的关键在于面向对方，否则即为斜视对方，那是很失礼的。

俯视：俯视即眼睛向下注视他人，一般用于身居高处之时。它既可以表示长辈对晚辈的宽容、怜爱，也可以表示对他人的轻慢、歧视。

三、手势

我们仅就表示实际意思的手势来做介绍，手势大致可以分为两大类型：手指手势和手部手势。

1. 手指手势

伸大拇指：大拇指向上，在说英语的国家多表示"OK"之意或是打车之意；若用力挺直，则含有骂人之意；若大拇指向下，多表示坏、下等人之意。在我国，伸出大拇指这一动作基本上是向上伸表示赞同、一流、好等之意，向下伸表示蔑视、不好等之意。

伸出食指：在我国以及亚洲一些国家表示"一""一个""一次"等；在法国、缅甸等国家则表示"请求""拜托"之意。在使用这一手势时，一定注意不要用手指指人，更不能在面对面时，用手指着对方的面部和鼻子，这是一种不礼貌的动作，且容易激怒对方。

伸出小拇指：在中国表示小、微不足道之意。

"V"字形：伸出食指和中指，掌心向外，其语义主要表示胜利（英文Victory的第一个字母）。这种手势还时常表示"二"这个数字。

"OK"形：拇指和食指合成一个圆圈，其余三指自然伸张。这种手势在西方某些国家比较常见，但应注意在不同国家其语义有所不同。如美国表示"赞扬""允许""了不起""顺利""好"；在法国表示"零"或"无"；在印度表示"正确"；在中国表示"0"或"3"两个数字；在日本、缅甸、韩国则表示"金钱"；在巴西则是"引诱女人"或"侮辱男人"之意；在地中海的一些国家则是"孔"或"洞"的意思，常用此来暗示、影射是同性恋。

2. 手部手势

招呼手势：通常掌心向上，并将四根手指向内来回弯曲是我们用来招呼某人的手势。这个手势是示意某人到这里来，也可用于招呼服务员。但注意不可以单单用一个手指向内勾，这样会给人一种轻浮的感觉，是不礼貌的手势。

赞同手势：赞同的手势有两种表达方法，一种是竖起大拇指，将拇指腹部位对着对方；另一种是鼓掌，在公共场合，我们可以适当地运用鼓掌来表示对某人的赞同。

　　告别手势：抬起手臂，左右来回挥动即是告别的手势，手臂抬起的高度根据离告别对象的远近来改变。如果是在机场、火车等距离较远的地方，我们的手臂通常是抬得比较高的；如果告别对象就在我们眼前，手臂不需要抬得很高，只要微微抬起即可。

　　亲昵手势：抚摸对方头部的手势表示亲昵，这个动作手部动作没有具体要求，但在操作对象上，是有比较严格的条件限制的。只适用于关系亲密的对象，如长辈对晚辈（晚辈对长辈则不可）、恋人之间、十分要好的同性朋友之间。

　　忧愁手势：忧愁的手势也有两种表达方法，一种是举起一只手抓自己的头皮，表示想不出办法；另一种是摊开双手，表示无奈。

　　驱赶手势：手心向下，弯曲四根手指，之后将手指向外挑起表示驱赶。

　　感激手势：双手抱拳，用拱手礼的方式可以表达感激。

技能实训

　　良好的仪态举止要做到自然得体，落落大方，端庄稳重，态度要诚恳可亲。而良好的站姿、坐姿、走姿、眼神和手势都不是无章可循、随意任为的，都有相应的具体的操作规范和姿态要求。

一、站、坐、走

1. 站姿

　　站姿是坐姿和走态的基础。站，作为一种仪态举止，同样有美与丑、优雅与粗俗之分。一个人想要表现出得体雅致的姿态，首先要从规范站姿开始。正确的站姿从整体上给人以挺、直、高的感觉。"立如松"是一般站姿的总体要求，即站立姿势要像青松一般端直挺拔，双腿均匀用力。主要方法可归纳为：头正，身直，胸挺，腹微收；手垂，脚并，两肩平。

　　具体操作条例如下：

　　（1）挺胸抬头。胸微前挺，腰收直，双目前视，嘴唇微闭，面带微笑，微收下颌。实验证明，挺胸抬头的姿势可以自然而然地使人产生自信心，而自信心是内在美的基本要素。内在美又是仪容、仪表、仪态美的灵魂。

　　（2）站得直。从正面看，身体两边对称，两肩平直成线且双肩放松；从侧面看，脑后、背心、腿肚和脚跟在一个垂直平面上。如果以计分方式来计算仪态礼仪的练习，能保持直而不僵，那么在仪态学中已基本及格，可拿60分了。

　　（3）收腹和敛臀。即腹部肌肉收缩向后发力，臀部向前发力。初学者大多犯两者不协调的毛病，收腹时臀部就凸出去，敛臀时腹部又挺出来，感到极不"自然"。应该说，感到"不自然"就说明你认识到自己做的不对，应加以调整。

　　（4）站立时，重心应稍前移至前脚掌。这样可以站得稳而且不累。在非正式场合，如果累了，可以适当调节一下姿态，身体重心轮流放在两腿上，或是轻轻倚靠在某物上，但不可以东倒西歪。

站姿可以随着时间、地点和身份的不同而变化,但一定要自然大方,并且适合自己的外在和内在特点。在规范站姿的同时,考虑到礼仪的尊重性还应注意坐姿距离的问题:两个陌生人站立的距离一般应保持在1.2m左右;相距0.15m至0.46m之内的空间,属于亲密领域;相距0.46m至1.2m的空间,属于个人领域的距离;相距3.6m以外的空间,属于公共领域的距离。太远或太近都会让人不太舒服。

除了须符合以上总体要求外,女性的站姿还被赋予独特的审美特点,要尽可能表现优雅的魅力,而男性则需体现稳健之态。下面分别介绍女士的站姿体态和男士的站姿体态。

女士的站姿:女士的站立姿势的标准规范是抬头、挺胸、收腹、立腰。右手搭在左手上,两手自然交叠于小腹前时,两臂稍曲,有"端"着的感觉。否则,手的位置过低,有伤风雅。或左手臂自然下垂,右臂肘关节屈,右前臂至中腹部,右手心向里,手指自然弯曲。双腿自然并拢,膝和脚后跟靠拢,两脚张开距离约为两拳。面带微笑和自信,身体自然向上挺拔,不要让臀部撅起。

女子站立同别人交谈时,如果空着手,可将双手在体前交叉,右手放在左手上。如果自己身上背着皮包,可利用皮包来摆出优美的姿势,一只手插口袋,另一只手则轻推皮包或挟着皮包的肩带。

男士的站姿:男士的站立姿势的标准规范是全身正直、挺胸收腹。双肩稍向后展,头部抬起,双臂自然下垂伸直,双手自然贴放于大腿两侧。或两手在身后交叉,右手搭在左手腕部,两手心向上收。背手动作幅度要求尽量隐蔽,可将手先向后转,然后再做臂部动作。背手时两肘撑开,体现雄伟的阔感,但注意臂弯与躯干之间不要被人看见缝隙。双脚平行,自然张开,大致与肩同宽,切莫宽过两肩。站累时,脚可以向后撤半步,但上体仍须保持直立,身体忌东倒西歪。

不同的性别有不同的站姿要求,不同的工作场合根据自身条件也可选择不同的站姿。举两个例子:

外交官式站姿:双腿微微分开,挺胸抬头,收腹立腰,双臂自然下垂,下颌微收,双目平视。

服务员式站姿:挺胸直立,平视前方,双腿适度并拢,双手在腹前交叉,男性右手握住左手腕部,女性右手握住左手的手指部分。双腿均匀用力。

美好的体态,会使人看起来年轻。善于运用形体语言与他人交流,定会受益匪浅。不恰当、失礼的仪态,不仅给他人留下无礼、浅薄的印象,而且不利于处理与他人和谐友好的人际关系,阻碍个人的事业发展。

站姿中的禁忌:站姿中最常见的错误是凸腹、佝背和跷脚尖。还有些常见的不雅或失礼姿态行为,如全身不够端正、双脚叉开过大、双脚随意乱动、无精打采、自由散漫、女子背手而站等。以下不雅或失礼的仪态,应当禁用:

(1)全身不够端正。站立时,低头含胸、探头斜肩、歪脖斜腰、凹胸凸腹、背弓撅臀等均为不良姿态;倚靠墙壁,腿脚抖动,身体歪靠在一旁等不好的站姿给人一种萎靡不振的感觉。站立时,不可把脚向前或向后伸得太多、叉开太大。忌东倒西歪,驼背凸肚,含胸撅臀。站立时,可以双手相握,放在前面,但不能双手抱在胸前或叉腰。

(2)双腿叉开过大。在他人面前双腿禁止叉开过大,女士尤其应当谨记,万不可在他人面前使用这种站姿。

(3)双腿随意乱动。人在站立时,双脚不可随意乱动。例如,脚尖乱点乱划,双脚踢来踢去,蹦蹦跳跳,用脚蹭痒痒,脱下鞋子或半脱不脱,脚后跟踩在鞋帮上,一半在鞋里一半在鞋外。或者站立时左右摇晃,脚不停地打拍子。

(4)表现自由散漫。站立时随意扶、拉、倚、靠、趴、踩、蹬、跨及倚墙靠墙而立,这都会留给人轻薄、懒散、不健康、无精打采和自由散漫的感觉。

(5)女子背手。女子应双手叠于小腹前,并且手心向内拢,使手背看上去显得小。男子正相反,在不留缝的情况下尽量展开手掌。但是切忌手足无措,不知该把双手放在何处。同时在一些正式场合不宜将手插在裤袋里或交叉在胸前,更不要下意识地做些小动作,那样不但显得拘谨,给人缺乏自信之感,而且也有失仪态的庄重。

还要注意:交际场合,双手不可叉在腰间或抱在胸前;不可驼着背,弓着腰,眼睛不断左右斜视;不可双臂胡乱摆动,双腿不停抖动。不宜将手插在裤袋里,更不要下意识做小动作,如摆弄打火机、香烟盒,玩弄皮带、发辫、咬手指等。这样不但显得拘谨,而且给人缺乏自信的感觉,从而失之庄重。

2. 坐姿

坐姿是一种静态的造型,是体态美的重要内容。人坐着时,既减少双腿的承受力,又降低心脏的负担,因此它被作为一种主要的白昼休息姿势。它也是一般工作、学习、社交等的常见姿势。正确的坐姿与正确的站姿一样,关键在于腰。不论怎么坐,腰部始终应挺直端正,放松上身。古人所言的"坐如钟",即不论何种坐姿,上身都要保持端正。坐姿的总体要领可简洁明确为:头不歪,肩要平,腰挺立,脚着地,腿姿优美,身子端正。

坐姿包括就座的姿势和坐定的姿势。女士和男士具体的坐姿在手、脚的摆放和搁置上均有不同要求,后文将分别做详细阐述。下面首先介绍在生活实践中坐姿的总体操作概要:

(1)入座时要轻要稳。如在需要选择从何方位就座的情况下,一般从椅子的左边入座以及在椅子的左边站立。但不属于上述状况时,一般走到座位前,转身后,轻稳坐下。不可随意拖拉椅凳,不可大大咧咧地猛起猛坐,弄得桌椅乱响,那样会造成尴尬气氛,也是没有教养的表现。

(2)双目平视,嘴唇微闭,微收下颌,表情自然,面带笑容。

(3)就座时,立腰,挺胸,双肩平正放松,上身正直而稍向前倾,弯曲双膝,两臂贴身下垂。

(4)坐在椅子上,一般应坐满椅子的2/3左右,脊背轻靠小椅背,如果是大椅或沙发,则要求身体正直稍向前倾,否则会给人造成摆出懒散姿态的主观感受。起立时,右脚向后收半步,而后站起。

(5)谈话时要转换方位,此时上体与腿同时转向一侧,不可只扭头或只动上身而不动下身。

(6)离座时动作也应轻缓,不可猛起猛出,发出声响。坚持"左入左出"。一般身份高、年长者先离座。

在形体仪态学上,一般要求"男方女圆"。男士应在视觉上造成形体扩大、挺拔的阳刚之美;女士应在视觉上造成形体缩小、富有曲线的阴柔之美。按照形体仪态学的知识和坐姿礼仪的多重要求,以及遵照如上总体要求,下面分别介绍女士和男士的标准坐姿规范。

女士的标准坐姿规范:腿进入基本站立的姿态,后腿能够碰到椅子,轻轻坐下,坐正,上身挺直。双膝自然并拢,一定不可以分开。两腿自然弯曲可正放或同时向左、向右侧放。双脚平落地面并拢,或交叠同放一侧,不宜前伸。两手叠放,手心向下,自然置于左腿或右腿上。作为一种放松休闲的姿势,若女士要跷腿(跷腿时单脚接触地面),两条腿是合并的,如果裙子很短,一定要小心盖住。当女士穿裙落座时,则通常在入座前用手将裙子稍稍拢一下,显得娴雅。不可在坐定之后塞掖自己的裙摆或坐下来后再站起来整理衣服,这会有失庄重。

男士的标准坐姿规范:背朝椅进入基本站立的姿态,立腰,挺身,重心垂直自然向下。坐时,双膝自然并拢,或略分开(一般不超过肩宽)。大腿与小腿基本成直角,两脚平放地面,略向前伸,两脚外沿间距与肩大致同宽。两手可掌心向下分别对应随意地放在左、右大腿上。如果在非正式、非公关场合,可交叠双腿,但一般是右腿架在左腿上(跷腿时单脚接触地面),不要用手搬着一条腿放在另一条腿上,这是对对方极不礼貌的行为。但在公关场合,最好不要率先使用这种姿势,因为那会给人以显示自己地位和优势的不平衡感觉。

其实,坐姿礼仪颇为注重腿的礼节,无论是女士还是男士。两腿的姿势多种多样,而双腿的交叉礼节颇具有典型意义。双腿交叉是人为控制消极情绪的信号,也是与陌生人交往过程中的一种防御姿势。为了尽快缓和气氛,融洽双方关系,在交际中就要尽量改变对方的叉腿姿势,比如,可站起来给对方倒杯水,在他起立接水杯时就可能改变叉腿姿势,也可利用手势语的引导和暗示,经过这样的过程,一般可达到消除双方僵硬生疏的目的。

女性与男性在坐姿范式上特别要注意的几点:

(1)在日常交往场合,一般情况下,要求女性的双腿并拢,而男性双腿之间可适度留有间隙,但不要过大,一般不超过肩宽。如果女性双腿分开而坐就是不文雅、不恰当的礼仪坐姿。而男性如果将双腿过紧并拢,既显示不出雄伟宽阔的体姿,也让人觉得在交往过程中过于拘谨戒备,显得不够大气。

(2)无论何种坐姿,女士都切忌两膝盖分开,两脚呈外"八"字形,或两脚尖朝内,脚跟朝外,呈内"八"字形。男士膝盖可适当分开,两脚也忌讳呈外"八"或内"八"字形。

(3)女性大腿并拢,小腿交叉,但不宜向前伸直。根据不同的场合,坐的位置可前可后。为表示对上司或贵宾的礼仪尊重,不宜坐满座,一般也不跷腿,上身一定要保持直立。男性一般不交叉小腿就座,微张开的双腿可稍向前伸,但不可伸得过远。

(4)女性当两脚交叠而坐时,悬空的脚尖应向下,切忌脚尖朝天,更不可上下抖动。在非正式场合,男性可以跷腿,但不可跷得过高或抖动。

下面介绍最常用的就餐时坐姿礼仪：由椅子的左侧入座是最得体的入座方式。当椅子被拉开后，身体在几乎要碰到桌子的距离站直，领位者会把椅子推进来，腿弯碰到后面的椅子时，就可以坐下来。就座时，身体要端正，手肘不要放在桌面上，不可跷足，餐台上已摆好的餐具不要随意摆弄。用餐时，上臂和背部要靠到椅背，腹部和桌子保持约一个拳头的距离，两脚交叉的坐姿最好避免。

不同性别，不同的工作场合可以根据自身条件选择以下坐姿：

正襟危坐式：上身与大腿、大腿与小腿、小腿与地面，都应当成直角。双膝双脚适度并拢。双手自然放在腿上或沙发、椅子扶手上。这是最传统意义上的坐姿，适用于大部分的场合尤其是正规场合。

大腿叠放式：两条腿在大腿部分叠放在一起，位于下方的一条腿垂直于地面，脚掌着地，位于上方的另一条腿的小腿适当向内收，同时脚尖向下。女性着短裙时不宜采用这种姿势。

双脚交叉式：双脚在踝部交叉。交叉后的双脚可以内收，也可以斜放，但不宜向前方远远直伸出去。

前伸后屈式：双腿适度并拢，左腿向前伸出，右腿向后收，两脚脚掌着地。

坐姿中的禁忌：一些不正确的坐姿给人以懒散、缺乏教养的印象，甚至是对他人一种不尊重的表现。在我们日常生活中仍存在着如下一些不当坐姿：

（1）身姿不雅。坐下后全身完全放松、东倒西歪、前倾后仰，或瘫软在椅上，或弯腰驼背，全身挤成一团。坐的时间长了，可以更换一下坐姿，如两脚交叉、前后小腿分开、侧身坐等，但女性一定要注意收拢双膝，即使很累也不能在他人面前躺坐在沙发上，以免让对方感到不舒服。

（2）双手摆放不雅。臀部离开椅面，坐时将双手夹在两腿之间或放在臀下，或将双臂端在胸前或抱在脑后。

（3）腿姿不雅。将双腿分开得过大呈八字形，或将脚伸得过远，或架在桌子上，或有意无意地双腿颤动不停，或架起二郎腿像钟摆似的来回晃动，甚至鞋跟离开脚跟在晃动。这会显得你目中无人和傲慢无礼。

（4）与人交谈时，将上身过分前倾或用手支撑下巴，这会给人一种阿谀奉承的感觉。

（5）叠"4"字形腿方式，或用手把叠起的腿扣住。

（6）将脚藏在座椅下，甚至用脚勾着座椅的腿。在社交场合，不可一直低着头注视地面，也不要把小腿搁在大腿上。这些都是缺乏教养和傲慢的表现。

（7）入座时噼里啪啦，起座时风风火火。

3. 走姿

走姿是在站姿的基础上展示的一种动态语言美。作为生活中的主要动作，无论在日常生活，还是在社交场合，行走常常最引人注目，最能表达一个人的内涵和韵味。所谓的"行如风"即是对人们行姿的最佳界定。顾名思义，"行如风"就是用风行水上来形容轻快自然的步态。行走既要考虑性别、步幅、步速、协调感和韵律感，又与环境、身份及要出行的目的等因素有关。走姿大致轮廓可总结为：身正胸挺两臂摆，两眼平视正前方，脚掌着地步子匀，走起路来稳稳当当。得体的步态具体要求做到以下几点：

（1）两眼平视前方，面带微笑，微收下颌，头要抬，胸要挺，重心稍向前倾。肩膀往后垂，双肩端平而放松，不要过于僵硬。手轻轻放在两边，手指自然弯曲，两臂与双腿成反相位自然交替甩动，前摆以30°～35°为宜，后摆约15°。步伐要轻而稳，不能够拖泥带水。

（2）步位恰当。女士在较正式的场合中，两只脚的内侧落地时的理想行走线迹是一条直线，同时两膝内侧相碰，收腰提臀挺胸收腹，肩外展，头正颈直收下颌；男士在较正式的场合中的行路轨迹应该是两条线，即行走时两脚的内侧应是在两条直线上。

（3）步幅适当。一般应该是前脚的脚跟与后脚的脚尖相距为一脚长，男性一般可稍大，女性可略小。但因身高不同、场合区别、服饰有别会有一定差异。例如，女士穿裙装（特别穿旗袍、西服裙、礼服时）和穿高跟鞋时步幅应小些，穿时装长裤、牛仔裤时步幅可大些。

（4）频率合适。据统计，一般女性每分钟走90步，男性每分钟走100步，这显得有节奏和韵味，同时行走动作要求连贯。女性的行姿要在稳重大方中略带矜持，切忌扭捏作态和矫揉造作；男性要在行姿中体现从容稳健。

（5）跨出的步子应是全脚掌着地，每一步都要抬起脚，膝和脚腕不可过于僵直。鞋切不可在地面上拖拖拉拉。停步、拐弯、上下楼梯时，应从容不迫、控制自如。

（6）注意步行的方位。走路必定会考虑前、后、左、右的方位问题。根据古代历史传统和中外礼仪，步行时的方位问题主要包括两个方面：

与古代礼仪传统有关。一般情况下，尤其人多时，通常"以前为尊，以后为卑""以内为尊，以外为卑"行走。因此，一般请客人、女士、长者行走在前、右或内，主人、男士、晚辈与职位较低者随后、左或外而行。当然，如果客人、女士、长者不明行进方向或道路较为坎坷时，后者则应主动上前带路或开路。当三人并排行进时，有时亦以居中为尊位，其尊卑依次为：居中者、居右者、居左者。

与现代文明礼仪有关。关于交通规则的行进方向，要注意交通指示灯，并且严格地遵守"红灯停、绿灯行"的规范。横穿马路时，必须依照规定，要走过街天桥、地下通道，或是走人行横道。关于交通规则中左右行驶的要求，在不同国家有不同规定：一种以英国为代表，行进时居左而行；另一种以美国为代表，行进时居右而行。有些国家会划出一些专用通道，如供盲人专用的"盲道"。还有一些国家，则对外国人划出不可乱行擅闯的禁区。

陪同或服务过程中还有一些行走特例需要陪同和服务人员予以注意：

陪同引导服务对象——作为陪同人员应走在服务对象的左侧前方约1m的位置；本人的行进速度须与服务对象相协调，不能走得太快或太慢；行进中一定要处处以对方为中心，经过拐角、楼梯等处，要及时地关照提醒，绝不可以不吭一声，而让对方茫然无知或不知所措；陪同引导时，要采用正确的体位，请对方开始行进时，应面向对方稍许欠身，行进中与对方交谈或答复问题时，应以头部、上身转向对方。

上下楼梯——礼让服务对象,上楼时请陪同对象前行,下楼时请陪同对象后行。

进出电梯——以礼相待,请陪同对象先进先出,陪同服务人员站在门口礼让对方并顺势做出"请"的动作。

出入房门——引领陪同对象出入房门要先通报;要以手开关房门;要反手开关门,并面向他人;礼让陪同服务对象,请对方先进先出;要为服务对象拉门。

走姿中的禁忌:不雅的步态会给人留下不好的印象,如横冲直撞、抢道先行、阻挡道路、蹦蹦跳跳、制造噪声、步态不雅等。

(1)在行走时,不雅的仪态表现主要有:一是上下左右环顾;二是东奔西跑蹦跳;三是缩脖驼背摆胯;四是东倒西歪摇晃;五是走路叮咚带响;六是脚尖方向"外八"或"内八";七是脚步拖泥带水,蹭地而行。

(2)身体语言不当造成不雅走姿、不良印象:
①晃肩摇头,上体摆动,腰和臀部居后(造成轻浮、缺少教养的印象);
②双手反背身后(给人以傲慢、自大的感觉);
③双手插入衣裤袋(给人小气、拘谨的感觉);
④步子太大或太小(不雅观、不大方);
⑤身体松垮,无精打采,或摆手过快,幅度过大(给人懒散、无礼的感觉)。

(3)步行时的禁忌:
①忌行走时与他人相隔距离过近,尤其应避免与对方身体发生接触、碰撞,万一发生,务必及时向对方道歉;
②忌与早已成年的同性在行走时勾肩搭背、搂搂抱抱,在西方国家里,只有同性恋者才会这么做;
③忌行走时尾随他人,甚至对他人窥视、围观或指指点点,在许多国家,这会被视为"侵犯人权""人身侮辱"等。

(4)不应边走边吃。若有背包或手提袋,要背好或提好,不要夹在腋下,也不要甩来甩去。

(5)两人并肩行走时,不要用手搭肩;多人一起行走时,不要横着一排,也不要排成队形,以免阻碍别人行走。不可在行人中穿进穿出。不可冲撞其他人。不可插入其他人的群体队伍分开别人。

(6)在道路上行走时,按惯例应自觉走在右侧一方,不可逆行走在左侧一方(以美国为代表的居右而行规范)。在道路上行走时,不要行动太慢,应该保持一定的速度,以免阻挡身后的人,也不要在路上停留、休息,或与人长谈。在公路上行走时,要自觉地走人行道,不要走行车道,应自觉让出专用的盲道。无人行道时,应尽量选走路边。

二、眼神

眼神的注视规范要求友善大方、视线位置恰当、时间适宜。在平时要注意选择各种场合情境来进行练习,选择符合礼仪要求的目光注视类型、方式、时间等运用于社交对象。

1. 选择正确的注视类型

下面介绍四种场合的注视类型可供选择，在不同的场合选择不同的眼神是我们掌握眼神礼仪的第一步骤：

(1)正式场合注视：这是个人礼仪中最重要的运用。正式场合包括公务型场合、商务型场合以及公益型场合等。接洽外宾、工作会议、订立合同、剪彩募捐都属于正式场合。这种类型的场合需要我们的眼神严肃、真诚。正式场合不适宜使用随意的、飘动的眼神，因为这样会给人一种轻浮、不重视的感觉。

(2)娱乐社交场合注视：娱乐社交场合是比较生活化的场合，这种类型的场合在生活中也是常常会遇到的，主要包括茶话会、舞会和各种类型的朋友、家庭聚会。这种类型的场合需要我们的眼神尽量轻松、自然，力求营造一种轻松和谐的交谈氛围。而对异性过分暧昧的眼神，在娱乐社交场合也是禁忌的。

(3)情感表达场合注视：情感表达场合是一种私人化的场合，这种类型的场合是个人生活中的重要组成部分，它对加深交流双方之间的感情有着重要意义。恋人之间、亲人之间的交谈就属于这种类型的场合。这种类型的场合需要我们的眼神尽量流露真情、表达内心的真实想法，眼神不需要过多的修饰。情感表达的眼神，最忌讳的是虚情假意的眼神，左顾右盼的眼神容易引起对方的误会，会被认为没有在专心听他说话。

(4)公共注视：这是一种适用于公共场合的注视类型，可以发生在生活中的任何时候，如在街上、公车上等人多的公共场所。此注视可用于公共场合对陌生人身上的某一部位随意一瞥，但不可停留时间过长，不然容易引起误会。

2. 保持适当的目光范围

当我们对所处场合做出正确判断之后，就应该找到与特定场合相适应的目光范围。与人交谈时，目光应该注视着对方，并保持在一个适当的范围内。适当的目光范围不但能使你显得更优雅得体，还能将眼神比较好地集中在谈话上。那么，怎样的一个目光范围算是适合的呢？我们说，目光应局限于上下以对方额头至衬衣的第二粒纽扣为准，左右以两肩为准的方框中。在这个方框中，我们根据上面的四种场合能细分出四种注视的范围：

(1)正式场合注视：在正式场合中，注视的视线位置应在对方额头至双眼之间的正三角形部位。它适用于极为正规的公务活动。例如，洽谈业务时，你的目光停留在对方的这个部位，不仅会显示你很严肃认真，还会使对方感到你的诚意。

(2)娱乐社交场合注视：在娱乐社交场合，注视的视线位置应在对方的双眼与嘴唇之间的三角区域内。相比于正式场合，娱乐社交场合的视线就可以稍稍向下移。例如，在舞会的时候，你的目光注视着你朋友的这个区域范围，不仅能体现你们之间的融洽关系，还能够让对方感到两人之间的平等、自然。

(3)情感表达注视：在情感表达的时候，我们的视线最佳范围是在对方的双眼和胸部之间。在亲人之间、恋人之间、家庭成员等亲近人员之间使用，可以增加双方的信任感、安全感，也体现了两人之间的关系是密切的、有默契的。

(4)公共注视：公共场合，注视的视线并没有具体的要求，但范围不可以过大，否则容易给人造成一种不安全的感觉。

3. 把握目光时间的长短

人际交往中，不但目光类型、范围，就连目光注视对方时间的长短也可以表示不同的含义，因而在交往中，尤其是交谈中，把握分寸十分重要。在目光时间的长短控制上，我们有一个原则，即听的一方注视的时间应该多于说的一方，这样可以表示听话者对说话者的尊重。

（1）"我们是朋友"——表示友好。

若注视对方的时间占全部相处时间的1/3左右，通常表示欢迎和喜悦。

（2）"你说的话对我很重要"——表示尊重。

若注视对方的时间占全部相处时间的2/3左右，表示关注对方的谈话内容。

（3）"我对你说的不感兴趣"——表示没兴趣。

若注视对方的时间不到全部相处时间的1/3，往往意味着对其瞧不起或没有兴趣。

（4）"我对你有意见"或"我对你的话很感兴趣"——表示敌意或浓厚兴趣。

若注视对方的时间超过了全部相处时间的2/3以上，有两种情况：一是可能对对方抱有敌意或是为了寻衅滋事；二是可能对对方本人发生了兴趣。

4. 眼神运用中的禁忌

（1）与人交谈的过程中，眼神不可长时间地停留于对方的面部，否则会给人一种不礼貌，甚至是挑衅的感觉。同样，眼神也不可以飘忽不定，左右闪烁，不与对方做眼神上的交流，因为这样会给人一种心不在焉的感觉。在与人交流的过程中过长或过短的眼神接触，都是不恰当的，应注意避免。

（2）在与人交谈的过程中，根据不同的场合，眼神停留的范围也有所不同。但是，我们要避免的一种情况是长时间地盯住对方的某一部位看，这样的眼神在人际交流中是非常不礼貌的行为。

（3）对于异性，在交谈中眼神的运用更要注意把握分寸。其中女性的胸部和男性的裆部是不能盯视的，这在眼神交流中要特别注意。

三、手势

手势的使用在日常交往中是十分普遍的，怎样才能将手势运用得得体、自然、大方，是需要掌握一定的技巧的。下面将介绍手势运用的要点，各种各样的手势操作起来都有一个基本的规范，按照这个规范运用手势，我们就能做到举一反三。

1. 手势操作的要求

手势操作的总体要求：在社交的时候，我们的手势一定要大方、自然、流畅。如果对手势的运用还不太熟悉，应当先尽量减少手势的使用。在选用适当的手势时，应注意语速、音调、眼神与手势的配合，要给人一种和谐、流畅的感觉。

（1）选择正确手势的类型。

①表达性手势。这种手势常常用于表达感情内容，可以加强说话的感染力。例如，我们要表达激动的心情时，常常双手紧握。

②比拟性手势。主要用于表达一些抽象的概念,增加说话的形象性。例如,形容大海汹涌时,人们常常上下摆动双手。

③指示性手势。主要用于指示具体事物或数量,其特点是动作简单,表达专一,一般不带感情色彩。例如,当有人问路时,我们通常伸出右手指示,这种简单的手势能很好地表达方位。

(2)保持适当的手势区域。

①手势活动的范围,有上、中、下三个区域。此外,还有内区和外区之分。

肩部以上称为上区,多用来表示理想、希望、宏大、激昂等情感,表达积极肯定的意思。

②肩部至腰部称为中区,多表示比较平静的思想,一般不带有浓厚的感情色彩。

③腰部以下称为下区,多表示不屑、厌烦、反对、失望等,表达消极否定的意思。

(3)把握手势的使用频率。手势运用还有次数的要求,如果在社交过程中,在适当的时机运用手势,能增加我们的亲和力,使语言更生动,否则,如果过于频繁地使用手势,往往会给人一种夸夸其谈、喧宾夺主的感觉。在个人手势礼仪中,我们是不提倡频繁地使用手势的。通常手势的最佳使用次数是,一个意思表达就使用一个手势,或间接地使用手势来表达,不要求每句话都有配套的手势。

2. 引导的手势操作方法

在各种交往场合都离不开引领动作,如请客人进门、客人坐下、为客人开门等,都需要运用到引导的手势。那么,标准的引导的手势有哪几种呢?我们说主要有三种,分别是横摆式、曲臂式、斜下式。

(1)横摆式。以右手为例,将五指伸直并拢,手心不要凹陷,手与地面成45°角,手心向斜上方。腕关节微屈,腕关节要低于肘关节。动作时,手从腹前抬起,至横膈膜处,然后,以肘关节为轴向右摆动,到身体右侧稍前的地方停住。同时,双脚形成右丁字步,左手下垂,目视来宾,面带微笑。这是在门的入口处常用的谦让礼的姿势。

(2)曲臂式。当一只手拿着东西,扶着电梯门或房门,同时要做出"请"的手势时,可采用曲臂手势。以右手为例,五指伸直并拢,从身体的侧前方,向上抬起,至上臂离开身体的高度,然后以肘关节为轴,手臂由体侧向体前摆动,摆到手与身体相距20cm处停止,面向右侧,目视来宾。

(3)斜下式。请来宾入座时,手势要斜向下方。首先用双手将椅子向后拉开,然后,一只手曲臂由前抬起,再以肘关节为轴,前臂由上向下摆动,使手臂向下成一斜线,并微笑点头示意来宾。手势语能反映出复杂的内心世界,但运用不当,便会适得其反,因此,在运用手势时要注意几个原则:首先,要简约明快,不可过于繁多,以免喧宾夺主;其次,要文雅自然,因为拘束低劣的手势,会有损于交际者的形象;再次,要协调一致,即手势与全身协调,手势与情感协调,手势与口语协调;最后,要因人而异,不可能千篇一律地要求每个人都做几个统一的手势动作。

3. 手势运用中的禁忌

在与人交谈或指示的时候,是不允许用一个手指来表示的。这样会给人一种非常不礼貌的感觉,让对方感到自己是被使唤的对象,令人很不舒服。一个手指的指示,在交际场合中应当避免使用。

中指在任何场合也是不允许使用的。在世界上绝大多数国家,单单伸出一个中指,是带有很强烈侮辱性质的,是被禁用的。

手势的运用应当避免过于频繁夸张。在与人交际的过程中,手舞足蹈之类夸张的动作都应当尽量避免,手势的使用切忌纷繁复杂。

第三节　职场服饰礼仪

名人名言

一个人的穿着打扮就是他教养、品味、地位的最真实的写照。

——莎士比亚

端庄的仪表与整洁的服饰就是最好的推荐信。

——原一平

谈古论今

中国服饰文化的基本特征是由传统到开放。它追求的是一种超越形体的精神美。《资治通鉴》中引萧何的话说:"天子以四海为家,不壮不丽无以重威。"先辈们塑造帝王的仪态,是通过服饰的庞大的轮廓、体积感以重威,以服饰上的象征性的图案显示天子掌管天地乾坤、至高无上、尊贵无比的威力。唐代画圣吴道子的《八十七神仙卷》有一种随风飘去的视觉效果,就是通过宽袍大袖、头巾、披风、水袖,在行走时随风摇曳来显示动人的美感。可见,中国传统服饰的表现注重于装饰人体,服装造型为意境服务,而不是刻意去突出人物的形体。

服饰礼仪在现代生活中,是一个能体现人们强烈的社会和文化属性的重要的社会符号。美国的一位总统礼仪顾问威廉·索尔比曾经说过:当你走进某个房间,即使房间里的人并不认识你,但从你的服饰外表,他们可以做出以下十个方面的推断:经济状况、受教育程度、可信度程度、社会地位、成熟度、家族经济状况、家族社会地位、家庭教养背景、是否是成功人士以及品行。

"成于中而形于外",即一个人的气质和内在修养必然露于外表。敬爱的周总理在世时,无论是穿中山装或西服,新的或旧的,都是庄重大方,气度不凡,令举世敬仰。宋庆龄名誉主席在世时,无论穿什么服装,都是举止大方,礼节有度。这说明服装与人的气质紧密相连,服装可因人的气质而生辉,人的气质也可借服装来表现。

因此,在生活中,有些人天生丽质,却让人觉得俗不可耐;有些人相貌平平,却散发出迷人的魅力。这些"魅力"主要来自于他所体现的特有气质,包括丰富的内心精神世界、深厚的学识修养和良好的品德修养、性格特征、处世态度以及仪容服饰等。

新中国成立以来,服饰文化的发展变化,正是人们内心精神世界的一个反映。新中国成立初期,人们当家作主、扬眉吐气,同时又受到苏联文化的深刻影响,列宁装、布拉吉成为一时的流行时尚,也彰显出人们奋发向上、积极努力地建设国家的昂扬斗志;到了"文革"时期,满世界绿军装,显示出人们日渐单调、匮乏的精神世界;改革开放后,一时流行的喇叭裤,又是人们对外来文化盲目推崇的产物;现如今,走在城市的大街上,五颜六色、样式各异的服饰,充分展现了人们精神世界的丰富多彩,展示出人们对生活的热爱与追求。

服饰是普通的,但它带来的遐思却又是无限的。通过得体合适的服饰,把人们的内在气质与外在风度完美地统一起来,一个人的真正魅力就是内在美与外在美和谐统一的产物。美在于和谐,我们希望通过这篇服饰礼仪的基本常识的介绍,能给大家都增添一分美丽的自信。

知识课堂

服饰是指人的服装穿着和饰品。它是仪表的重要部分,是人际交往中的主要视觉对象之一。它包括服装和饰物两个方面。在人的交往中,服饰在很大程度上反映了一个人的社会地位、身份、职业、收入、爱好,甚至一个人的文化素养、个性和审美品位。服饰一直被认为是传递人的思想、情感等非文化心理的"非语言信息"。

如果你根据场合穿着适合的衣服,那么就永远不会出错。无论男士还是女士,选择恰当的着装之前先问自己这样几个问题:"今天我要去哪儿?今天我要去做什么?我将与谁碰面?"颜色、尺寸、款式、面料等多种因素与人体的协调,更要与人的身份相称,同时还要与周围的环境气氛相适宜。

一、服饰的色彩

职场服饰中,67%是色彩带来的影响和冲击,所以选择衣服色彩按照服装和谐搭配的规律,让服装色彩构成职业魅力的要素,可以说是每位职场人士重要的必修课。人们穿衣打扮,色彩相随,人们对你的第一眼印象有一多半来自色彩。不同色彩的象征意义:

1. 暖色调

红色,象征热烈、活泼、兴奋、富有激情。
黄色,象征明快、鼓舞、希望、富有朝气。
橙色,象征开朗、欣喜、活跃。
粉色,象征活泼、年轻、明丽而娇美。

2. 冷色调

蓝色,象征深远、沉静、安详、清爽、自信而幽远。
紫色,象征华丽、高贵。
蓝紫色,象征高傲、神秘。

红紫色,象征明艳、夺目。
淡绿色,象征生命、鲜嫩、愉快和青春。

3. 中间色

黑色,象征沉稳、庄重、冷漠、富有神秘感。
白色,象征朴素、高雅、明亮、纯洁。
灰色,象征诚恳、沉稳、考究。

4. 四季型色彩

春季型:明亮、鲜艳的色彩群。
夏季型:柔和、淡雅的色彩群。
秋季型:浑厚、浓郁的色彩群。
冬季型:冷峻、惊艳的色彩群。

二、配饰

配饰指与服装搭配,对服装起修饰作用的其他物品,主要有领带、围巾、丝巾、胸针、首饰、提包、手套、鞋袜等。饰物在着装中起着画龙点睛、协调整体的作用。

三、着装的原则

TPO 是英文 Time,Place,Object 三个词首字母的缩写。T 代表时间、季节、时令、时代;P 代表地点、场合、职位;O 代表目的、对象。着装的 TPO 原则是世界通行的着装打扮的最基本的原则。它要求人们的服饰应力求和谐,以和谐为美。着装要与时间、季节相吻合,符合时令;要与所处场合环境和不同国家、区域、民族的不同习俗相吻合;符合着装人的身份;要根据不同的交往目的、交往对象选择服饰,给人留下良好的印象。

四、服饰的分类

①上班装:是在办公室处理日常工作或者外出洽谈业务、从事具体的操作工作时的着装。总的要求是利于工作的开展,讲求工作效率。可分为办公室服饰和外出职业装。

②社交服:是在正式社交场合中男女穿着的礼仪性服装,如礼服、出访服等,又可分为日礼服、晚礼服和婚礼服等。

③出门装:主要是在公共场合参加一些非正式的社交活动或上街购物时的穿着。当你要去参加一个朋友的聚会,或茶话会、沙龙式座谈会,出门装会让你既具有一定的品位和素养,又显得随和、亲切、友好。

④休闲装:俗称便装,是在休闲生活中穿着的。休闲服一般分为前卫休闲、运动休闲、浪漫休闲、古典休闲、民俗休闲、乡村休闲、居家休闲等。

⑤旅游服:在强调舒适性的同时,还强调外在形式美感和功能性。旅游服要求轻便、舒适、吸湿、合体。衣服应选用中性色,以便与其他衣服相配。面料用易洗易干的材料为好。

五、男士正装的类别

1. 礼服

男士的礼服是礼仪和身份的一个重要标志,在礼节和规范上都有很严格的规定。

(1)大礼服。大礼服又可分为晨服、燕尾服。它是在特定的礼仪场合和社交场合穿着的装束,有很严格的搭配组合规范。晨服是男士们在正式场合,如就职典礼、授勋仪式或者星期日教堂的礼拜等场所的着装;而燕尾服则是男士出席正式宴会、观看盛大演出、参加高级舞会等十分隆重的场合的正式着装。

(2)正式礼服。正式礼服的礼仪规格略低于大礼服。这种礼服上装不带燕尾,多用黑色和深蓝色毛料,夏天则采用白色麻料。圆摆、大翻领上和裤子侧缝镶饰缎面。衬衫为带褶的礼服衫,配黑色领结和腰封,穿黑色皮鞋与黑色袜子。

(3)日常礼服。日常礼服指黑色西服套装,在许多正式场合都需要男士穿这种类型的服装。黑色西服套装有上衣、裤子、背心,扣子一般为1~3粒,单排扣双排扣都有。如果上衣的翻领为缎面,则可用于晚间的正式场合,即作为正式礼服用。

2. 西服套装

西装是一种国际性服装,西装以其设计造型美观、线条简洁流畅、立体感强、适应性广泛等特点而越来越深受人们青睐,被认为是男士的正统服装,已形成其固有的穿着要求。一套穿着得体的西装可以使穿着者显得潇洒、精神、风度翩翩。西装的选择和搭配是很有讲究的。西装的韵味不是单靠西装本身穿出来的,而是用西装与其他衣饰一道搭配出来的。

(1)西服的历史。西服的始祖可以追溯到17世纪后半叶的路易十四时代。当时,衣长及膝的外衣"究斯特科尔"和比其略短的"贝斯特",以及紧身和体的半截裤"克尤罗特"一起登上历史舞台,是现代三件套西服的组成形式和许多穿着习惯的雏形。"究斯特科尔"前门襟扣子一般不扣,要扣一般只扣腰围线上下的几粒——这就是现代的单排扣西装一般不扣扣子不为失礼,两粒扣子只扣上面一粒的穿着习惯的由来。1853年,诞生于维多利亚时代的英国上层社会的"拉翁基·夹克"的诸多元素沿袭到现代西服中。在当时的英国,有许多礼仪讲究的社交活动在夜间举办,男士必须穿燕尾服,举止文雅,谈吐不俗。晚宴过后,男士们可以聚在餐厅旁的休息室小憩,只有在这里,才可以抽烟、喝白兰地、开玩笑,也可以在沙发上躺卧,笔挺的紧包身体的燕尾服此时就显得不合时宜。于是,一种宽松的无尾夹克就作为休息室专用的衣服登上历史的舞台,这就是"拉翁基·夹克"。在相当一段时间里,这种夹克是不能登大雅之堂的,只限于休息或郊游、散步等休闲时穿用。19世纪后半叶,这种夹克上升为男装中一个重要品种,当时牛津大学、剑桥大学的学生穿的牛津夹克、剑桥外套也都是这种造型。而中国第一套国产西装诞生于清末,是"红帮裁缝"为知名民主革命家徐锡麟制作的,徐锡麟于1903年在日本大阪与在日本学习西装工艺的宁波裁缝王睿谟相识,次年,徐锡麟回国,在上海王睿谟开设的王荣泰西服店定制西服,王睿谟花了三天三夜时间,全部用手工一针一线缝制出中国第一套国产西装,在当时的情况下,其工艺未必赶得上西方国家的制作水平,但已充分显示出"红帮裁缝"的高超手艺,成为中国西装跻身于世界民族之林的先行者。

(2)西装的质地。选择西装既要考虑颜色、尺码、价格、面料和做工,又不可忽视外形线条和比例。西装不一定要求料子讲究高档,但必须裁剪合体,整洁笔挺。选择那种色彩较暗、沉稳且无明显花纹图案,但面料高档的单色西装套装,适用场合广泛,穿用时间长,利用率较高。

(3)西装的款式。

①套装:

两件套:即上装和下装,包括同色和不同色。

三件套:即上装、下装和背心。

②上装:

单排扣式:造型轻盈,稳重大方,深色的最适宜正式场合。

双排扣式:造型端庄大方,适合中老年在正式场合穿着。

改良型:活泼、年轻,富有朝气,适合工作、学习外出等多种场合,实用性强,但不够正式、气派。

六、女士服装的类别

1. 礼服

女士的礼服相对男士而言要宽松一些,在很多正式场合,女士的服装往往显得更加丰富多彩。

(1)长礼服。长礼服是女士在最隆重场合的穿着,一般都是重要社交场合,如奥斯卡颁奖典礼等。长礼服几乎都是长裙,凸显出其高贵典雅的特点。

(2)小礼服或者正装。小礼服的范围比较宽泛,裙子的长度可以根据自己的身材来定长短;可以穿裤子、穿旗袍或中式服装,也可以用大披风作为礼服。

2. 套装

套装也被称为女性的职业装,一般办公室的职业女性主要是以穿套装为主。套装的形式比较简单,大的区别是裤子和裙子,小的差别是衣服的样式、长短、面料等。

职业套装要体现的风格是正规、沉着、干练、精神,所以不要佩带闪光的珠宝首饰或者过于卡通的时尚休闲首饰。在衬衫的选择上也要慎重,一般以质量上乘的丝绸、棉质等面料的衬衫为好。

(1)套装的组成元素。

①面料　套装的面料有很多种,但以纯天然的为最好。要有好的手感,光洁润滑、平整挺括、柔软垂悬、不起皱、不起球、不起毛。

②色彩　套装的色彩基本上是上下一色,这样的色彩有整体感,穿着者会显得高挑。正规的职业套装很少受流行色彩的影响。

③图案　职业套装虽然也有格子与条纹等图案,但是正规的套装一般很少选择大而明显或者条纹很粗的图案。尤其是出席一些比较重要的场合,暗条纹和暗格子图案

会合适一些。在单纯的套装上,女士经常使用漂亮的衬衫、丝巾和别针来增加职业装的典雅与美丽端庄。

④尺寸　一般说来,套装中的裙子与上衣会有不同的长短变化,例如,短上衣配长裙;短衣配短裙;长衣配长裙等。选择尺寸和服装的长短尺寸,一是要根据穿着的场合,二是要按照自己的身材条件。例如,身材不高的女士就不适合选择长裙子,也不适合穿长上衣。在大多数情况下,服装的尺寸以合身最为重要。另外,我们在正规的场合如果穿太短的裙子会显得不雅观,而过于长的裙子则会显得没有精神。所以,短裙的长度最好要略过膝;长裙不要超过小腿肚。

(2)套装的造型。女士的套装大约有以下几种类型:

①A型　即上衣为紧身式,裙子是宽松型,这样上紧下松的类型,比较适合臀部较大的女性。

②X型　即上衣为紧身收腰,裙子有点喇叭形,这个造型可以使穿着者线条明显,婀娜多姿。

③H型　这种款式的套装收腰不明显,裙子也是直筒式,比较适合身材肥胖的女士。

④Y型　上衣有明显的垫肩,裙子紧身。穿着者如果有很好看的腿形,这样的套装会使人看上去精神、挺拔。但是如果脖子较短或者本身肩膀就较宽的女士则不太适合这样的造型。

技能实训

影响服饰搭配的因素很多,如个人对色彩的理解、文化修养、生活习惯、服装造型、穿着场合、职场、个人性格与爱好等,因此,穿衣不必拘泥于某一模式,看着顺眼的、穿着舒服的,即是搭配成功的。

一、色彩搭配

色彩是决定服装穿着效果的最直观的视觉传达因素。关于冷暖色、对比色、姐妹色、中性色等的色彩理论亦适用于服装搭配。但服装色彩亦有自身的特点。例如,随着春夏秋冬四季的变换环境色的不同,服饰的用色也随之而异;又如,面料的不同也影响色彩给人的印象。同一种洋红,用在丝绸上流光异彩,用在呢料上端庄优雅,用在毛皮上则雍容华贵。穿着者的肤色、个性、年龄、职业等也会影响服装色彩的运用。这就是服装色彩的个体差异。

(1)"三色"原则　全身着装颜色搭配最好不超过三种颜色,而且以一种颜色为主色调,颜色太多则会显得乱而无序,不协调。

(2)"季节"原则　服装的色彩搭配应考虑与季节的沟通、与大自然的对话,以起到不同凡响的效果。

(3)"因人而异"原则　着装配色要遵守的一条重要原则,即根据个人的肤色、年龄、体型选择颜色。

①依据肤色的不同：

黑肤色：不宜着颜色过深或过浅的服装，而应选用与肤色对比不明显的粉红色、蓝绿色，最忌用色泽明亮的黄橙色或色调极暗的褐色、黑紫色等。

黄肤色：不宜选用土黄色、灰色的服装，否则会显得精神不振和无精打采。

脸色苍白者：不宜着绿色服装，否则会使脸色更显病态。而肤色红润、粉白，穿绿色服装效果会很好。白色衣服搭配任何肤色效果都不错，因为白色的反光会使人显得神采奕奕。

②依据体型的不同：

体型瘦小的人：适合穿色彩明亮度高的浅色服装，这样显得丰满。

体型肥胖的人：用明亮度低的深颜色则显得苗条。

体型、肤色属中间混合型：颜色搭配没有绝对性的原则，重要的是在着装实践中找到最适合自己的搭配颜色。

(4)"整体协调"原则。

①上下装同色——即套装，以饰物点缀。

②同色系配色。利用同色系中深浅、明暗度不同的颜色搭配，整体效果比较协调。利用对比色搭配（明亮度对比或相互排斥的颜色对比），运用得当，会有相映生辉、令人耳目一新的靓丽效果。年轻人着上深下浅的服装，显得活泼、飘逸、富有青春气息。中老年人采用上浅下深的搭配，给人以稳重、沉着的静感。

③经典色系。灰、黑、白三种颜色在服装配色中占有重要位置，几乎可以和任何颜色相配并且都很合适。

二、着装礼仪

1. 男士着装的礼仪规则

(1)礼服的礼仪规则。

①大礼服。穿大礼服有着严格的规范，除了服装本身的色彩、面料和裁剪外，还要求穿配套的礼服背心、硬胸衬的礼服衬衫、白色领结、黑色袜子与黑色皮鞋等，上衣的口袋还要插上白色装饰巾。在重要的国际活动中，请柬会对着装有特别要求或提醒。如"white tie"，就是提示你需要穿大礼服出席该项活动。

②正式礼服。正式礼服的礼仪规格略低于大礼服。晚上6点以后的舞会、宴会、酒会等多穿此类服装。如果在请柬中看到"black tie"，就需要穿正式礼服，正式礼服的穿着范围比较大。

(2)穿着西装的礼仪。

①遵循"三色原则"。

商界男士在正规场合穿着西装正装的时候，全身上下的衣着，应当保持在三种颜色之内。这样，使正装色彩显得简洁、规范，有助于保持正装庄重、保守的风格。正装的色彩，一般为单色、深色、没有图案。最标准的套装颜色为黑色、灰色、蓝色，衬衣颜色最佳为白色。

②搭配好衬衫。

配西装的衬衣颜色应与西装颜色协调,白色衬衣配各种颜色的西装效果都不错。正式场合男士不宜穿色彩鲜艳的格子或花色衬衣。

穿西装要配硬质衬衫,衬衫的领子要硬实挺括、干净,衬衫后领应高于西装后领。衬衣的袖口应长出西装袖口2~3cm。穿西装在正式、庄重场合必须打领带,其他场合不一定都要打领带。打领带时衬衣领口扣子必须系好,不打领带时衬衣领口扣子应解开。

正式的商务场合穿西装应配正装衬衫。正装衬衫的面料主要以高精纺的纯棉、纯毛制品为主。以棉、毛为主要成分的混纺衬衫可酌情选择。正装衬衫必须为单一色彩。在正规的商务应酬中,白色衬衫是商界男士的唯一选择。

③扣子礼仪。

西装在穿着时,穿单排扣的西装,一粒扣的扣与不扣都无关紧要;两粒扣的只扣上面的一粒,两粒纽扣全都扣上是不符合穿着规范的;三粒扣的则扣中间的一粒,也可全扣上,在一些非正式场合,可以不扣纽扣,但在求职时,应全扣上,这是比较严谨的一种表现。

穿双排扣的西装站着时一般应将纽扣都扣上。当坐下时,最低的一粒纽扣以松开为宜,以避免弄皱衣服,但再站起来时应把它重新扣好。

④系好领带。

在正规场合,穿西装都应系领带。领带是西装的灵魂。在西装的穿着中起着画龙点睛的作用。凡是参加正式交际活动穿西装就应系领带。

领带的款式有宽窄之分,这主要受到时尚流行的左右。进行选择时应注意最好使领带的宽度与自己身体的宽度成正比,而不要反差过大。领带的颜色、图案应与西装相协调,系领带时,领带的长度以触及皮带扣为宜,这样当外穿的西装上衣系上扣子后领带的下端便不会从衣襟下面显露出来。

领带夹主要用于将领带固定于衬衫上,领带夹一般夹在第四、五粒纽扣之间,最好不要让它在系上西装上衣扣子之后外露。穿西装上衣系好衣扣后,领带应处于西装上衣与内穿的衬衫之间。穿西装背心、羊毛衫、羊毛背心时,领带应处于它们与衬衫之间。

⑤内衣单薄。

按国际惯例,正规场合穿西装,衬衫里面一般不穿棉毛衫。如果穿着的话,不宜把领圈和袖口露在外面。如果天气较冷,衬衫外面可以穿羊毛衫。但以一件为宜,不宜穿得过分臃肿,破坏了西装的线条美。

⑥搭配好鞋袜和腰带。

我们常说"西装革履",就是指除了一身合身美观的西装外,还要注意鞋袜的搭配。

在正式场合,穿西装必须穿皮鞋,不能穿旅游鞋、轻便鞋或布鞋,否则会贻笑大方。皮鞋以黑色最佳,偶尔也可穿咖啡色。皮鞋要上油擦亮,不能蒙满灰尘。

袜子应选长一点的,以免坐下时露出小腿。颜色最好是深色的,或是西装和皮鞋之间的过渡色。注意,配西装一定不要穿白色或透明的袜子。

西装裤皮腰带的前方显露于外,必须雅观、大方。一般来说,腰带以黑色为最好,带头要美观、大方,不要太花哨。

⑦注意西装的保养。

保养存放的方式对西装的造型和穿用寿命影响很大。高档西装要吊挂在通风处并常晾晒,注意防虫与防潮。有皱褶时可挂在浴后的浴室里,利用蒸气使皱褶展开,然后再挂在通风处。

⑧禁忌。

西装袖口的商标牌应摘掉,否则不符合西装穿着规范,高雅场合会让人贻笑大方。

2. 女士着装的礼仪规则

(1)礼服的礼仪规则。

①长礼服。长礼服几乎都是长裙,而且长礼服上身的造型袒露较多,因此必须佩带相应的珠宝首饰。

②小礼服或者正装。在西方,一般的晚宴活动都可以穿小礼服,在穿着的时候要注意手提包和首饰的搭配,不能过于花哨和杂乱。

(2)套装的礼仪规则。

①衬衫。

女士套装中的衬衫搭配非常重要,尤其是领口部位常常会起到画龙点睛的作用。衬衫的选择首先是面料,真丝面料的柔软和套装的挺括会形成对比,使简洁的套装也能体现女性的优美感。另外,全棉、麻纱、丝绸等也很适合作为套装中的衬衫面料。在衬衫的色彩选择中,要注意以下几点:一种是协调色搭配,即衬衫的颜色和套装的颜色反差很小,属于同一种色系。这样的搭配有整体的统一与和谐感,不会很突兀。第二种是邻近色搭配,也就是衬衫与套装的颜色虽然属于不同的色系,但是反差不会很大,这种方法的特点是统一之中有变化。第三种方法是对比色搭配,比如白色衬衫与黑色套装搭配;浅色衬衫与深色套装搭配;蓝色套装与橙色衬衫搭配;紫色套装与黄色衬衫搭配等都属于对比色搭配。这种搭配方法使人显得非常精神,但需要选择合适的面料和样式。

②内衣。

内衣包括胸罩、内裤、腹带、紧身衣、吊袜带等。内衣的穿着主要是为了支撑和烘托女性线条的优美,在选择时首先要以健康、舒服、贴身为主,面料以纯棉、真丝等为好。然后再考虑对外形的影响,不能让人从外套上看到内衣的轮廓,避免不雅观。

③鞋袜。

鞋子与袜子在整体形象中的地位不可小觑。在选择的时候要从两个方面考虑:一是色彩,与套装搭配的鞋袜最好是单色,比如,袜子的颜色要以黑色、肉色、浅灰色、深灰色、浅棕色为好,白色、红色或者彩色的袜子不能与套装一起穿。皮鞋的颜色一般要与套装颜色保持一致,但是颜色鲜艳的皮鞋即使与套装一致也是不适合的,如红色、绿色、浅紫色等都是不适合的,黑色与棕色皮鞋是最好的选择。

二是样式,与套装搭配的皮鞋与袜子的样式比较简单。袜子应该是连裤与长筒的,中筒与短袜不宜与套装搭配。皮鞋的样式以高跟、半高跟的船式与盖式为好,系带皮鞋、凉鞋、皮靴都不适合与正规套装搭配。

在穿着时还应注意:一是鞋子的干净,皮鞋上如有灰尘容易使人对你产生不太好的感觉;二是袜子不能出现抽丝和破损等现象,这些都是体现品位的重要细节。

④首饰。

工作场合不是表现个性的地方,一切配饰简约为上,宁可不戴,戴的话要戴真的。比如,珍珠项链、耳环或滴水型耳环、一枚(最多两枚)单粒宝石戒(如订婚戒)、简洁的白金指环已经足够。艺术感强、民族异域风格浓的首饰,能免则免。

如果出席正式的社交场合,女士佩戴首饰是必要的,一是能够与服装一起体现良好的个人形象,二是可以表明对这个活动的重视。由于礼服的造型常常是低胸的,而发型上又多为盘发,所以项链、耳环可以有非常明显的装饰效果,但是首饰必须是配套的。而穿着套装的时候,就说明礼仪规格大小相比礼服来说就要小一点,所以首饰的佩戴可以简单一些,如可以只戴耳环,或者戴了项链后不戴耳环。关键是要把首饰和服装作为一个整体来设计,要让首饰成为"画龙点睛"之笔,而不能成为多余的"累赘"。

(3)女性服饰禁忌。很多人往往认为自己已经打扮得很入时、很漂亮,可往往却得不到别人的夸奖与美慕,甚至还被别人嘲笑,这都是因为没有注意穿着中的传统忌讳问题:

身上首饰过多,给人一种俗气、浮华的感觉;

衣着不整洁、有污渍或是袋口破裂、扣子缺损,会给人生活邋遢、随便的感觉;

内衣露出,特别是夏季着装中露出胸罩或透明裙、无衬裙,都十分不雅观;

化妆与服饰不配,给人以奇异俗气的感受;

穿过高高跟的鞋,或鞋底加铁钉,走路发出十分大的声音,给人以审美或涵养不够的感受;

穿着睡衣上街或头戴发卷上街,给人以素质不够的感受;

丝袜只到小腿,而与裙边之间裸露腿部皮肤,给人十分不雅观、不高档的感受;

穿着领口过大或过于性感的服装出现在办公场所的人,会给人一种轻浮的感觉;

香水味过浓的人,会让人觉得有些俗不可耐;

穿拖鞋逛街、上班的人,会让人觉得无教养,不尊重人;

当众整理头发,对镜子涂抹口红、眼影也是不雅观的;

穿健美裤上班或配高跟鞋,也是不雅观的。

以上只是生活中不适宜的一些装扮列举,还有许多小细节必须在生活中逐渐去重视、纠正它。

三、精心搭配量体裁衣

人们常说:"美是由观看者的眼睛来判断的。"希望你能了解别人眼中的你,那是你呈现在别人面前的样子,你要选择适合你的穿着,利用衣裳的线条来强调或修饰身上的优点或缺点,将自己最好、最独特而出色的部分显露出来,让你看起来更美妙、更匀称,你也愈发会显示出"自信美"来。所以,服装的精心搭配至关重要。

正确的体型定位能帮助你更好地选择服饰,提升个人魅力。

1. 高个子的服饰搭配

高个子:高于170cm。

服饰宽松度:合身是基础。当选择针织服饰时,选择两件套的衣服会比选择一件长筒形针织外衣更为合适。避免穿着窄小、紧身的衣服。

颜色:选择两种颜色的衣裤或两件套装;腰带、手套和手提包要用对比色。选用你的最佳颜色,无论是深色、浅色或是鲜艳的颜色——混合使用和对比使用都可以。要从腰间将颜色搭配打破;浅色的衬衣配上深色的裙子或裤子也很适合。

避免使用黑色、暗色及垂直线条的单一颜色。只有用鲜艳或浅色调做点缀时才考虑使用黑色。

2. 矮个子的服饰搭配

矮个子:矮于160cm。

服装搭配焦点应当尽量提高,使其靠近面部(搭配细节应当放在肩部和颈部)。

服饰宽松度:选择合身的服饰。避免大或粗笨、宽松悬垂的款式。

颜色:选择你所感兴趣的单色套装及各种色调的单色套装(单色组合)。身材较为细长的人在穿鲜艳或浅灰色调的衣服时,会显得丰满些。避免使用对比色的腰带和衣裤(裙)来分割你的高度。

避免使用水平线条,那将会使你增加宽度、显得粗大(避免宽褶边、腰线形的颜色条纹和方正的肩线等)。

3. 瘦型人的服饰搭配

服饰宽松度:尽量穿着那些刚刚合身的衣服。避免穿太窄太紧身的款式,相反,那种像挂在身上似的宽大的衣服也不要穿。

颜色:使用你的最佳颜色,没有必要限制。较浅的颜色能使身影增宽。

避免由生硬的款式所带来的垂直条纹和垂直的结构线条。

4. 方型人的服饰搭配

矮胖、粗壮,肩、臀、腰的宽度相差不大,体重超过标准体重的人。

线条:选择剪裁流畅、柔和、带有流线型线条的衣服,如A字形线条。搭配务必简洁。另一种能使你变得漂亮的线条是在你身体横切线的1/3处(裹束式连衣裙就是很好的例子)。

服饰宽松度:选择可体合身的衣服,别太宽或太窄。衣服的肩部要刚好合适。此外,衣服可以宽松舒适,但又不要像帐篷那样撑开。

不要选择太窄的衣服,这样会暴露你身体的肥胖部位,更不要选择贴身的款式。

颜色:如果适合你的最佳颜色是鲜艳的颜色,就一定要选用质地柔和、雅致的面料。暗色或灰黑色能在视觉上缩小体型,当这些是你的最佳颜色时才能使用它们。

如果在一身衣服上用两种颜色时,可用调和色帮助混合。腰部避免使用强烈的浅黑色或鲜明的对比色。

在搭配中避免使用任何不完整的直线条或是水平线条。焦点应提升到你的面部附近,将注意力引离你的腰部和臀部,运用对比色加强这一效果。

5. 窄肩宽臀型人的服饰搭配

线条:在选择衬衣和紧身背心时宜用水平横条纹,而裙子则要选带竖条纹的面料和款式。你的最佳线条是那种从腰间向上伸延至双肩,向下延伸至张开的长裙摆褶边的线条。腰部以下部分需要多层次,使胸部和肩部显得丰满而与宽臀比例得当。

使用围巾、首饰和搭配细节等构成腰线以上的色彩焦点。

服饰宽松度:不太紧身、剪裁宽松的衣服效果最好,穿着起来宽松舒适。

颜色:只有在制作夹克、衬衣和毛衣时,才使用提花面料。裤子的式样要简单,颜色较暗。裙子也宜用较深的颜色,面料上可有些直线图案。单色套装和单色组合都很不错。用鲜艳的颜色和补充色在颈部附近制造一个色彩焦点。

此类服饰也适合溜肩、细腰的人群。

6. 宽肩窄臀型人的服饰搭配

线条:选择垂直的线条和装饰。要想使大而宽的肩膀与细臀的比例平衡就需要在腰部以下进行。

搭配修饰,增加丰满度。腰部以上要避免使用"夸张"的搭配手法,以免增加鼓胀之感。

服饰宽松度:简单而宽松的款式,但不要太宽大,这是最佳选择。

颜色:上衣宜选用比裤子、裙子暗点的颜色,暗色或单色组合也很好。

四、季节着装技巧

1. 春季的着装技巧

春日着装,意在醒目鲜明,如粉色调的服饰,犹如春意的暖和,而嫩绿、嫩黄的衬衣配黑或白色的长裤,显得清新自然,与周围渐绿的环境极其协调。

黑白调的服装同样适合于春季,只要将纱巾或耳环、手镯的颜色选得略为艳丽些,仍然不失为成功之作。

图案的选用,也应当选艳丽些的,花卉系图案是长久的经典。宽松的针织休闲衫、棒针衫能成为这一季外套的主打,配上休闲裤与休闲鞋,也是光彩照人的打扮。

纯棉、丝绸及轻便精纺毛料的西服最受欢迎。而服装的外形轮廓大多为收腰式,除此,你在着装装扮时,一定要体现出自己的曲线体型美来。

2. 夏季的着装技巧

夏季特别能突出人体曲线美,因此夏装是女性最能体现身材美的着装。

夏装应注意穿衣的卫生——也就是服装款式、色彩等应利于人体的排湿、透气,使皮肤感觉清爽。因此,选择服装时应首选天然纤维面料的服装。如丝绸、棉、麻织品,尤其丝绸服装特别贴身又舒服,还能将女性的柔美在轻轻飘动中展露出来。

夏装应宽松,而不应过分包裹身体,宽松的大T恤配牛仔短裤就显得精干洒脱;裙裤是夏日的好伙伴,外形像裙子,但又能避免不便之处,且宽大舒适,活动方便,因此十分受人欢迎。

夏日的服装也可以加入一些运动的气息,特别是足球热、网球热、篮球热更是为其起着推动作用,因此不妨选一两件印有运动图案的T恤衫,配上休闲长、短裤、牛仔裤,你也会发现自己有了青春、运动的感觉。

3. 秋季的着装技巧

秋天是浪漫的季节,随着金黄的落叶,秋色愈发迷人,着装的乐趣莫过于高兴地穿上外套。

西裤是秋天的最佳选择,穿上丝袜便鞋、衬衣,式样简练,并配上一条精致的腰带,就显得人干净利落。

阔肩袖外衣加上薄薄的T恤,配以纺毛织品的斜裁裙,则显得女性味十足,随和又舒服。秋天是针织品最有特色的时期,宽松的套头毛衫,收口的针织裤,宽大的T恤,具有运动色彩的外套,如夹克等,都成为人们喜爱的服装。秋天着装的色彩都比较饱满、成熟,红是熟红,而黄是金黄。咖啡配奶白,几乎是秋季的传统配色,如窄身咖啡色裤配奶白宽松大毛衣,显得十分自由轻松。同时,突出的冷艳低调,如浅灰与深灰的搭配,也正是淡淡秋季的体现。总之,秋天的着装需要更多的技巧与搭配,但要记住,一定要体现出秋季成熟而休闲的自如美。

4. 冬季的着装技巧

冬天是寒冷的,但寒冷中更应该把自己打扮得漂亮些,不要让沉闷的自然色调淹没了自己。首先在款式上多下工夫,除了传统的大衣、羽绒服必不可少外,厚绒毛料的冬裙也是突出个人特色的手段,可以将它与毛衫、外套多搭配,往往能让人多姿多彩。毛衣向来是巧装扮的好品种。高领、翻领毛衫可以让人有温暖的感觉,特别是艳丽的色彩与动人的图案与花型织法,与外套配合穿用,可以在稳重的色彩下有一种跳跃的感觉。冬天的着装特别应在色彩上下工夫,亮丽色彩的滑雪衫、羽绒服与稳重色的西裤、牛仔裤搭配,往往会使人感觉到充满生机。冬季的一些佩饰,也是着装的亮点。如帽子可以是鲜艳、时髦的,领巾也可以是亮丽颜色的,而鞋也可以是亮丽款式与材质,这样与整体服装搭配会有一种点缀装饰感强的味道。

五、巧用配饰、画龙点睛

所谓配饰,就一定要"配",否则不但不能锦上添花,反而会"画蛇添足"。配饰的作用是不可忽略的,一对精美的耳环,一条别致的项链,一双时髦的鞋子,一个色彩新颖的包都会增色几分。所谓搭配的独具匠心和女性的品位往往就在这里得到彰显。重视饰物与人及服装色彩间的谐调、搭配才能使饰物与人、衣、色相得益彰。

1. 帽子

传统的说法是,帽子是权威与地位的象征。一顶正式的帽子,会提高戴帽者的身价和地位。所以,如果你乐意向上司和同事暗示不懈的进取心,不妨尝试一下为灰色的套装配上一顶与之相称的帽子。值得注意的是,窄檐的软呢帽在白领阶层一直深受青睐,但是,如果帽顶过圆则会削弱女性主管的权威感。较为得体可取的帽型应该是略带弧度帽顶的帽型。

帽子的质地和色彩应尽量与服装相同,或者近似,最起码也应做到协调一致。

职业女性戴帽时,要注意头发必须简洁平整,不能有悖于帽子的大小。短发者常可向后梳理,长发者则可将头发盘成简单的发髻。

2. 鞋袜

鞋子在整体着装中不可忽视,搭配不好会给人头重脚轻的感觉。着便装穿皮鞋、布鞋、运动鞋都可以,而西服、正式套装则必须穿皮鞋。

男士皮鞋以黑色、深咖啡色或深棕色较合适,白色皮鞋除非穿浅色套装在某些场合才适用。黑色皮鞋适合于各色服装和各种场合。在正式社交场合,男士的袜子应该是深单一色的,黑、蓝、灰都可以。

女士皮鞋以黑色、白色、棕色或与服装颜色一致或同色系为宜。在社交场合,女士穿裙子时袜子以肉色相配最好,深色或花色图案的袜子都不合适。长筒丝袜口与裙子下摆之间不能有间隔,不要露出腿的一部分,会很不雅观,不符合服饰礼仪规范。穿有明显破痕的高筒袜在公众场合总会感到尴尬,不穿袜子会更好。

3. 首饰

首饰主要指耳环、项链、戒指、手镯、手链等。珠宝首饰的英文是"Jewelry",源于法语"joiel",意思是"Joy"(快乐)。但并非拥有珠宝就会令人快乐,还得在精巧的搭配上费一番心思,合理的搭配,必须与个人气质、脸型、肤色、季节相结合。

按照着装的原则,办公室女性的首饰佩戴应简洁大方,不应过于炫目,以不妨碍工作为标准,照顾到工作中的严肃正统与规范性。更重要的是以实用为宜,让装扮和谐即可。

佩戴首饰应与脸型、服装协调。首饰不宜同时戴多件,如戒指,一只手最好只佩戴一枚,手镯、手链一只手也不能戴两个以上。多戴则不雅而显得庸俗,特别是日常工作和重要社交场合穿金戴银太过分,不适宜,也不合礼仪规范。

脸型是选择耳环和头饰的依据,耳环对脸型能起到一种平衡作用。方形脸:不要佩戴方形的首饰,或者三角形、五角形等锐利的耳环坠子,项链宜佩戴有坠子或长于锁骨的项链。长型脸:可佩戴如圆形、方形等横向设计的珠宝首饰,项链宜佩戴具有"圆效果"的项链,像传统的珍珠、宝石短项链。圆形脸:可选择长方鞭形、水滴形等类的耳环和耳坠,项链宜选用"V"字形的,以展现温婉中的清丽和典雅。瓜子脸:适合佩戴"下缘大于上缘"的耳环和耳坠,如水滴形、葫芦形,以及角度不是非常锐利的三角形等,项链宜佩戴能产生"圆效果"的项链,使脸部线条看起来比较圆润。

(1)戒指。戒指的具体戴法有一定的规矩,一般不宜随意乱戴。在西方的传统文化里,左手显示的是上帝赐给人的运气,因此,戒指通常戴在左手上。千万不要把戒指戴在左右手的大拇指上,因为在国际常识里,它代表你是品行不端的人。

(2)耳环。佩戴耳环也有所禁忌,这是建立在首饰审美和保护的基础上的。一忌化妆时忘记取下耳环,二忌耳环色彩和服装过于反差。

(3)项链。项链在与便服的搭配上,也有一些要点:①高领口或无开口衣领的便服应将项链佩戴在衣服外面,才能起到装饰作用;②钩织的服装,或者是网状透露式的服装,配以金项链或亮丽有光泽的项链,能得到精致而优雅的秀美效果;③衬衫与连衣裙的领口开的较大的,可以佩戴长链或有坠子的链子,反之,应佩戴短一些的链子;④宽松衣服,戴一顶帽子,再配上精致的串珠项链,显得很有风度,而且优雅迷人;⑤飘逸风格和轻柔面料是夏季的首选,这时就不能用显沉重感的项链去破坏其轻灵的感觉;⑥素色的便服不宜配以珠光宝气的项链,应配以自然一些的,比如绳编的有小挂饰的项链。

(4)手镯。没有比穿短袖或无袖装时戴手镯更好的效果了。此时手镯应与服装呼应,让你的手腕不至于显得太突兀,且在有意无意间表示出你的手臂与手腕的修长与美丽。此时的手镯,颜色与材质,就算与衣服相差很远也没关系,尽可大胆佩戴。

(5)胸针。胸针起源于宗教象征及护身符,古代的官员胸前也常要佩戴胸饰,是权力和地位的象征。发展到今天的胸针、胸花、领带夹、别针,除了装饰功能外,也有一定的实用性,比如夹丝巾、固定领带等。

胸针适合女性一年四季佩戴。佩戴胸针应因季节、服装的不同而变化,胸针应戴在第一和第二粒纽扣之间的平行位置上。

在佩戴胸针时,要考虑到颜色的协调,冷暖色调相映。如红色衣裙应配上黄色、本色、血红色或土黄色的胸针。而白色的衣服则要配上天蓝色、翠绿色的胸针。这样的配合都是成功的。在穿线条不对称、不规则的服装时,将胸针别在正中的位置,可以得到一种随意的平衡感。在西服套装的领子边上别一枚曲线动感的胸针,能为套装的庄重添加一些活跃的动感。若是色调单纯的套装,应选择色彩丰富的胸针。上衣彩色而下穿黑色裙子裤子时,在上衣别黑色珍珠胸针,会有很好的呼应效果。

4. 围巾

巧用围巾,特别是女士佩戴的丝巾,会收到非常好的装饰效果。

5. 发饰

从古至今,发饰一直是女人们头上的精灵。发饰的选择,除了要参考自己的发色、肤色及风格外,还要考虑到场合、服装以及季节。穿礼服时自然以闪光发饰为好,日常中可以素雅一点。在季节的考虑上,冬天用珊瑚,春天用玉质为妙,玳瑁发饰一年四季均可使用。

6. 太阳镜

在如今这个个性飞扬的时代,太阳镜已成了时尚的代名词,成了展现魅力的不可缺少之物。鼻型与佩戴太阳镜有关:大鼻型宜佩戴大镜框以取得平衡;小鼻型自然需要相对较小的镜框。脸型宽圆的,应选粗边或大型夸张的镜架;脸型窄瘦的,宜选用金属框,看起来较精致。肤色白皙者,可选择浅淡透明的;肤色较深者,最好选用黑深蓝等颜色深的。

7. 手套

手套搭配的关键在于,色彩鲜艳的手套,底色配黑白灰单色最容易出彩。追求个性和前卫的,可用黑色上衣搭配反差大的手套,如红色的。白色上装可削弱手套的装饰性,为突出青春时髦、个性柔和,可用灰色上装搭配彩色手套。

8. 皮带

设计新颖、款式繁多的皮带,时至今日,也已成为时装饰品。

根据身形,若体型过于丰满,应选用较细、图案简单明快的皮带。反之,腰肢纤小温柔的,应选宽一点的皮带。

皮带与服装的色彩搭配原则:素色服装与对比色皮带相配,皮带款式可简单些;若是同色搭配,款式上要复杂些。若想强调皮带的存在,可加些配件饰品,把皮带装点得华丽显眼些。

从季节的角度来看,冬季可用皮革、人造革和塑料制的皮带;夏季可用透气性好的布料皮带和棉麻纺织的皮带;春秋季则选择性多一点,可根据衣裙来选用各种类型的皮带。

六、不同场合的着装选择搭配

1. 音乐会

听到音乐会三个字会给人一种严肃、高档的感觉。这也难怪,毕竟音乐会起源于国外上流社会,也因此对音乐会的感受会自然而然地受到外国的影响。"音乐会"在传统上多半是皇宫贵族或是达官富豪的集会社交的代名词,一般平民老百姓是很不容易接触到的,因此会去参加音乐会的人的服装也会特别讲究,毕竟那是重要的社交场所,也难怪现今"音乐会"会给人如此沉重的感觉,仿佛去听音乐会是一种神圣庄严的大事,其实现在对赴音乐会的人并没有一定的服装规定,只是在国外人们习惯穿着非常正式的服装如晚礼服去参加音乐会,这样的习惯通常跟国外的历史背景有关,我们可以从许多电影或是相关场合中得到此种信息。所以说,如果有机会到国外去听音乐会,服装方面最好是讲究一点,也许用不着穿着晚礼服那么夸张,但仍然应该穿着比较正式的服装,比如男士们穿西装、戴领带,女士们穿典雅含蓄的套装等。

2. 丧礼

参加丧礼时,忌讳穿浅色服装,女子忌艳妆。

3. 公务场合

在公务场合着装应当重点突出"庄重保守"的风格。目前在公务场合的着装,最为标准的,主要是深色毛料的套装、套裙或制服。具体而言,男士最好是身着藏蓝色、灰色的西装套装或中山装,内穿白色衬衫,脚穿深色袜子、黑色皮鞋。穿西装套装时,务必要戴领带。女士的最佳衣着是:身着单一色彩的西服套裙,内穿白色衬衫,脚穿肉色长筒丝袜和黑色高跟皮鞋。有时,穿着单一色彩的连衣裙亦可,但是尽量不要选择以长裤为下装的套装。

4. 社交场合

在社交场合，着装应当重点突出"时尚个性"，男士穿着黑色的中山套装或西装套装，女士则穿着单色的旗袍或下摆长于膝部的连衣裙。其中，尤其以黑色中山装套装与单色旗袍最具有中国特色，并且应用最为广泛。在社交场合，最好不要穿制服或便装。

5. 休闲场合

在休闲场合，如郊游、垂钓、打球、旅游等，着装也要相应符合习惯，应当重点突出"舒适自然"的风格。没有必要衣着过于正式，尤其应当注意，不要穿套装或套裙，也不必穿制服，那样既没有任何必要，也与所处的具体环境不符，更不利于放松。

第四节　职场人际关系礼仪

名人名言

一个人事业上的成功，只有15%是由于他的专业技术，另外的85%要依赖人际关系、处世技巧。软与硬是相对而言的。专业的技术是硬本领，善于处理人际关系的交际本领则是软本领。

——戴尔·卡耐基

人生最大的财富便是人脉关系，因为它能为你开启所需能力的每一道门，让你不断地成长不断地贡献社会。

——安东尼·罗宾

谈古论今

人类是依靠群体劳动生存的生物，恩格斯说："劳动创造了人本身"。在进行群体性的生产或活动过程中，必然要进行分工，有分工就意味着"每个个体都要承担最终需要的不同部分"，而且分工的最终目的是为了合作，最终实现"个体无法完成的目标"，在这一过程中势必涉及分工的不同、付出的多少、成果的分配，以及生产或活动中的协调等问题，也就是人与人之间的关系问题、沟通问题，在工作场所中，就日益形成了我们今天所说的"同事"关系问题。根据体力劳动、脑力劳动，以及简单劳动、复杂劳动的不同，同事关系又可以有工友关系、同僚关系以及Partner、Team member等，但是无论是何种类型的同事关系，在职场中要实现良好的同事关系，势必需要职场中的人们共同遵守一些准则和规范，也就是我们要向大家介绍的同事之间的相处礼仪。

我们今天所提倡遵守的同事之间的礼仪规范，既要吸收我国传统美德中的优秀文化，又要遵循全球化背景下的国际规则，尊重他国的礼仪文化，将国情与世界文化有机融合，无论是在何种类型的企事业单位中，都要运用好、行使好相应的同事之间相处的礼仪规范。

知识课堂

人际关系的顺畅是事业成功的最关键的因素。如何与上司、同事和下属相处是每一个职场人士都需要面对的问题,只有精准地把握分寸,才能更好地塑造完美的职场形象,为自己铺就一条平坦的职场之路。

一、与上司交往的礼仪

职场中的一条重要法则,就是要尊重与服从上司。作为下属,在与上司交往和相处的过程中,最基本的礼仪要求就是要维护上司的权威,同时体谅上司,服从上司的领导。在与上司的日常交流时,即使情绪不佳也不能影响到上下之间的工作关系。

在工作中,我们必须服从上司,维护上司的个人威信,不要擅自做主,要认认真真、尽心尽力地做好自己的本职工作。与领导沟通一定要讲究方法技巧。稍不谨慎和稍有疏忽,不仅会影响自己的工作,而且也会破坏领导对自己的印象。

1. 与上司相处的礼仪准则

每一个职场人士都有一个直接影响他事业、健康和情绪的上司。与上司保持良好的关系,是与你富有创造性、富有成效的工作相一致的。为此,每个职场人士应该在态度和方法上把握一些基本的礼仪原则和技巧。

(1)注意自己的仪态。无论上司如何赏识你、喜欢你,自己都不要得意忘形,都要注意自己的仪态。在上司面前不拘小节,以示与领导的亲密程度,其实是失礼。比如上司正在开会或处理其他公务,自己轻易闯进去打断会议或正在进行的工作,谈些无关紧要的话,给人留下的不会是好印象,除非是紧急公务,一般应等候或下次再来。工作时间有事找上司,应简洁明快地说明来意,不应绕了半天弯子才进入正题,更不要唠叨不已。进入上司办公室,不管上司在不在,不能随意翻阅桌上的公文、信件。

(2)摆正自己的位置。从工作的角度看,领导就是领导,被领导就是被领导,不管是比自己年龄大还是小,阅历比自己深还是浅。所以,下属要尊重领导,服从领导,维护领导的尊严。遇到领导要主动打招呼,遇到自己难以决断的事要向领导请示,以争取领导的支持。

在摆正上下级关系上有三种不良情况,职场人士应予以纠正。一是绝对服从,把现代社会条件下的领导者与被领导者的关系,搞成封建的"君臣关系",甚至是奴役性的"猫鼠关系"。二是傲慢无礼,强调人格平等,轻视怠慢领导,不愿"任人摆布"。三是庸俗不堪,一昧巴结奉承,媚上吹捧,甚至把上下级关系搞成赤裸裸的"金钱关系"。

(3)办事风格简洁利索。时间就是生命,是职场人士最宝贵的财富。办事简洁利索,是职场人士的基本素质要求。办事简洁利索的风格更是为上司排忧解难最有效的方法。为上司排忧解难,这是作为下属的职责所在,否则对上司来说下属的存在将失去实质意义。不要成为上司眼中无关紧要的人,否则意味着随时可以炒掉;不要成为上司身上的累赘,否则意味着丢掉下属这个包袱他将做得更好;更不要成为上司工作中的绊脚石,否则他会找任何机会必须把这个下属开除掉。避免这三种结果的关键点就是,下属能否为上司助一臂之力,为他排忧解难。

（4）信守诺言并做好本职工作。上司最讨厌的是不可靠、没有信誉的员工，如果下属承诺的一项工作没兑现，他就会怀疑下属是否能守信用。只有在信守承诺，并兢兢业业地做好本职工作的前提下，才能得到上司的认可，这两者相辅相成，可以看作是一个职场人士在对待上司的问题上最为重要的礼仪。

信守诺言并做好本职工作就必须树立正确的世界观，保持一个良好的精神状态，以科学有效的工作方法，解决好自己面临的困难，有助于提高下属的工作技能、打开工作的局面，同时也会提高下属在上司心目中的地位。要做好本职工作，还要富有挑战精神。有经验的职场人士很少使用"困难""危机""挫折"等术语，他把困难的境况称为"挑战"，并制订出计划以切实的行动迎接挑战。

技能实训

严防自己闯入礼仪"红绿灯"禁区

在与上司相处的过程中，有一些礼仪"红绿灯"是不可不知的。

一是在上司跟前不要扭扭捏捏。绝大多数有见识有眼光的领导，对那种一味奉承的人，是不会予以重用的。保持不卑不亢的态度，在保持人格独立的前提下，给上司摆事实讲道理，只要反映的情况客观真实，对上司作出决策有利，上司就喜欢听，也欣赏你的为人。

二是在上司跟前不要居功自傲？懂得在同事中树立上司威信的助手是好助手。即使上司采纳了你的建议而将事情做得非常成功，你也应该谦虚谨慎，千万不要怕埋没了自己而吹嘘你是如何如何出力的。

三是在上司面前不宜计较个人得失。最好的办法是让上司主动地给，而不是你去"争"，把你的工作干得漂亮一些，尽最大能力满足他的要求，并且有特色，有所创造。事实上，明白的上司会量力而行，用物质利益奖励你的，无需你"争"。

四是与上司喝酒不失分寸。在喝酒场合态度不必过于拘谨，选择轻松愉快能够引起上司愉快情绪的话题最为合适。言辞方面，尽量幽默、轻松，但别失了分寸。酒桌上更不宜贸然向上司进言。

2. 得体地与上司进行语言交流

与上司说话，不是难在有礼，而是难在得体。

大多数人对于上司都是非常尊重的，因此在对上司说话时，都是很讲文明礼貌的。可以说，做到这一点不论对哪一个人来说都是很容易的。但在上司面前说出的话是否得体，是否把握了分寸，是否恰到好处，这就不是任何人都能轻易做得到的了。

那么，职场人士怎样才能得体地与上司进行语言沟通呢？主要应注意以下几点：

（1）不媚不俗，不卑不亢。与上司相处首先要做到有礼貌、谦逊，但是，绝不要采取"低三下四"的态度。绝大多数有见识的上司，对那种一味奉承、随声附和的人，是不会予以重视的。在保持独立人格的前提下，下属应采取不卑不亢的态度。在必要的场合，下属也不必害怕表示自己的不同观点，只要下属是从工作出发，摆事实、讲道理，上司一般是会予以考虑的。

（2）主动和上司打招呼、交谈。作为下属，积极主动地与上司交谈，能够渐渐地消除彼此间可能存在的隔阂，并使得自己与上司关系相处得正常、融洽。当然，这与"巴结"上司不能相提并论，因为工作上的讨论及打招呼是不可缺少的，这不但能祛除对上司的恐惧感，而且也能使自己的人际关系圆满，工作顺利。

（3）选择适当的时机与上司交谈。上司每天要考虑的问题很多，下属应当根据自己问题的重要与否，选择适当时机与上司对话。假如下属是为个人琐事，就不要在他正埋头处理事务时去打扰他。如果自己不知上司何时有空，不妨先给他写张纸条，写上问题的要点，然后请求与他交谈，或写上自己要求面谈的时间、地点，请他先约定，这样，上司便可以安排时间了。

（4）对交谈内容事先要做好充分准备。在谈话时，要尽量将自己所要说话的内容，简明、扼要地向上司汇报。如果有些问题是需要请示的，自己心中应有两个以上的方案，而且能向上司分析各方案的利弊，这样有利于上司做决断。为此，事先应当周密准备，弄清每个细节，随时可以回答。

（5）尽量适应上司的语言习惯。应该了解上司的性格、爱好、语言习惯，如有些人性格爽快、干脆，有些人沉默寡言。有的上司有一种统治欲和控制欲，任何敢于侵犯其权威地位的行为都会受到报复，还有的上司有特殊的个性，自己必须适应这一点。

技能实训

如果上司同意下属的某一方案，下属应尽快将方案细节整理成书面材料再呈给上司，以免日后上司改变主意，否定了下属的方案，致使下属心血白费，造成不必要的麻烦。

3. 精神饱满地接受上司的指示

和上司之间的关系如何取决于工作表现与情况沟通。工作表现平庸而又不善于沟通，想和上司建立起良好的关系是不可能的。所以，职场人士在日常工作中能够正确地接受上司的指示、命令，是与上司建立起良好的人际关系，获得上司信任的基本条件。

（1）精神饱满，爽快利落。当自己被上司叫来接受指令时，爽快而精神饱满地回答"是！"是非常重要的。这一点说起来容易，但做起来难，很少有人能真正地做到这一点。

即使自己正忙着工作，在上司叫自己时，下属也要迅速站起来回答："是！"这样一来，上司会觉得下属工作很积极，非常爽快利落，从而对下属产生放心感和信任感。要知道，如果上司对下属没有这种放心感和信任感，而是觉得把工作给下属很不放心，那对下属的前途极为不利。因为对下属没有信任感也就不会器重下属、提拔下属。

（2）把指示和命令听完，不要轻易打断。上司在交待工作时已经事先想好了交待的顺序，因此，如果下属在上司交待过程中突然打断上司，提出自己的疑问，就很容易使上司忘记自己说到哪儿了。这时，上司不仅会感到尴尬，还会很生气。所以，在接受指示或命令时要先把上司的话听完，然后再提出疑问或提出自己的看法。这样做是非常有必要的。

(3)清楚地表示自己已经明白指令内容。上司会从下属的表情、动作来判断下属是否清楚、明白了上司的意图。所以,在上司交待工作时,下属要用点头的动作来表示下属已经清楚、明白了工作的内容。而当下属不点头时,上司也就会知道下属这个地方不太懂,需要重新说明一下。

(4)如果无法接受,要恰当地说明原因。也许下属经常会遇到自己正忙着一份工作,而上司又吩咐另外一份工作的情况。这时对上司的指示或命令就不一定能够接受了。因为下属正在忙着的工作需要在规定期限内完成,所以,如果下属接了另一份工作,原来的工作就无法在规定时期内完成了,反而为自己和公司带来麻烦。

(5)别忘了委婉地阐述自己的意见。如果下属对上司的指示或命令有自己的看法或有更好的办法时,坦率地阐述自己的意见很重要。但下属也别忘了,一定要注意说话的技巧。要委婉地提出自己的意见,如:"经理,您的想法我能理解,但我认为这样做也许会好一点。"

技能实训

职场人士对上司的指示能够说出自己独到的意见,这在某种程度上是工作能力的证明。如果是有的放矢的意见,上司应该会很高兴,也能够接受下属的建议。当然,能说出自己具体的建议和根据是最好的。

二、与同事、下属相处的礼仪

现在职场,既会产生竞争更要讲究合作。在与职场同事、下属的相处中,友善沟通、注重合作,是做好工作获得事业成功的重要保证。为此,不可与同事交往中过于随意,不可对下属过于苛刻,否则就会破坏协调合作、友好往来的工作氛围。优秀的职场人士,与同事、下属相处时会严格要求自己的一言一行,以得体的言行举止、良好的礼仪风范,构建良好的职场人士关系。

职场人士在与同事交往的过程中,得当的相处礼仪是至关重要的。在与同事交往沟通的过程中,针对不同场合运用不同的相处礼仪可使自己博得同事的好感与接纳,为自己创造融洽和谐的人际关系氛围,有利于工作与发展。因此,职场人士一定要在日常工作中,讲究礼仪,与同事和谐、快乐、团结地相处。

1. 学会欣赏自己的同事

美国著名的心理学家威廉·詹姆斯说:"人性最高层的需求就是渴望别人欣赏。"人都有一种强烈的愿望——被人欣赏。欣赏就是发现价值或提高价值,我们每个人总是在寻找那些能发现和提高我们价值的人。

(1)欣赏的力量。竞争和利益使得职场中的人际关系显得尤为微妙。千万不要以为只要得到上司的赏识,就可以万事大吉了。在对你的工作进行正面肯定之前,上司一定会去了解你和同事的关系如何。

一位成功的保险公司经理在谈到成功的秘诀时说,很重要的一条是:欣赏我们的代理人。

欣赏能给人以信心,能让对方充满自信地面对生活。爱情之所以能有那么巨大的魔力,就是因为两个人互相欣赏对方,欣赏对方的优点,甚至欣赏对方的缺点。

许多大企业家告诉我们,他们在提升一个人之前,喜欢了解这个人妻子的有关情况。如果他和妻子在一起是愉快的,那么将来他也将带给部门同样的工作氛围。

欣赏能使对方感到满足,使对方兴奋,而且使对方有一种要做得更好以讨对方欢心的心理。如果一个员工想得到上司的欣赏,他肯定会尽力表现得更好,而如果员工之间相互欣赏的话,合作起来就会减少摩擦,增进默契,使工作效率得到提高。

(2)欣赏他人的技巧。

①尽量欣赏他人不被众人所知的优点。如果一个业绩很好的寿险推销员和你见面,你表示欣赏他的推销业绩,除了让他一笑以外,不会产生什么特别的感觉,而如果你表示欣赏他的风度和气质,他会非常高兴。

②欣赏不能无中生有。对方根本没有的优点,而你却大加赞赏,他会怀疑你是否在讽刺他,要么会认为你是个善于说假话、奉承拍马的人。

③单独对待每个人,能让人有种被欣赏的感觉。当你到同事家做客,同事向你介绍了他的孩子后,你不是点头微笑而是走过去同他握手并问好,他会马上对你产生好感。

(3)抛弃挑剔的目光,真诚地欣赏他人。在生活中,有许多职场人士都喜爱用挑剔的眼光批评别人,而不善于用欣赏的目光去欣赏别人。其实,只要我们诚心实意地去欣赏别人,就自然会发现别人身上的优点,例如:

①他"五音不全",可他哼的小调却充满了快乐的精神。
②她长得不算好看,可真挚的微笑却使她显得抚媚动人。
③她虽已年近半百,她童心未泯。
④他思维不够敏捷,可他从不算计别人。

为什么我们看不到这一切,而只在同事的身上吹毛求疵,寻找缺陷呢?

"吹毛求疵"这一癖好不但会使同事们疏远你,而且也会使你的感觉变得很糟。它鼓励你去考虑每件事和某个人的不当之处——你不喜欢的地方。"吹毛求疵"只能使自己站在生活的阴暗面,成为一个不受人们欢迎的人。

技能实训

爱听赞美之词是人类的天性,如果在人际交往中人人都乐于称赞别人,善于夸奖他人的长处,那么人与人相处的愉快程度将会增加。善于赞美别人是为人处世的妙方。

2. 努力创造和谐的人际交流

同事之间进行工作交流,有的职场人士总是口若悬河,滔滔不绝。其实,让交谈能顺利进行,还有一种无声的语言艺术——以听助说。在恰当的时间,恰当的话题,成为谈话中以听为主的听众,给发话者以呼应,或赞成,助其深入;或反对,引起思考,也能表现出你的说话水平。

有的人在工作交流中,不给他人插话的机会,或者是没有给他人留下足够的时间表达自己的意见。工作交流不是演讲,不是个人表演的独角戏,而是双方交流的活动。在交流中,只以自己为中心,好像他人都不存在似的,长久下去,会令人生厌。表面上看起来,谈话场面很热烈,而实际上,因为缺少其他人的参与,呈现出外热内冷的局面。

这里有性格方面的原因,有的人天性就爱在他人面前表现自己;也有不善于运用谈话技巧方面的原因,不管出于哪种原因,都是一种不良的表现。切记,沟通是谈话最重要的目的,只有双向交流,才可能使谈话场面热烈,气氛和谐。

在同事之间进行工作时,怎样创造和谐的方式呢?一定要做到以下几点。

(1)避免把自己的观点强加给他人。当今的社会,是个多元化的社会,人们的人生观、价值观千差万别。对同一事物的看法,不同的人有着不同的看法,我们能说服自己,未必能说服他人。既然大家的看法都有存在的道理,又何必整齐划一呢?在工作交流过程中,难免会有激烈争论的时候,但要记住:只要对方不是根本性的错误,只是不同而已,可以保留自己的意见,避免把自己的观点强加给对方。

(2)努力扩大双方的共识。一般来说,人总是喜欢和自己有共识的人谈话。我们经常可以听到不愿和他人讲话的借口:"没有共同语言。"应该说,大家出于某种原因,突然聚集在一起,谈起话来,共同语言会更少,这是情理之中的事。但是,可以在原则的范围内,尽量扩大与其他人的共识。虽然有时只是附和而已,也可以收到类似善意谎言的良好效果。

(3)交流的语气要平和。每个人都渴望得到别人的尊重。这是与人交流不可忽视的一个重要原则。有些职场人士不懂得这一点,交谈的语气傲慢无理,摆出一副居高临下的架势,对方一听就觉得受了污辱。

同事间交流的语气除了要表现出平等谦恭、尊重对方以外;还要表现出意恳情真的热情。白居易说"动人心者莫先于情",唯有炽热的感情,才会使"快者掀髯,愤者扼腕,悲者掩泣,羡者色飞"。与人交流,倘若你自身就对所谈的内容缺乏热情,语气显得冷漠,无动于衷,你又怎能感染对方,激起对方心灵的共振呢?

3. 讲求合作,团结新老同事

职场之中,大家都在同一个集体中做事,如果某个人想这样,而另一个却想那样,各有想法而又互不相让,那么到最后只能是两败俱伤,谁也做不成事情。在同一集体中做事,最重要的是同心协力、团结一致。由50个人组成很团结的团体,比100个乌合之众的力量要大得多,这一点相信大家都不会否认。战争中,也不一定人数多的那一边会胜利。团结就是力量,有了团结,胜利才会向你招手。

一个单位的上下能不能团结一致,能不能同心协力向目标努力,是企事业单位成功与失败的关键。

因此,具有团队合作精神也是职场人士的重要责任。

技能实训

职场人士要笑口常开

如果每个职场人士都能经常面带微笑、心情开朗,那么自己所处的工作场所的气氛必然就会轻松愉悦,同事间的关系也会很融洽、很团结。相应的工作效率也会提高。企事业单位里哪种人最易亲近,多半是那些笑口常开、心性开朗的人。他们就像一道阳光照亮自己的同时,也温暖了别人。而那些整天冷若冰霜、寡言寡语的人,别人往往对其敬而远之。而在企事业单位的团队工作中,良好的人际关系是员工提高工作能力的一个重要部分。所以有人说,做一个积极乐观的职场人士远比做一个消极悲观的人要收益更多。

三、与下属相处的礼仪

上司大量的工作是协调下属的工作,因此与下属发生矛盾的机会往往很多。处理好与下属之间的关系,调适好上下属之间的矛盾,是身为上司能否调动下属工作积极性首先应当考虑的一个关键性问题。成功的上司无不讲究协调上下矛盾的方法和艺术。

1. 跟下属交朋友,赢得下属心

有人认为,每一个办公室,都是一个小社会,人与人之间的关系,可以很复杂,也可以很单纯。这时身为这个大家庭一分子的你,应如何表现自己,如何与自己喜欢或不喜欢的人融洽相处,达到真正的沟通?

一般人似乎都很容易把注意力集中在与上司相处的技巧上,而对于那些职位比自己低微的同事,动辄表现出不耐烦的表情,发号施令,甚至肆意责骂,把自己心中的闷气全然发泄到对方的身上,根本没有考虑到对方的感受,上述种种,自己是否也曾有过?

无疑,自己的下属有责任助你完成工作,事无大小,自己都可以交给他处理,但如果你能将一些较烦琐而困难的工作,独自完成妥当,让下属有更充裕的时间做好其分内的事务,对方必然感激不尽,对自己更忠心。上司与下属的关系,唯有以互助互谅为基础,合作无间,工作才会变得轻松而富有意义。

还有很重要的一点,就是别吝啬适当的鼓励。

一个主管的责任之一,是令下属团结一致,发挥最高的效率。如果这点也办不到,休想老板再委以重任,而要成功地做到这一点,倒也得花些心思。

由于地位不同,下属对你会有不同看法,有人会觉得上司有架子,不宜接近,也有人会以异样眼光看上司,认为上司肯定与他们对立。姑且无论如何,上司得设法与他们打成一片,减少隔膜,例如参加他们的聚会,甚至由上司主动搞聚会,显示自己的随和。

另一方面,在办公室里,除了待下属和蔼、不摆架子、保持笑容外,上司必须保持一定的形象:公正而有威严,将不同的任务委派适合的人去负责,交代任务后最好不再过问,除非见到有大问题,否则还是留待接到成果后再"评判",这样做,表示你是尊重下属的。

还有,人望高处,自己不会满足于现状,同样地,下属亦希望有晋升机会,所谓水涨船高,别以为下属升了,对自己就有威胁,其实由上司一手训练的人能有杰出表现,老板还会小觑自己吗?

比如,某部门有一个空缺,上司的得力助手求调,上司一定不愿意,但人往高处走,水往低处流,是十分正常的事,如果那个空缺对助手来说,确是个较好的机会,作为上

司又何必太自私,"阻人发财"?或者,你会想:助手可能是对自己不满,所以要跳槽。这个想法未免太"小人"一点,若你自问没有亏待他,不必多心,更不必向助手求证,大家开开心心地结束宾主之情,不是更好吗?

2. 公平地对待每一位下属

处理下属之间的矛盾一定以大局、以工作为重,避免搅进个人私事之中。处理时以公平的心态对任何下属,一视同仁,绝不厚此薄彼。这样上司必定会得到下属的爱戴。

在公在私,人与人之间也容易有摩擦,这种情况若发生在自己的两名下属身上,作为上司的你应该采取什么态度?最好不要公开指出他们之间的谁是谁非?以免进一步影响两人的感情和形象,而应该讲究策略与方法,尽力消除他们内心的怨愤和隔阂。这样对工作才会更有好处。因此,自己的脑海必须时刻存在着"公平"两个字,即是说要对所有下属一视同仁,将私交搁置一旁?"厚此薄彼"绝对不应该是一个聪明的上司所为。

如果你的下属因公事发生矛盾,状告到你跟前,最好的方法是将两人分开召见,避免两人当面争吵,使事件更趋白热化。单独召见时,请双方平心静气地将事情始末叙述一次,但不要加任何批评,只着重淡化事件。

还有一种更为严重的情况是,下属分成了新旧两派,时有矛盾发生,这种现象直接影响到你的事业发展。大家心存芥蒂恐怕只会费时误事,又伤和气,而工作做不好,作为上司,你是责无旁贷的。

如何才能圆满解决问题?请先了解问题所在。一般新踏足社会的年轻人,多少会自以为是,因为觉得学历胜人一筹,又多新主意,不懂尊重旧同事。而已工作多年的同事,经验十足,有部分人会倚老卖老,视新人为黄毛小子,不屑一顾。其实双方均有一定的责任。

不妨当众赞赏旧同事们经验老到,亦对新人的冲劲十足表示欣赏。还有,多制造大家一起消遣、娱乐的机会,尤其是工余时间,促进双方的了解,借以拉近距离,消除敌意与以后布置任务时,应找出一位同事,给予他一定的权力和责任,不致无首无尾。

3. 树立威信,令下属诚服

上司用自己的行政权力去统帅部下是"力服";以自己的才华令部下服是"才服";以自己高尚的品德使部下自愿跟着你走是"德服"。力服只能指挥人们的行动,只有以德以才才能征服人心。"德服为上,才服为次,力服为下。"这句格言已成为很多上司的座右铭。

凡是有建树的上司,无一不是以自己的德才在下属的心目中建立起威信。威信是一种无形的力量,它从精神上统帅部下,通过部下的行动转化为物质力量。在下属中树立威信,着重要做好以下几点:

(1)尊重下属。作为领导者和被领导者只是社会分工的不同,政治上都是完全平等的。人人都有自尊的需要,上司也要尊重下属,只有这样,才能调动他们的工作积极性。尊重下属具体表现在能虚心听取他们的意见；正确评价他们的业绩；热忱关心他们的生活和切身利益；用宽宏大度的胸怀谅解他们的某些过失等。

（2）以身作则。凡是要求下属做到的事，上司首先应该做到，只有以身作则，才能要求下属。俗话说，身教胜于言教。试想一位经常迟到早退的厂长，又如何能够说服他的工人严格遵守劳动纪律。同样，一位吊儿郎当的车间主任，即使惩罚了某个消极怠工的职工，也不能使他的心里服气。

（3）公正处事。无论是对自己的支持者还是反对者，上司处事都要一视同仁，不能有亲有疏。处理事情对事不对人，务必要做到赏罚公正分明，只有对下属做到公平的评价，上下属的关系和感情才能融洽。

技能实训

作为上司，在对下属说话时要慎重，没有把握的话一定不要乱说。对于因不慎而说错的话、办错的事，要主动承认错误和承担责任，千万不能推诿。

第三章　职场交往礼仪

第一节　见面礼仪

名人名言

言语之美,穆穆皇皇。

——礼记·少仪

谈古论今

20世纪60年代,美国总统约翰逊访问泰国。泰国国王接见他时,约翰逊竟毫无顾忌地跷起了二郎腿,脚尖正对着国王。这种姿势,在泰国是被视为侮辱的,因此引起泰国国王的不满。更为糟糕的是,约翰逊在告别时竟然用得克萨斯州的礼节紧紧拥抱了王后。在泰国,除了泰国国王外,任何人都不得拥抱王后,这使泰国举国哗然。约翰逊的失礼举动给自己带来了不小的遗憾,也成了涉外交往中的典型笑话。

上面的故事告诉我们,礼仪的重要功能是调解人际关系,它具有很强的凝聚情感的作用。在现代生活中,人们的相互关系错综复杂,在有些时候会突然发生冲突,甚至采取极端行为。礼仪有利于促使冲突各方保持冷静,缓解已经激化的矛盾。

知识课堂

一、称呼礼仪

语言美是我国的优良传统之一,交往中用语恰到好处,能为自己赢得机会与人脉。那么称谓用语在日常交往中显得尤其重要。称呼,指的是人们日常交往应酬中,彼此之间常用的称谓,是当面向对方打招呼时表明彼此之间关系的名称。在人际交往中,正确、适当的称呼能反映出一个人的修养,并且能借此体现出双方关系的亲密程度及社会地位。

1. 姓名称谓

姓名称谓是使用比较普遍的一种称呼形式。用法大致有以下三种情况:

全姓名称谓,即直呼其姓和名。如"李大伟""刘建华"等。全姓名称谓有一种庄严感、严肃感,一般用于学校、部队或其他等郑重场合。一般情况下,在人们的日常交往中,指名道姓地称呼对方是不礼貌的,甚至是粗鲁的。

名字称谓,即省去姓氏,只呼其名字,如"大伟""建华"等,这样称呼显得既礼貌又亲切,运用场合比较广泛。

姓氏加修饰称谓,即在姓之前加一修饰字。如"老李""小刘""大陈"等,这种称呼亲切、真挚。一般用于在一起工作、劳动和生活中相互比较熟悉的同志之间。过去的人除了姓名之外还有字和号,这种情况直到新中国成立时还很普遍。这是相沿已久的一种古风。古时男子20岁取字,女子15岁取字,表示已经成人。平辈之间用字称呼既尊重又文雅;为了尊敬不甚相熟的对方,一般宜以号相称。

2. 亲属称谓

亲属称谓是对有亲缘关系的人的称呼,我国古人在亲属称谓上尤为讲究,主要有:

对亲属的长辈、平辈决不称呼姓名、字号,而按与自己的关系称呼,如祖父、父亲、母亲、胞兄、胞妹等;

有姻缘关系的,前面加"姻"字,如姻伯、姻兄、姻妹等;

称别人的亲属时,加"令"或"尊",如尊翁、令堂、令郎、令爱、令侄等;

对别人称自己的亲属时,前面加"家",如家父、家母、家叔、家兄、家妹等;

对别人称自己的平辈、晚辈亲属,前面加"敝""舍"或"小",如敝兄、敝弟,或舍弟、舍侄,小儿、小婿等;

对自己亲属谦称,可加"愚"字,如愚伯、愚岳、愚兄、愚甥、愚侄等。

随着社会的进步,人与人的关系发生了巨大变化,原有的亲属、家庭观念也发生了很大的改变。在亲属称谓上已没有那么多讲究,只是书面语言上偶用。现在我们在日常生活中,使用亲属称谓时,一般都是称自己与亲属的关系,十分简洁明了,如爸爸、妈妈、哥哥、弟弟、姐姐、妹妹等。有姻缘关系的,在当面称呼时,也有了改变,如岳父称爸,岳母称妈,姻兄称哥,姻妹称妹等。称别人的亲属时和对别人称自己的亲属时也不那么讲究了,如您爹、您妈、我哥、我弟等。不过在书面语言上,文化修养高的人,还是比较讲究的,不少仍沿袭传统的称谓方法,显得高雅、礼貌。

3. 职务称谓

职务称谓就是用所担任的职务作称呼。这种称谓方式,古已有之,目的是不称呼其姓名、字号,以表尊敬、爱戴之情,如对杜甫,因他当过工部员外郎而被称"杜工部",诸葛亮因是蜀国丞相而被称"诸葛丞相"等。现在人们用职务称谓的现象已相当普遍,目的也是为了表示对对方的尊敬和礼貌。主要有三种形式:

用职务呼,如"李局长""张科长""刘经理""赵院长""李书记"等。

用专业技术职务称呼,如"李教授""张工程师""刘医师"。对工程师、总工程师还可称"张工""刘总"等。

职业尊称,即用其从事的职业工作当作称谓,如"李老师""赵大夫""刘会计",不少行业可以用"师傅"相称。

4. 称谓禁忌

语言礼仪讲究得体原则和适度原则,因此,社交活动中,一些常见的称谓禁忌要注意:

①记不住名字或叫错名字是很失礼的事情。如果实在想不起对方的名字,可以在表达歉意后再次询问。

②有些称谓仅适用于非正式场合。如在正式场合忌讳称呼他人的绰号、别名,否则会引起对方的愤怒而破坏交流氛围。

③注意称谓语适用的年龄区间。

④称谓还应注意对方的年龄特点和心理影响。一般在面对比自己年龄稍大的女性时,不可随意询问与年龄有关的问题。

⑤在学校这样一个特定的场所,校园称谓有其特殊性。若不了解对方的身份,可以一概以"老师"称呼,以显示尊重;对校管理人员,这样的称呼也得体。如了解对方身份,则可以根据其职务、职位采用相应的称谓语。

案例分析一:中国人嘴边的"老外"

一天,有位斯里兰卡客人来到南京的一家宾馆准备住宿。前厅服务人员为了确认客人的身份,在办理相关手续及核对证件时花费了较多的时间。看到客人等得有些不耐烦了,前厅服务人员便用中文跟陪同客人的女士作解释,希望能够通过她使对方谅解。谈话中他习惯地用了"老外"这个词来称呼客人。谁料这位女士听到这个称呼,立刻沉下脸来,表示了极大的不满,原来这位女士不是别人,而是客人的妻子,她认为服务人员的称呼太不礼貌了。见此情形,有关人员及这位服务人员随即作了赔礼道歉,但客人的心情已经大受影响,并且始终不能释怀,甚至连带着对这家宾馆产生了不良的印象。

案例分析二

小刚和部门罗总经理共事3年,一直搭档不错。可是最近由于罗总经理的一次工作疏忽给公司造成比较大的经济损失,导致公司最高层决定撤掉其部门总经理的职位,具体安排什么新岗位还需要公司最高层研究后决定。在此期间,新的部门总经理到岗。小刚作为罗总经理的老手下,觉得如果称罗经理原来的职位,新经理听到后会不高兴;直接叫罗经理姓名,罗经理刚刚进入职业低潮,正不痛快,自己转口这么快会让大家觉得自己为人太势利。小刚进退两难,尤其是在新旧经理同时在场时更尴尬。

分析:不宜立即"改口",最好还是延续以前的称呼。因为通常情况下,称呼是有一定惯性的。就像我们称很多退休的老领导带上他以前的职务一样,新上任的领导一般不会计较。如果对方一再说:"别,别,别这样称呼我,我已经不是经理了,称我罗经理实在不合适!"这时,一般对方会告诉你一个新称呼。

当然这还要看当事人的心理定位。如果降职的老领导自我定位很高,本身很介意他人的称呼,或者新上任的经理特别爱吃醋,也就是说新经理不允许别人再称呼原来那个人为经理,这样的话,你在别人在场的时候尽量不要"犯规",因为如果那样做就等于公开向新任经理挑战。

模拟任务训练

(1)著名传记作家叶永烈在着手写《陈伯达传记》时,必须采访陈伯达,采访时究竟怎么称呼陈伯达,让他颇觉为难。采访的前一天晚上,叶永烈辗转反侧:明天见到了陈伯达到底该如何叫他呢?叫他陈伯达同志,不合适,因为他因"四人帮"反革命事件曾在监狱服刑。叫他老陈,也不行,因为陈伯达已是84岁的老人了,而自己才48岁,究竟该怎样称呼呢?

讨论:抽2~3个小组代表上台试演。集体讨论确定最佳方案。

(2)在广告公司上班的王先生与公司门卫关系处得好,平时进出公司大门时,门卫都对王先生以王哥相称,王先生也觉得这种称呼亲切。这天王先生陪同几位香港客人一同进入公司,门卫看到王先生一行人,又热情地打招呼:"王哥好!几位大哥好!"谁知随行的香港客人觉得很诧异,还面露不悦之色。

讨论:为什么门卫平时亲切的称呼,在这时却让几位香港客人不悦?这里有何不妥,应如何称呼?然后请模拟示范表演。

二、名片礼仪

古人通名,本用削木书字,汉时谓之谒,汉末谓之刺,汉以后则虽用纸,而仍相沿曰刺。

——陔余丛考

名片是我国古代文明的产物,它的前身即我国古代所用的"谒""刺"。名片发展至今,已是现代人交往中一种必不可少的联络工具,成为具有一定社会性、广泛性,便于携带、使用、保存和查阅的信息载体之一。公司、企业在各种场合与他人进行交际应酬时,都离不开名片的使用。而名片的使用是否正确,已成为影响人际交往成功与否的一个因素。

要正确使用名片,就要对名片的类别、制作、用途和交换等方式予以充分的了解,遵守相应的规范和惯例。

1. 名片的种类

(1)商业名片。商业名片多以营利为目的,其特点是常使用标志、注册商标,印有企业业务范围;大公司有统一的名片印刷格式,使用较高档纸张;名片没有私人家庭信息,主要用于商业活动。

(2)公务名片。公务名片不以营利为目的,主要用于对外交往与服务。它具备三大内容:①单位全称,部门,图案;②称谓,如姓名、行政职务、技术或学术头衔;③邮编,电话号码,通信地址。一般不提供个人住宅号和家庭地址。名片常使用标志,部分印有对外服务范围,没有统一的名片印刷格式,名片印刷力求简单实用。

(3)个人名片。朋友间交流感情、结识新朋友所使用的名片。个人名片的主要特点是不使用标志,名片设计个性化、可自由发挥,常印有个人照片、爱好、头衔和职业,根据个人喜好选用名片纸张,名片中含有私人家庭信息,主要用于朋友交往。

2. 名片的规格

国内通用名片规格为9cm×5.5cm,境外人士的名片为10cm×6cm,女士专用名片为8cm×4.5cm。

名片的印刷以横排为佳,质地应是柔软耐磨的白板纸、布纹纸,色彩切忌鲜艳、花哨,讲究淡雅端庄,以白色、乳白色、淡黄色、浅蓝色为宜,图案多用企业标志、企业形象。文字版式通常是一面印中文、一面印外文,字体用标准简化字,不可用篆体、行书、草书,不用格言警句。

但要注意的是,名片不能随便进行涂改,且不宜印两个以上的头衔,而且头衔、身份必须实事求是,不能胡乱自称,作为正当交际和商务所用名片应当避免夸张作假,切忌将自己的一切头衔和辉煌成就印在名片上,这样效果会适得其反。

3. 递交名片的礼仪

(1)把握时机。发送名片要掌握适宜时机,只有在确有必要时发送名片,才会令名片发挥功效。发送名片一般应选择初识之际或分别之时,不宜过早或过迟。不要在用餐、戏剧、跳舞之时发送名片,也不要在大庭广众之下向多位陌生人发送名片。

一般来说,下列情况下需要将自己的名片递送他人,或与对方交换名片:
①希望认识对方;
②被介绍给对方;
③对方向自己索要名片;
④对方提议交换名片;
⑤打算获得对方的名片;
⑥初次登门拜访对方;
⑦通知对方自己的变更情况;
⑧礼仪提示。

不要把自己的名片随意散发给陌生人,防止被人不正当使用。下列情况下不需要递送名片:
①对方是陌生人而且不需要以后交往;
②不想认识或深交对方;
③对方对自己并无兴趣;
④经常见面的对方;
⑤对方之间地位、身份、年龄差别很大。

(2)讲究顺序。双方交换名片时,应当首先由位低者向位高者发送名片,再由后者回复前者。但在多人之间递交名片时,不宜以职务高低决定发送顺序,切勿跳跃式进行发送,以免遗漏其中某些人。最佳方法是由近而远、按顺时针或逆时针方向依次发送。

(3)先打招呼。递上名片前,应当先向对方打个招呼,令对方有所准备。既可先作一下自我介绍,也可以说声"对不起,请稍候""可否交换一下名片"之类的提示语。

(4)发送名片的方法。
①递名片前应起身站立,走上前去,双手将名片正面对着对方,递给对方。
②若对方是外宾,最好将名片印有英文的那一面对着对方。
③将名片递给他人时,应说"多多关照""常联系"等语话,或先作一下自我介绍。

④与多人交换名片时,应讲究先后次序。或由近而远,或从尊而卑进行。位卑者应当先把名片递给位尊者。

与西方、中东、印度等外国人交换名片时只用右手就可以了,与日本人交换名片时要用双手。

当对方递给你名片之后,如果自己没有名片或没带名片,应当首先对对方表示歉意,再如实说明理由。如"很抱歉,我没有名片""对不起,今天我带的名片用完了,过几天我会亲自寄一张给您的"。

向他人索要名片最好不要直来直去,可委婉索要。比较恰到好处地交换名片的方法大概有以下几种:

①交易法。"将欲取之,必先予之"。比如,我想要史密斯先生的名片,我就把自己的名片递给他,"史密斯先生这是我的名片"。

②激将法。当然,在国际交往中,会有一些地位落差,有的人地位身份高,你把名片递给他,他跟你说声谢谢,然后就没下文了。你要担心出现这种情况的话,不妨采用这种方法。"尊敬的威廉斯董事长,很高兴认识你,不知道能不能有幸跟您交换一下名片?"这话跟他说清楚了,"不知道能不能有幸跟您交换一下名片",他不想给你也得给你,如果对方还是不给,那么可以再采取下一种方法。

③联络法。"史玛尔小姐我认识你非常高兴,以后到德国来希望还能够见到你,不知道以后怎么跟你联络比较方便?"她一般会给,如果她不给,意思是她会主动跟你联系,否则其含义就是不太想跟你联系。

(5)接受名片的注意事项。

①回敬对方,"来而不往非礼也",拿到人家名片一定要回。在国际交往中,比较正规的场合,即便没有也不要说,要采用委婉的表达方式,"不好意思名片用完了""抱歉,今天没有带"。

②接过名片一定要看,这是对别人尊重、待人友善的表现。接过名片一定要看,通读一遍,这个是很重要的。为什么要看?如果你把人家的名字和姓氏搞错了,显然是一种怠慢。

案例分析

某城举行了春季商品交易会,各方厂家云集,企业家们济济一堂。华新公司的徐总经理在交易会上听说衡诚集团的崔董事长也来了,想利用这个机会认识这位素未谋面又久仰大名的商界名人。

午餐会上他们终于见面了,徐总彬彬有礼地走上前去:"崔董事长,您好,我是华新公司的总经理,我叫徐刚,这是我的名片。"说着,便从随身带的公文包里拿出名片,递给了对方。崔董事长显然还沉浸在之前的与人谈话中,他顺手接过徐刚的名片:"你好。"草草地看过,放在了一边的桌子上。徐总在一旁等了一会儿,并未见这位崔董有交换名片的意思,便失望地走开了。

分析:名片是一个人向别人介绍自己时使用的介绍信,自己是什么身份,有什么头衔,用嘴说似乎不太好意思,因此,名片就充当了介绍的功能。所以说名片就是一个人的脸面,是一个人身份、地位的延伸。案例中的这位崔董作为业内知名成功人士,对于名片礼节应该驾轻就熟,但是他只是草草看过并放在一边桌子上,也未回赠自己的名片,这是对别人的不尊重,严重点说甚至会影响到他在业内的形象和口碑,从而使自己失去了多认识一个朋友的机会,也失去了许多潜在的商机,以至于会影响到自身的事业。

模拟任务训练

(1)在一个社交场合,某大学的女硕士研究生见到了早就想认识的一位教授,教授给了她一张名片,她非常高兴,就说:"教授,我给你拿名片。"于是就马上把包拉开了,包是个名贵包,可是半天找不着名片。首先抓出一包话梅,接着发现一堆零零散散的化妆品,最后拉出一包丝袜,然后告诉教授,名片忘带了。这就是很失礼的表现。

小组训练:作为在校或刚毕业的学生,如何利用名片进行初次社交?尤其作为女生,应该怎样打理自己的包内物品才不致失礼?

(2)在最近举办的展销会上,客商云集,天马广告公司的经理马先生想要拜会几位知名的企业家李总经理、钱董事长、王总经理(女士)。他事先准备好自己的名片,在展销会的聚餐中马先生见了几位久仰的企业家。

分组模拟表演:马经理应如何成功地分别与对方交换名片?在交换名片时应注意哪些礼节?

(3)两位商界的老总,经中间人介绍,相聚谈一笔合作的生意,这是一笔双赢的生意,而且做得好还会大赢,看到合作的美好前景,双方的积极性都很高,A老总首先拿出友好的姿态,恭恭敬敬地递上了自己的名片;B老总单手把名片接过来,一眼没看就放在了茶几上。接着他拿起了茶杯喝了几口水,随手又把茶杯压在名片上,A老总看在了眼里,明在心里,随口谈了几句话,起身告辞。事后,他郑重地告诉中间人,这笔生意他不做了。当中间人将这个消息告诉B老总时,他简直不敢相信自己的耳朵,一拍桌子说:"不可能!哪儿有见钱不赚的人?"B老总立即打通A老总的电话,一定要他讲出个所以然来,A老总道出了实情:"从你接我的名片的动作中,我看到了我们之间的差距,并且预见到了未来的合作还会有许多的不愉快,因此,还是早放弃的好。"闻听此言,B老总放下电话,痛惜失掉了生意,更为自己的失礼感到羞愧。

思考:B老总违反了哪些礼仪?B老总应该怎么做?

三、拜访礼仪

与君言,言使臣;与大人言,言事君;与老者言,言使弟子;与幼者言,言孝弟于父兄;与众言,言忠信慈祥;与居官者言,言忠信。

——士相见礼

周初制礼作乐,在制度和文化上奠定了后世发展演进的基础。儒家六艺中又以礼为第一位,传承至今,构筑了源远流长、丰富多彩的中国礼文化。中国人的生活,常以礼为指南。在实践礼宾待客、拜贺庆吊、酬酢宴饮以及馈赠赏赐等社交活动时,无不奉行以礼相待,崇尚"投之以木桃,报之以琼瑶",来必报之以礼,往必答之以礼。拜访礼仪就是最常应用的礼仪之一。

就拜访礼仪而言，核心在于"客随主便，礼待主人"，其重要之处表现在以下三个方面：

1. 预约的礼仪

拜访他人要事先预约，选定双方都合适的时间、场合。如不事先预约，仓促决定，则有可能达不成共识，无法做到有礼拜访。

2. 做客的礼仪

做客是日常生活中常见的交际方式，也是联络感情、增进友谊的有效方式。

第一，选择合适的拜访时间。尽可能选择对方方便的时间，午休或临睡前切忌登门拜访，约定好双方都合适的时间段后，不要轻易失约或迟到，如遇特殊情况不能赴约时，一定设法提前通知对方，并表示歉意。

第二，拜访时，应先轻轻敲门，待有人应声允许进入或出来迎接时方可进门，不打招呼擅自闯入开着的门，也是不礼貌的。敲门不宜太急太重，也不宜频繁敲门，一般两三下就好。

第三，进门后，拜访者带来的礼物和随身物品要放在指定的位置，不可随意乱放。与主人寒暄后，对于其他人，即使不认识，也要主动打招呼。和主人交谈时，要注意掌握时间，有要事必须同主人商量时，要尽快表明来意，不可胡说乱侃，浪费大家时间。落座后，注意坐姿，不可太随便，即使是十分熟悉的朋友，架二郎腿、双手抱膝、东倒西歪都不礼貌。

3. 待客的礼仪

待客有道，方不失主人的修养和诚意，那么，当客人来访时，应注意哪些礼仪呢？

第一，待客前的准备。整理居室，保持干净整洁；个人仪表装饰；准备好客人的茶具、餐具等，同时准备一定的水果、点心。

第二，迎客时态度热情。客人来访时，要热情招呼并寒暄，如自己恰巧有事暂不能相陪，要先打招呼，致以歉意，并由家人陪着。介绍客人时，应先把自己的家人介绍给客人。

第三，寒暄敬茶。落座后，与客人适当地寒暄客套是十分必要的。包括与客人握手，问候客人及其家人等。敬茶时，一般双手端送，放在客人右边或是送至手上。

第四，热情送客。客人离别时，应立即起身，热情送客。如果客人来时带来礼品，那么客人离开时，要回赠礼品。另外，送客的远近应与客人的身份及与客人的亲近程度相符合。

案例分析

王晓杰忽然接到同学张希的电话，问他何时来参加自己的生日聚会，这时王晓杰才想起自己早就答应参加今晚他的生日聚会。王晓杰匆匆忙忙赶到聚会地点，发现来的人很多，有一些相识的同学，但也有很多不认识的人，而且大家都带来了生日礼物，唯独自己没准备。王晓杰最近接连几日都在外奔波，衣服穿得很随意，脸上也带有倦容，当他拖着疲惫的步子随意地走进聚会厅时，看到别人都衣着光鲜，神采飞扬，不觉后悔自己勉强来参加聚会,所以脸色更难看,没有一点笑容,也不与人打招呼。张希过来招呼王晓杰,他勉强表达了祝福,便自顾自地在一旁喝起酒来,没坐多久便又借故离开了。

分析:案例中王晓杰忘记了好友的生日聚会时间,这在交际礼仪中是失约的表现;匆忙中又忘记了准备一份生日礼物,也是很不礼貌、没有诚意的表现;衣着不够整洁,精神面貌不够亲切,到达会场后也没有主动向主人表达歉意和祝福,也并未与在场的熟识、不熟识之人寒暄和问候,这种消极的拜访之举会招致主人及其他宾客的不满和笑话。

模拟任务训练

(1)如果你是公司的职员小孙,今天要去公司部门主管周经理家做客。

模拟表演:请模拟小孙此次拜访应该讲究的礼仪。

(2)罗涛在实验中学的实习快结束了,在实习期间,罗涛得到了科室王主任的帮助和教导,在临别时罗涛想去买一份礼物赠送给王主任以表感谢。

模拟表演:如果你是罗涛,应该准备一份什么礼物最合适?在什么场合把这份礼物送给王主任?

(3)一位女士,在伦敦留学,曾在一家公司打工。女老板对她很好,在很短的时间内便给她加了几次薪。一日,老板生病住院,这位女士打算去医院看望病人,于是她在花店买了一束红玫瑰花,在半路上,她突然觉得这束花的色彩有点儿单调而且看上去俗气,就又去买了十几枝黄玫瑰,并且与原来的玫瑰花插在一起,她自己感到很满意,走进了病房。结果,她的老板见到她的时候,先是高兴,转而大怒。

思考:这位女士违反了什么礼仪?她应该怎么做?

四、介绍礼仪

他人介绍,又称第三者介绍,是经第三者为彼此不相识的双方引见介绍的一种介绍方式。他人介绍,通常都是双向的,即将被介绍双方均作一介绍。有时,也可进行单向的他人介绍,即只将被介绍者中的某一方介绍给另一方,其前提是前者了解后者,而后者不了解前者。

(1)他人介绍的时机。遇到下述情况,通常有必要进行他人介绍:

①在家中,接待彼此不相识的客人;

②在办公地点,接待彼此不相识的来访者;

③与家人外出,路遇家人不相识的同事或朋友;

④陪同亲友前去拜会亲友不相识者;

⑤本人的接待对象遇见了其不相识的人士,而对方又跟他们打了招呼;

⑥陪同上司、长者、来宾时,遇见了其不相识者,而对方又跟他们打了招呼;

⑦打算推介某人加入某一交际圈;

⑧受到为他人作介绍的邀请。

(2)他人介绍的顺序。在为他人作介绍时,先介绍谁、后介绍谁,是非常重要的问题。根据规范,处理这一问题,必须遵守"尊者优先了解情况"的规则。在为他人作介绍前,先要确定双方地位的尊卑,先介绍地位低者,后介绍尊者,可以使位尊者优先了解位卑方的情况,在交际应酬中掌握主动权,以示对地位高者的尊重。根据这些规则,为他人作介绍时的顺序大致有如下几种情况:

①介绍年长者与年幼者认识时,应先介绍年幼者,后介绍年长者;
②介绍长辈与晚辈认识时,应先介绍晚辈,后介绍长辈;
③介绍老师与学生认识时,应先介绍学生,后介绍老师;
④介绍女士与男士认识时,应先介绍男士,后介绍女士;
⑤介绍已婚者与未婚者认识时,应先介绍未婚者,后介绍已婚者;
⑥介绍同事、朋友与家人认识时,应先介绍家人,后介绍同事、朋友;
⑦介绍来宾与主人认识时,应先介绍主人,后介绍来宾;
⑧介绍社交场合的先至者与后来者时,应先介绍后来者,后介绍先至者;
⑨介绍上级与下级认识时,应先介绍下级,后介绍上级;
⑩介绍职位、身份高者与职位、身份低者认识时,应先介绍职位、身份低者,后介绍职位、身份高者。

(3)他人介绍的内容。在为他人作介绍时,介绍者对介绍的内容应当字斟句酌,慎之又慎。倘若对此掉以轻心、词不达意、敷衍了事,很容易给被介绍者留下不良印象。根据实际需要的不同,为他人作介绍时的内容也会有所不同。通常,有以下六种形式可供借鉴:

①标准式。适用于正式场合,内容以双方的姓名、单位、职务等为主。
②简介式。适用于一般的社交场合,其内容往往只有双方姓名一项,甚至可以只提到双方姓氏为止。接下来,则要由被介绍者见机行事。
③强调式。适用于各种交际场合,其内容除被介绍者的姓名外,往往还可以强调一下其中某位被介绍者与介绍者之间的特殊关系,以便引起另一位被介绍者的重视。
④引见式。适用于普通的社交场合,作这种介绍时,介绍者所要做的是将被介绍者双方引导到一起,而不需要表达任何具有实质性的内容。
⑤推荐式。适用于比较正规的场合,多是介绍者有备而来,有意要将某人推荐给某人,因此在内容方面,通常会对前者的优点加以重点介绍。
⑥礼仪式。适用于正式场合,是一种最为正规的他人介绍。其内容略同于标准式,但语气、表达、称呼上都更为礼貌、谦虚。

(4)他人介绍的应对。在进行他人介绍时,介绍者与被介绍者都要注意自己的表述、态度与反应。这就是他人介绍的应对问题。介绍者为被介绍者作介绍之前,不仅要尽量征求一下被介绍者双方的意见,而且在开始介绍时还应再打一下招呼,切勿开口即讲,显得突如其来,让被介绍者措手不及。被介绍者在介绍者询问自己是否有意认识某人时,一般不应加以拒绝或扭扭捏捏,而应欣然表示接受。实在不愿意时,则应说明缘由。

案例分析

金教授到朋友家里去串门,大家坐在一块儿吹牛。男主人女主人当时忙着给客人烧饭烧菜,就顾不上张罗、照顾这些客人了,而这些客人来自不同的单位,大家在那儿自己聊,聊着聊着就说到职业、考大学报专业的问题了。有一位女同志,年龄差不多四五十岁样子,在那儿发感慨,说现在爹妈不好当,就这一个宝贝马上考大学了,还不知道选什么专业好。刚才说话的这位女同志不认识金教授,她边上有一位同志认识金教授,就把话往金教授这儿引,因为金教授是大学老师。他说你们家是男孩还是女孩,这个男孩女孩报专业不太一样的,那位女同志就说我家是姑娘,他说那你家姑娘要可能的话报个师范专业或者报个能够当大学老师的这种专业好,说当大学老师既有社会地位而且有教养,而且作为女同志来讲还不累,收入还可以,诸如此类讲了很多老师的好话。没想到那位女同志听了半天之后就说我们家孩子当什么都行,就是不当老师,老师多辛苦啊,你看那教授,越教越瘦的。她说完了之后才问金教授是干什么的?金教授说他就是她说的那个越教越瘦的。

分析:这位女士的问题就是说话比较唐突,缺少介绍,是介绍人不到位。客人到主人家去,男主人或女主人,碰到大家互相不认识的客人,必须引见一下,否则客人们两边大眼瞪小眼都很尴尬,这是介绍人的一个缺位。

模拟任务训练

(1)模拟介绍情境:

①这位是×××公司的人力资源部张经理,他可是实权派,路子宽,朋友多,需要帮忙可以找他。

②约翰·梅森·布朗是一位作家兼演说家,一次应邀去参加一个会议,并进行演讲。演讲开始前,会议主持人将布朗先生介绍给观众,下面是主持人的介绍语:先生们,请注意了。今晚我给大家带来了不好的消息,我们本想请伊塞卡·马克森来给我们演讲,但是他生病了来不了(台下一片嘘声)。后来我们请参议员布莱德里奇,可他太忙了也来不了(又是一阵嘘声)。所以我们请到了——约翰·梅森·布朗,大家欢迎。

③我给各位介绍一下:这小子是我的铁哥们儿,开小车的,我们管他叫"黑蛋"。

讨论:①以上介绍各存在什么问题?②在交际场合中进行介绍应注意哪些规范?

(2)某外国公司总经理史密斯先生在得知与新星外贸公司的合作很顺利时,便决定带夫人一同前来中方公司进一步洽谈合作事宜和观光,小李陪同新星贸易公司的张总经理前来迎接,在机场出口处见面时,经介绍后张经理热情地与外方公司经理及夫人握手问好。

模拟:①小李如何作自我介绍?②小李为他人作介绍的次序如何?③张经理的握手次序如何?

第二节 通联礼仪

名人名言

为别人尽最大的力量,最后就是为自己尽最大的力量。

——罗斯金

谈古论今

鲁迅是中国著名的文学家、思想家,礼仪周到而讲究,曾有一封书信致母亲:母亲大人膝下,敬禀者,日前寄上海婴照片一张,想已收到。小包一个,今天收到了。酱鸭、酱肉,昨起白花,蒸过之后,味仍不坏;只有鸡腰是不能吃了。其余的东西,都好的。下午已分了一份给老三去。但其中的一种粉,无人认识,亦不知吃法,下次信中,乞示知。上海一向很暖,昨天发风,才冷了起来,但房中亦尚有五十余度。寓内大小俱安,请勿念为要。海婴有几句话,写在另一张纸上,今附呈。专此布达,恭请金安。

知识课堂

一、电话礼仪

随着科学技术的发展和人们生活水平的提高,电话的普及率越来越高,人人离不开电话,每天要接、打大量的电话。看起来打电话很容易,对着话筒同对方交谈,觉得和当面交谈一样简单,其实不然,打电话大有讲究,可以说是一门学问、一门艺术。

(1)重视第一声。当我们打电话时,一接通,就能听到对方亲切、优美的招呼声,心里一定很愉快,使双方对话能顺利展开,对对方有较好的印象。在电话中只要稍微注意一下自己的行为,就会给对方留下完全不同的印象。

(2)要有喜悦的心情。打电话时要保持良好的心情,这样即使对方看不见你,但是从欢快的语调中也会被你感染,给对方留下极佳的印象。由于面部表情会影响声音的变化,所以即使在电话中,也要抱着"对方看着我"的心态去应对。

(3)清晰明朗的声音。打电话过程中绝对不能吸烟、喝茶、吃零食,即使是懒散的姿势对方也能听得出来。如果你打电话的时候,弯着腰躺在椅子上,对方听你的声音就是懒散的、无精打采的;若坐姿端正,所发出的声音也会亲切悦耳,充满活力。因此,打电话时,即使看不见对方,也要当作对方就在眼前,尽可能注意自己的姿势。

(4)迅速准确地接听。现代工作人员业务繁忙,桌上往往会有两三部电话,听到电话铃声,应准确迅速地拿起听筒,最好在三声之内接听。若长时间无人接电话,或让对方久等是很不礼貌的,你的单位会给他留下不好的印象。如果电话铃响了五声才拿起话筒,应该先向对方道歉。若电话响了许久,接起电话只是"喂"了一声,对方会十分不满,会给对方留下恶劣的印象。

(5)认真清楚地记录。随时牢记5WH技巧,所谓5WH是指:When(何时);Who(何人);Where(何地);What(何事);Why(为什么);How(如何进行)。在工作中这些资料都是十分重要的。电话记录既要简洁又要完备,有赖于5WH技巧。

(6)挂电话前的礼貌。要结束电话交谈时,一般应当由打电话的一方提出,然后彼此客气地道别,说一声"再见",再挂电话,不可只顾自己讲完就挂断电话。

(7)使工作顺利的电话术。

①迟到、请假由自己打电话。

②外出办事,随时与单位联系。

③外出办事应告知去处及电话。
④延误拜访时间应事先与对方联络。
⑤用传真机传送文件后,以电话联络。
⑥同事、家中电话不要轻易告诉别人。
⑦借用别家单位电话应注意:借用别家单位电话,一般不超过10分钟。遇特殊情况,非得长时间接打电话时,应先征求对方的同意和谅解。

案例分析

新加坡利达公司销售部文员刘小姐要结婚了,为了不影响公司的工作,在征得上司的同意后,她请自己最好的朋友陈小姐暂时代理她的工作,时间为一个月。陈小姐大专刚毕业,比较单纯,刘小姐把工作交代给她,并鼓励她努力干,准备在蜜月回来后推荐陈小姐顶替自己。某一天,经理外出了,陈小姐正在公司打字,电话铃响了,陈小姐与来电者的对话如下:

来电者:"是利达公司吗?"

陈小姐:"是。"

来电者:"你们经理在吗?"

陈小姐:"不在。"

来电者:"你们是生产塑胶手套的吗?"

陈小姐:"是。"

来电者:"你们的塑胶手套多少钱一打?"

陈小姐:"1.8美元。"

来电者:"1.6美元一打行不行?"

陈小姐:"不行的。"

说完,"啪"挂上了电话。

上司回来后,陈小姐也没有把来电的事告知上司。过了一星期,上司提起他刚谈成一笔大生意,以1.4美元一打卖出了1100万打。陈小姐脱口而出:"啊呀,上星期有人问1.6美元一打行不行,我说不行的。"上司当即脸色一变说:"你被解雇了。"陈小姐哭丧着脸说:"为什么?"

分析:案例中的陈小姐在电话礼仪方面犯了诸多错误,以致被解雇。究其原因有以下几点:①铃响了没有自报家门;②通话过程中该记的没有记录(对方的姓名、公司、电话号码);③该问的没有问(对方情况,手套的需要量);④电话里不该说的却说了(价格上的自作主张,不向上司请示);⑤不等对方说完,就"啪"挂上电话(电话礼仪中,尊者先挂电话);⑥整个通话过程无一句礼貌用语;⑦通话结束后该做的没有做(没有及时向上司汇报)。

模拟任务训练

(1)电话礼仪模拟场景:你去办公室找王老师,王老师刚好有事要出去,请你看一下门,王老师走后有电话打进来找王老师。

模拟要点:

①电话铃一响,拿起电话机首先说明这里是王老师的办公室,然后再询问对方来电的意图等。

②向对方说明老师不在,问对方有什么事情,如果有必要的话可以代为转告老师,如果需要亲自跟老师沟通的话,等老师回来再给对方回电话。

③电话交流要认真理解对方意图,并对对方的谈话做必要的重复和附和,以示对对方的积极反馈。

④电话内容讲完,应等对方结束谈话再以"再见"为结束语。对方放下话筒之后,自己再轻轻放下,以示对对方的尊敬。

(2)电话礼仪模拟情境:国庆60周年庆典期间,小A等4人要到北京自助游,感受盛大节日的气氛。她通过网络搜寻到了北京一家三星级酒店的电话,想先打电话预订房间并了解用餐的具体情况和收费标准,请好朋友小C替她打预订电话。

角色:旅游者小A,好朋友小C,业务员小D。

知识点:电话用语,介绍,交谈,态度。

(3)纠错改正题:

人物:孙小姐为某公司前台接待,负责接打电话,接待来宾。

模拟:孙小姐在工作时间与朋友打电话聊天时,进来一位客户。

客户:"你好,请问这里是某某公司吗?我找张经理。"

孙小姐挪开电话听筒:"不是,你找错了!"

客户:"那你能帮我查一下吗?我是外地来的。"

孙小姐:"我怎么查呀!"拿起听筒继续聊天。

这时候,另外一个电话响起,孙小姐直到铃声响过很长时间之后才拿起听筒,很不耐烦地问:"哪位?"

请就此场景案例,分析指出孙小姐接听电话时的不礼貌行为。

二、网络通讯礼仪

在工作场合,经常会使用QQ、MSN之类的实时通讯软件,因其使用方便、快捷、自由,是工作中不可缺少的网络通讯工具。在使用它们时需要注意以下礼仪:

(1)工作时间,不要用这些即时通讯工具私聊。办公室是工作场所,任何一个领导都不希望看到员工浪费太多时间进行私人活动,那样会被认为对工作不认真、不负责。

(2)正确使用网络名称。MSN和QQ都可以用个性名称,但如果因公使用,应该使用规范的名称,比如公司名称、个人真实姓名等,以方便别人知道你是谁。不要使用过于个性的名字。如果对方的MSN或QQ是个性化名字,你可以把对方的名字备注为他们的单位名称或姓名,这样不论什么时候,都可以一目了然地知道对方是谁。

(3)其他细节问题需注意。一要注意对方"在线""忙碌""离开"等状态设定,正式说话前先问候,看对方是否方便;二是对话中不要如连珠炮,让对方有喘息的机会;三是传送资料时谨慎礼貌,不要泄露单位的信息;四要注重表情的使用,少搞花样,节省时间。

三、电子邮件礼仪

据统计,如今互联网每天传送电子邮件数百亿封,电子邮件的礼仪与水平代表一个人的专业能力、沟通能力,更显现一个人为人处事的态度。措辞规范、内容清晰的邮件,能促进双方交流。值得注意的是,私人邮件与职场邮件有很大差别,所以,职场邮件礼仪的要求更具有规范性。

1. 慎重选择发信对象

传送电子讯息之前,须确认收信对象是否正确,以免造成不必要的困扰。若要将信函复本同时转送相关人员以供参考时,可善用抄送的功能,但要将人数降至最低。

2. 电子信件标题要明确

电子邮件一定要注明标题,因为有许多网络使用者以标题来决定是否继续详读信件的内容。此外,邮件标题应尽量写得具有描述性,或是写明与内容相关的主旨大意,让人一望即知,以便对方快速了解与记忆。

3. 信件内容简明扼要

在线沟通讲求时效,经常上网的人多具有不耐等候的特性,所以电子邮件的内容应力求简明扼要,并求沟通效益。一般信件所用的起头语、客套语、祝贺词等,在线沟通时都可以省略。尽量掌握"一个讯息、一个主题"的原则。

4. 理清建议或意见

若要表达对某一事情的看法,可先简要地描述事情缘起,再陈述自己的意见;若是想引发行动,则应针对事情可能的发展提出看法与建议。有时因讯息太过简短或标明不够清楚,收信对象可能会不清楚发信者陈述的到底是建议或是意见,因而造成不必要的误解或行动。

5. 小心幽默的使用

在缺乏声调、脸部表情与肢体语言的电子邮件中,应特别注意幽默的被误解与扭曲。若想展现幽默或特定情绪,发信者必须写明或使用"情绪符号",无论所开的玩笑多么明显,最好加注以提醒收信者真正的意思。

6. 三思回复内容

在回复某一特定信函之前,请先阅读所有已回复该信的内容,也许你原定的回复内容已有十个人讲过相同的意见。若真如此,只需轻描淡写地表达即可,无须重复大家已觉厌烦的意见。在网际空间中,长篇大论往往不会引发他人阅读的兴趣,反而是那些精简有力的言论会吸引群众。

7. 切勿在未经同意前,将他人信函转送给第三者

把他人的来函转送给第三者之前,要先征询来信者的同意,否则就犯了网络礼仪的大忌。对来信者而言,邮件内容是针对收信者所撰写的私人信函,不见得适合他人阅读。

案例分析

上海某招聘现场,一外贸公司老总亲自负责招聘,展台前有很多求职者。突然老总接到一个电话,但对方说话很快,身边又没带翻译,现场又嘈杂不堪,听不太懂电话,情急之下,他求助于在场的应聘人员。可是接连三个应聘者接了电话,都表示专业用语太

多,没办法交谈下去,还有的人接电话时回答生硬、缺乏礼貌。最后一个小伙子要求试一下,从报价、走货、订单等一系列专业流程走下来,流利的口语和稳重礼貌的态度让人刮目相看。老总当场录用了他,更让人吃惊的是,他只是上海某一中职学校报关专业的学生。

分析:这位小伙子能胜出的原因是:有很强的自我控制能力、专业素养和礼貌修养。通过短短几分钟的电话交谈,基本上能做到不卑不亢、客气作答,服务周到,会随机应变,属于实用性人才。学习是为了服务社会,如果空有学历却没有能力发挥,不能运用到实际工作中来那也是白费。

模拟任务训练

(1)玛丽亚·卡托尼是一位在巴尔的摩工作的网页设计师,当时,她正同一位同事合作一个项目,但两人无法见面商议。他们便通过电子邮件往来了一个上午,发送了10封电子邮件后,卡托尼真的沮丧至极。原因是在电子邮件沟通中无需看着对方的眼睛,这就让那位同事有胆量以竞争或傲慢的方式行事。卡托尼为了快点解决这个问题,就把邮件抄送给他们的直属主管。卡托尼希望这样做能让主管了解正在发生什么,然后介入进来,做出决定。但是,她的同事大怒,而主管不仅能看到两位下属往来的邮件内容,还认为卡托尼的抄送行为是一种利己和不成熟的表现。不久之后,卡托尼离开了这家公司,她表示自己因此很尴尬。在同事和主管看来这是最坏的恶意,不认为卡托尼这样做有效率,而是具有破坏性,认为她并不友好,反而很小气。

模拟完成任务:如果你是卡托尼应如何使用电子邮件处理与同事间的工作协调问题?又该如何向主管汇报此事?

(2)在一次讲座上,老师在台上讲得眉飞色舞,突然学生中间传出了"汪汪汪"的狗叫声,老师诧异地问:"谁带小狗上课了?"同学们哄堂大笑:"老师,这是最新的手机铃声。"老师气急,遂不讲课。

讨论:①这位同学在使用手机上存在什么礼仪问题?

②如果你是这位同学,面对气急的老师该如何做?

(3)A:请问是王经理吗?

王经理:我是王经理,请问您是哪位?

A:你猜猜看?

此刻王经理正在忙着审核报表,出于礼貌,只能硬着头皮:是李华吗?

A:不是!

王经理:很抱歉,请问您是哪位?我实在听不出来。

A:王经理您都忘了我的声音了。

讨论:打电话者采用的方式存在什么问题?

四、文书礼仪

各种商务、公务文书都有各自的文书规范,作为文书的处理人员,要遵循这些约定俗成的文书规范,讲究文书礼仪。

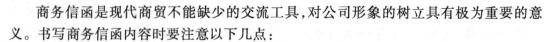

商务信函是现代商贸不能缺少的交流工具,对公司形象的树立具有极为重要的意义。书写商务信函内容时要注意以下几点:

①信件开头。一般来说,商业信函都使用印有信头的公函信笺,不必自己再写开头。

②地址的书写。商务信函内的地址一般写在正文的左上角、编号及日期的下方。

③称呼语。如知道对方姓名,就用 Dear Mr./Mrs./Miss/Ms.加上姓,如不知对方姓名,可用 Dear Sir、Dear lady 等泛称;如果对方的职位较高,则使用他的职务来称呼对方以示尊重。

④结束语。结束语要使用敬语,然后将署名写在结束语的下方。

⑤内容完整。写商务信函时,最好把条件全部说明清楚或是将来信所提的问题逐一回复以及把要求对方做出什么反应都要写清楚。因为这种信实际上已是成交合同的基础,此信发出,对方一旦收到,即对双方都产生约束力,因此应尽量避免引起不必要的纠纷。

⑥表达精确清楚。信要写得清楚明白,不要让对方误解你所要表达的意思。当涉及数据或具体信息时,比如时间、地点、价格、货号等,尽可能详细精确。如此会使交流内容更加清楚,更有助于加快事务进程。

⑦礼貌用语。写信时要做到有礼有节、礼貌周到。首先要理解并尊重对方观点,顾及对方的要求、愿望、感情等,如果遇到对方建议和要求不合理时,也要做到不卑不亢,据理力争,但要注意措辞,避免使用冒犯性词语。

⑧真诚守信。讲究诚信是商业活动中最基本的原则,信誉好是企业的生命。所以在写商业信函时也要体现自己的真诚,让对方对自己产生信任感。

第三节 聚 会 礼 仪

名人名言

呦呦鹿鸣,食野之苹。我有嘉宾,鼓瑟吹笙。

——小雅·鹿鸣

谈古论今

一机关单位定于 11 月 3 日在单位礼堂开总结表彰大会,发了请柬邀请有关部门的领导光临,请柬上写有具体的开会时间与地点。接到请柬的几位部门的领导很积极,提前来到礼堂开会,看到会场布置不是按表彰会的惯例,询问礼堂负责人后才知,上午的表彰大会因与一场报告会冲突而更换地点了。几位领导很是懊恼,更换地点为何不重新通知?事后,会议主办方领导解释,因工作人员粗心,在发请柬前未与礼堂联系妥当,造成了两个单位所用场地时间冲突,又因出席人员比较多,来不及一一通知,结果造成了上述失误。

通过这个例子得知,一般会议安排与晚会组织,都要事无巨细地联系好各个参与单位,做到会场、座次、交通、膳宿等方面衔接顺畅,才能充分体现会议礼仪的周到与细微,才能给参会人员留下好印象。

知识课堂

一、晚会礼仪

晚会也是一种聚会形式,它以演出文艺节目为主要内容,所以又被称为文艺晚会。按照目的来分,晚会可分为两个大类:一类是专题性晚会,即为了反映某一主题,并以其为中心而举办的晚会;另一类则是娱乐性晚会,即没有一定的主题,仅为寻求放松、找寻乐趣而举办的纯文娱晚会。其节目可以提前排定,但也允许观众现场参与,进行即兴表演。按照内容来分,晚会可分为综合性晚会和专场性晚会。综合性晚会是把各种各样的文艺形式综合起来进行表演。专场性晚会,则是指专门演出某一类文艺节目,如诗歌朗诵晚会、歌曲晚会、曲艺晚会、戏剧晚会等。晚会所用的场地可分为演出场地与观众场地。演出场地,是指文艺节目的表演区。专业剧场之内的演出场地和露天舞台都可以成为演出场地。前者传声效果好,容易控制晚会的规模;后者所受的限制少,但演出效果往往会受到影响。观众场地,即专供观众观看演出之处。选择观众场地时,既要使之服从于演出场地的选择,又要认真对待安全与容量两大重要问题。作为观众,只有遵守演出礼仪,才能很好地欣赏文艺晚会。

在观看演出时,观众应当购票入场,衣着整齐。观众要保管好自己的入场券,不能丢失。如果打算请他人与自己一同观看演出,应在一周以前询问别人的时间安排,买好入场券后,应再次向别人确认时间。观看演出时,衣着的总体要求是干净、整洁,绝对不能穿背心、短裤、拖鞋,不能打赤膊或者赤脚。不同的演出对着装还有不同要求:观看戏剧、舞蹈、音乐或综合性文艺晚会,须着正装,不能随随便便地穿牛仔服、运动服或休闲服;观看曲艺、杂技、电影,则符合一般着装要求即可。观看演出时,应准时或提前到场,演出一旦正式开始,观众便不宜再陆续入场。因此,如果迟到,最好在幕间入场;如果没有幕间,则入场时要放轻脚步,旁边的观众协助自己入座时,应该致谢。在寻找座位时,只能按号就座,不要占较好的位置。如果别人占了自己的座位,可以礼貌地出示入场券进行说明或请工作人员调解,避免发生口角或冲突。如果陪同他人一起观看演出,座位有好有差时,应当把好座位让给别人。观看演出时,观众应摘下帽子,以免挡住后面观众的视线。演出过程中不得随便走动,不要随意拍照摄像,应关闭手机或静音。不要在演出现场大吃大喝,不要携带食物、饮料入场,尤其是不要带壳类食物和易拉罐饮料。观看演出时,坐姿要端正,不要左右晃动。不允许把脚踩在他人椅面上或蹬在他人椅背上,以免弄脏前排观众的衣服。如果碰脏别人的衣服,应主动轻声道歉。不能坐在座位的扶手、椅背上,或垫高座位。演出没有结束时,不得起立。

要保持演出场所的安静,在放映或演出过程中,不要高声解说或评论。不宜进行交谈。如果要交谈,可在演出开始前、中场休息时或演出结束后进行。谈话内容和语言应文明,忌粗俗。夫妻或情侣一起观看演出时,尤其应当注意得体的行为举止,避免过于亲昵的动作。观众观看演出时,要尊重演员的劳动。每一位演员表演结束,都要热烈鼓掌,但要把握好时机和分寸。看戏时每一幕结束时鼓掌;看芭蕾舞可以在演出中间一段独舞或双人舞表演之后鼓掌;听音乐则只能在一曲终了之后才能鼓掌。只有在演出结束时,掌声才可以经久不息。观看演出时,不宜中途退场;如有急事,也必须在幕间或一个节目结束时退场,因为提前退场不仅会影响别人的观赏,而且也是对演员的极不尊重。演出全部结束后,应当起立鼓掌,不要匆忙退场。可以在演出谢幕时,给演员送花。

案例分析

某高校在举办高雅音乐欣赏会,学生观众头脑中似乎还没有丝毫的"礼仪"意识,他们有的把会场当成休闲娱乐场所,时而乱走,时而坐在椅子上左右摇晃,有的则带零食和饮料进场,演出进行中,还不时听到手机铃声。等演出结束后,工作人员花了大量时间清理满地的易拉罐、果皮、包装纸等。一些演奏者,因为现场秩序嘈杂,他们在台上很难进入角色,演奏水准不免大打折扣。

分析:欣赏高雅音乐会时为表示对艺术家的尊重,观众的着装打扮应该庄重,不能过于简单随意,上述案例中观众是学生,可考虑统一着校服。各种数码、通信产品以及会发声的挂表都要关上。不要在会场内走动,不要吃零食,不要和同伴聊天或是对表演发表评论,更不要因一时高兴跟着哼唱或是手舞足蹈地打拍子。即便在翻阅节目单时,也要避免发出噪声,高品质的音乐会是不允许半点杂音出现的,包括椅子都不可以发出声响。

二、舞会礼仪

参加舞会,应注意自己的身份,遵循一定的礼节,做到文明高雅,彬彬有礼,在舞会中树立自己的良好形象。

1. 举办舞会礼仪

在组织举办舞会时,应做好舞会的场地布置、舞会的时间、参加舞会人数的安排。场地应宽敞,布置要温馨。时间要选在周末,人数要合适,而且男女比例协调。在音乐的选择上应选择慢、快节奏相互交替的乐曲,使舞者有张有弛。整个舞会处于轻松、浪漫、优雅、健康的气氛中。

2. 参加舞会礼仪

(1)做好准备。当接到主人的邀请时,如无特殊情况,应愉快地接受,应明确告知主人是否应邀前往,是否带女伴参加等情况。如遇特殊情况不能前往,应向主人说明理由。接受邀请后应做好准备工作。首先,应该修饰仪表仪容,总的要求是仪表仪容整洁、大方,女士要化妆,并注意发型,衣着可华贵些,但要注意得体,包括衬衣、领带、鞋等也要讲究。夜晚参加舞会，妆色可以浓一些，但不可过于妖艳，可以佩戴饰物。男士的头发要梳理整齐，不蓄须的应事先剃须，可以着西装并系领带，也可着其他礼服。男女上舞场最好往身上洒点香水，同时也要注意不要饮酒和吃葱蒜之类的食物，以免产生异味影响对方。男青年要给人以充满青春活力的印象，女青年要显得端庄大方，热情活泼。

（2）邀舞的礼仪。参加舞会，通常是由男士主动去邀请女士共舞。邀舞时，男士应步履庄重地走到女士面前，弯腰鞠躬，同时轻声微笑着说："想请您跳个舞，可以吗？"弯腰以15°左右为宜，不能过分了。否则，反而会有不雅之嫌。当你有意邀请一位素不相识的女士跳舞时，必须先认真观察好她是否已有男友伴舞，如有，一般不宜前去邀请，以免发生误解。

两个女士可以同舞，但两个男士却不能同舞。在欧美，两个女士同舞表示她们在现场没有男伴；而两个男士同舞，则意味着他们不愿向在场的女伴邀舞，这是对女性的不尊重，也有同性恋之嫌。所以，只有两位女士已在舞池内旋转起舞时，两位男士才可采取同舞的方式，追随到她们身边，然后共同向她们邀舞，进而分别组合成两对男女舞友。如果是女士邀请男士，男士一般不得拒绝。音乐结束后，男士应将女士送到其原来的座位。待其落座后，说一声"谢谢，再会"。然后方可离去，切忌在跳完舞后，不予理睬。

不论是男士或女士，如果一个人单独坐在远离人群的地方，别人就不要去打扰。但如果她是坐在一群人的中间，则可以邀请她跳舞。一般来讲，女士也不应该随意拒绝邀请。如已有人邀请在先，则可以婉言解释"对不起，已经有人邀请我跳了，下一个曲子再和您跳吧"。如表示谢绝，可以说"对不起，我累了，想休息一下"，或者说"我不大会跳，真对不起"，以此来求得对方的谅解。已经婉言谢绝别人的邀请后，在一曲未终时，女士不宜再同别的男士共舞。

当女士拒绝一位男士的邀请后，如果这位男士再次前来邀请，在确无特殊情况下，女士应答应与之共舞。有的男士自带舞伴，两个多跳几场也无不可。但如果别人来请，一般也不能拒绝，女士不能说"我不认识你，不跟你跳"这类小家子气的话。男士和夫人一同去跳舞，跳过一曲之后，如果有人前来向其夫人邀舞时，应按礼节促请夫人接受，绝不能代夫人回绝对方的邀请，这也是失礼的表现。

（3）舞姿仪态。跳舞的风度，主要是指舞者的舞姿和表情等方面表现出来的美。跳舞中，男女双方都应面带微笑，说话声音要轻细，不要旁若无人地大声说笑。讲话时只要对方听到即可。舞姿要端正、大方和活泼，整个身体应始终保持平、正、直、稳，无论是进是退，还是向左、右方向移动，都要掌握好重心。如果身体摇摇晃晃，肩膀一高一低，甚至踩了对方的脚，都是有失风度的。在跳舞时，男女双方的神态要轻盈自若，给人以欢乐感；表情应谦和悦目，动作要协调舒展，给人以和谐感。男士不要强拉硬拽，女士不可扑在对方身上，这样既让对方有不胜负担之苦，自己也有失雅观。女士跳舞时态度固然应和谐可亲，但不能乱送秋波，有失自己的稳重。即使是热恋中的一对情侣，也不宜过分亲昵，因为这对周围的人来说是不礼貌的。

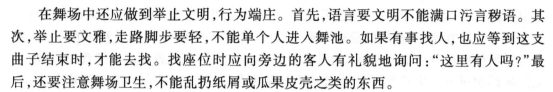

在舞场中还应做到举止文明,行为端庄。首先,语言要文明不能满口污言秽语。其次,举止要文雅,走路脚步要轻,不能单个人进入舞池。如果有事找人,也应等到这支曲子结束时,才能去找。找座位时应向旁边的客人有礼貌地询问:"这里有人吗?"最后,还要注意舞场卫生,不能乱扔纸屑或瓜果皮壳之类的东西。

案例分析

张先生与女友一起参加舞会,跳过几曲后,有一个熟识的朋友过来邀请张先生的女友跳一曲。张先生因为觉得这位朋友以前追求过自己的女友,所以不悦,暗示女友不能去,但是女友没有听从,还是笑着接受邀请了。一曲终了,张先生等女友回来后,指责女友不应与那人跳舞,女友表示不能接受,张先生觉得不可忍受,大声斥责女友,两人终于在舞厅大吵起来,引得众人不满又奇怪地看着他们,最后女友一人哭着离开了舞会,张先生在众目睽睽之下也觉得颜面尽失。

分析:参加舞会,一般不邀请有男伴的女士,但是因为是熟识之人,所以邀请女士共舞符合礼节,而这位张先生应该大度并支持女友应邀,一方面是尊重对方,另一方面也是对女友的信任与尊重。但是张先生却显得极没有风度,小心眼,又透露出对女友的不信任以及自己的不自信,这样的社交事件注定是失败而被人耻笑的。

模拟任务训练

(1)在一个商务活动的社交舞会上,A男士看准了他的营销对象——某公司老总的夫人,A男士急匆匆地走到夫人面前,微笑着弯着90°腰,点头双手覆盖在膝盖上,毕恭毕敬地低着头说:"我可以请你跳舞吗?"夫人望了望身边的丈夫,停顿片刻说:"对不起!我累了。"这时又来了一位男士B,姿态端庄,微笑着,彬彬有礼地走到夫人面前说:"夫人,你好呀!"然后又转向夫人的丈夫,友好地说:"你好!先生,我可以邀请您的夫人共舞吗?"丈夫微笑着看了看身边的夫人说:"你请便吧。"然后B先生转向夫人同时伸出右手掌心向上,手指向舞池并说:"我可以请您跳舞吗?"夫人欣然同意,共同步入舞池。

思考:①A男士违反了哪些礼仪规范?他应该如何做?

②夫人违反了哪些礼仪规范?她应该如何做?

(2)当你进入一个陌生的环境时(如酒会、招聘会、记者招待会等),应注意哪些礼仪问题?你将怎样迅速打破因陌生而产生的孤独与尴尬,尽快地融合到环境之中?分小组模拟表演。

(3)某酒店正在举行婚礼,在司仪的主持下,新娘下跪向岳父母敬茶。一名旁观者小声地评价:"跪都没有跪相,摇摇晃晃的,茶水都要洒出来了。"另一个人接口道:"这种礼节很久不用了,现在又时兴起来。"第三个人不禁问道:"那什么时候废除的呢?"

思考:在婚宴聚会礼仪中,这三人有哪些失礼之处?

第四节 餐饮礼仪

名人名言

铺筵席,陈尊俎,列笾豆,以升降为礼者,礼之末节也。

——礼记·乐记

(昔者)未有火化,食草木之食、鸟兽之肉,茹其毛,饮其血。

——礼记·礼运

上延集内戚宴会,诸夫人各前言为赵憙所济活。上甚嘉之。

——东观汉记·赵憙传

谈古论今

在与自己的同事一道外出参加宴会时,财政局干事小姜因为举止有失检点,从而招致了大家的非议。小姜在宴会上为了吃得畅快,开始用餐后便一而再、再而三地减轻自己身上的"负担"。他先是松开自己的领带,接下来解开领扣、松开腰带、卷起袖管,到了最后,竟然又悄悄脱去自己的鞋子。尤其令人不快的是,他在用餐时,总爱有意无意地咂巴嘴,并且响声"一浪高过一浪"。

小姜在宴会上的此番作为,不仅令身边的人瞠目结舌,也叫同事无地自容。大家纷纷指责小姜,丢了自己的人,也丢了单位的脸。

宴会是因习俗或社交礼仪需要而举行的宴饮聚会,又称燕会、筵宴、酒会,是社交与饮食相结合的一种形式。人们通过宴会,不仅获得饮食艺术的享受,而且增进人际间的交往。宴饮活动是食用的成套肴馔及其台面的统称,古称酒席。古人席地而坐,筵和席都是宴饮时铺在地上的坐具,筵长、席短。自古以来,无论庆功还是交友,设宴款待是最常用的方法,因此现代餐饮已成为非常有潜力的交际工具,愉悦的用餐有利于双方进一步达成共识。因此,在日常公务与交友中,遵循宴请礼仪是必要的。

知识课堂

一、宴请的原则与类别

1. 宴请原则

宴请礼仪,一般是指以食物、酒水款待他人以及在宴请活动中,所要遵守的行为规范和礼俗。参加宴请活动首先要遵循以下两项原则:

(1)"6M"原则。这是国际上广泛采纳的一条重要礼仪原则。"6M"指的是Menu(菜单)、Manner(举止)、Music(音乐)、Mood(气氛)、Meeting(会面)、Meal(食物)。这些要素都是安排和参与宴请活动时,应当注意的。

(2)适量原则。在宴请活动中,不论是活动的规模、参与人数、用餐档次,还是宴请的具体数量,都要量力而行,符合当下提倡的"光盘"行动,也就是要从实际需要和能力出发,安排宴会事宜。切忌虚荣好强,炫富攀比,铺张浪费,暴殄天物。

2. 宴请类别

现今国际上通用的宴请形式有宴会、招待会、茶会等,一般根据活动目的、邀请对象以及经费开支等因素来决定。但要注意的是每种类型的宴请均有与之相匹配的规格及要求。

(1)宴会。宴会是盛情邀请贵宾的聚会,按其隆重程度、出席规格,可分为国宴、正式宴会和便宴;按举行时间,分为早宴、午宴和晚宴;一般来讲,晚宴较之早宴和午宴更为正式和隆重。

①国宴。这是国家元首或政府首脑为国家的庆典,或为国外来访的国家元首而举行的正式宴会,因而规格最高。它需要严紧的座次,宴会厅内悬挂国旗。宾主入席后,乐队奏国歌,主人和主宾先后发表讲话或致祝酒词,乐队要在席间奏乐。

②正式宴会。除不挂国旗、不奏国歌以及出席人员级别不同外,其余的安排大体与国宴相同。

③便宴。即非正式宴会,常见的有午宴、晚宴,有时候也会举行早宴。便宴的特点是简便、灵活,可以不排席位,不作正式讲话,菜肴可丰可俭,气氛轻松、亲切,便于交往和交谈。

(2)招待会。招待会是指各种不配备正餐的宴请类型,一般备有食品和酒水,通常不排固定席位,可以自由活动,常见的有冷餐会与酒会。

①冷餐会。这种宴请形式的特点是不排席位,菜肴以冷食为主,故称冷餐会,同时也辅之以热菜,连同餐具陈设在菜桌上,供客人自取。客人可自由活动,可以多次取食。酒水由服务员端送,也可陈放在桌子上。地点可选择室内、院内、花园里,可设小桌、椅子,自由入座,也可以不设座椅,站立进餐。我国举行的大型冷餐会,一般用大圆桌,设座椅,主宾席排座位,其余各席不固定,食品与饮料事先摆放在桌上,招待会开始后,自行进餐,所以,冷餐会又叫自助餐。

②酒会,又称鸡尾酒会(Cocktail)。这种招待会形式较活泼,便于广泛接触交谈。招待品以酒水为主,略备小吃、菜点。不设座椅,仅置小桌(或茶几),便于客人随意走动。举行的时间亦较灵活,中午、下午、晚上均可。自1980年,我国国庆招待会也改用酒会这种形式。

(3)茶会。茶会是一种简便的招待形式。一般在下午四时左右(亦有上午十时)举行。地点通常设在客厅,厅内摆茶几、座椅,不排席位。但如果是为某贵宾举行的茶会,入座时,要有意识地将主宾同主人安排坐到一起,其他人随意就座。

茶会顾名思义是请客人品茶。因此,茶叶、茶具的选择要有所讲究。一般用陶瓷器皿,不用玻璃杯,更不用热水瓶代替茶壶。外国人一般用红茶,略备点心和地方风味小吃。也有不用茶而用咖啡者,但仍以茶会命名,内容安排与茶会基本相同。

二、宴请前的准备工作

为了使宴请活动能顺利进行,在喜庆中开始,在欢乐中结束,达到预期的效果,务必认真做好相关准备工作。一些正式的宴会,如涉及团体公务活动,甚至是与企业利益密切相关的,绝不能等闲视之。

1. 确定目的和名义

宴请的目的是多种多样的,可以是为某个人,也可以为某件事。有了明确的目的,名义可以稍作修辞,但要本着友好真诚的原则。确定邀请名义和对象的主要根据是主、客双方的身份,也就是说主客身份应该对等。

2. 确定对象和范围

宴请最好是由主方单独宴请特定的一方,使对方感到被重视、被尊重,继而呈现出一种友好、融洽的心理反应与积极配合的行为状态。

公关宴请如果是请多方参加,主方就应该权衡己方与多方之间、多方互相之间现存的关系如何。关系良好,欢聚一堂无妨;关系不佳,便会使各方均感难堪,心怀猜忌,最终对主方产生不满,甚至会出现当场责难或拂袖而去的尴尬场面。

因而,在确定宴请人选时,最好将宴请一方或多方参加者列出名单,根据名单,对有关出席者的资料进行认真分析和研究,以此作为最后确定宴请人选的依据。如有需要,还可以邀请宾客的配偶一起出席宴会,以体现对客方的尊重和礼仪周全。

宴请范围是指邀请哪些人士,请到哪一级别,请多少人,主人一方请什么人出来作陪。还需要考虑政治、文化传统、民族习惯等因素。

准确的对象和合理的范围,是主人需要花精力考虑的问题。如在邀请名单上,千万不要漏列,否则会产生严重的人际交往障碍。如果真的有了失误,要有技巧地承认自己的疏忽,并真诚邀请并单独设宴赔罪。

三、餐饮服务礼仪

著名营销学家菲利普·科特勒曾将服务定义为:"服务是一项活动或利益,是由一方向另一方提供本质无形的物权转变。服务的产生,可与某一实体产品有关,也可能无关。"由此可见,广义的餐饮服务,应不仅限于提供餐饮的礼仪规范和技巧,还应包括进餐情景的多种因素。高品质的餐饮服务就是要把有形的餐饮产品和无形的服务条件有效地结合,并建立"以合理的价位,提供高品质享受;以亲切的态度,提供高水准服务"的经营理念。

1. 服务人员举止要求

餐饮服务人员每天都要和很多客人打交道,因此应保持良好的仪态,即站有站姿,行走自然优美,态度端庄稳重、落落大方。具体来说,应注意以下几方面的内容:

(1)举止的一般要求。

①在客人面前不要吸烟。服务员在客人面前吸烟会使客人觉得餐饮店的管理和卫生条件很差,对餐厅饭菜的卫生程度产生怀疑。

②不要当众掏鼻孔、挖耳朵。这是不文明、不卫生的举动,不要说是餐厅服务人员,就是一般人也不应在别人面前这样做。

③不要剔牙齿、打饱嗝、打喷嚏。服务员这样做会引起客人的反感,会使客人觉得服务员缺少起码的对客尊重。

④不要打哈欠。这会使客人觉得服务员精神不饱满,对服务质量的满意度大打折扣。

⑤不要伸懒腰。服务员精神不饱满,服务质量会降低。

(2)站立姿态。优美而典雅的站立姿态,是体现服务人员自身素养的一个方面,也是体现服务人员仪表美的起点和基础。

①双腿并拢立直,挺胸、收腹、梗颈、提臀。

②双肩平,自然放松。双臂放松,自然下垂于体侧或双手放在腹前交叉,左手放在右手上。

③双目平视前方,下颌微收,嘴微闭,面带微笑。

④站立时要防止身体重心偏左或偏右,站立时间长太累时,可变换为稍息的姿势。

⑤男服务员:左脚向左横迈一小步,两脚之间距离不超过肩宽,以20cm左右为宜,两脚尖向正前方,身体重心落于两脚之间,身体直立。双手放在腹部交叉,挺胸、收腹。

⑥女服务员:双脚大致呈"V"字形,脚尖开度为50°左右,右脚在前,将右脚跟靠于左脚内侧前端,身体重心可落于双脚上,也可落于一只脚上,通过变化身体的重心来减轻站立长久后的疲劳。双手交叉于腹前。

(3)行走姿态。人的行走姿态是一种动态的美,服务人员在餐厅工作时,经常处于行走的状态中。要能给客人一种标准的动态美感,让客人得到精神上的享受。

①身体正直,抬头,眼睛平视,面带微笑,肩部放松,手臂伸直放松,手指自然弯曲。

②走路时,脚步既轻且稳,切忌摇头晃脑,上体左右摇摆。行走时应尽可能保持直线。如遇有急事,可加快步伐,但不可慌张奔跑。

③服务员在饭店内行走,一般靠右侧。与宾客同走时,要让宾客走在前面;遇通道比较狭窄,有宾客从对面走来时,服务员应主动停下来靠右边,让宾客通过,但切记不可背对宾客。

2. 服务人员仪表要求

注重仪表是讲究礼节礼貌的一种具体表现,它不仅是对客人的尊重,也是自尊自爱的体现。规范、整洁的穿着,是餐厅服务员仪表的重要内容之一,也是衡量餐厅等级、服务水准的重要标志。

服饰是一种文化,是一种无声的语言,可以表现出一个人的修养、性格、气质。整洁端庄的服饰可以表达对他人的尊敬,同时也是自身素质的体现。

①员工着装代表着餐饮店的整体形象,是餐饮店形象设计中的一个重要方面,体现出企业的内在文化。

②服务员的特色服装往往能体现餐饮店的经营理念,是无声的广告,能给顾客带来宾至如归的感觉,服务员的服装搭配是否符合餐饮店的整体风格,也是餐厅经营成败的关键。

③餐饮店服务员上班时应统一着制服,左胸前佩戴服务卡,保持干净整洁,扣子齐全,不能有开线的地方,更不能有破洞,不能黏有汗渍,衣领和袖口处尤其应注意,内衣应常洗常换;衣袋内不装多余的物品,不可敞胸,不能将衣袖卷起;夏装衬衣下摆须扎进裙(或裤)内,佩戴的饰物不得露出制服外;穿着统一的布鞋,保持清洁,无破损,不得趿着鞋走路;袜子无勾丝,无破损,只可穿无花、净色的丝袜;不准戴有色眼镜和饭店规定以外的物品和装饰品。

④服务员的主要工作是为客人服务,所以其着装要便于服务工作,同时还要考虑到客人的感受。

四、中餐餐饮礼仪

1. 中餐餐桌的摆设

摆台是把各种餐具按要求摆放在餐桌上,它是餐厅配餐工作中的一项重要内容,也是一门技术,摆的好坏直接影响服务质量和餐厅的面貌。

标准要求:先铺好台布,定好座位,按顺时针方向依台摆放餐具、酒具、餐台用品、餐折花。做到台形设计考究合理,行为安置有序,符合传统习惯。小件餐具齐全、整齐一致,具有艺术性,图案对称,距离匀称,便于使用。

中餐摆台:先洗手,再按一定的顺序摆,将椅子定位,左手托盘,用右手摆放。

摆盘:从主人座位开始,沿顺时针方向定盘,与桌边1cm,盘与盘之间距离相等。

摆筷架和筷子:筷架摆在餐盘的右上方。筷子后端距桌边0.5cm,距餐盘边1cm。筷子摆在筷架上并且图案向上。

口汤碗和调羹:口汤碗摆放在餐盘的左前方,距餐盘1cm,将调羹放在口汤碗内,调羹把手向左。

摆酒具:中餐宴会用三个杯子,即葡萄酒杯、白酒杯和水杯。先将葡萄酒杯摆在吐骨盘的正前方,酒杯摆在葡萄酒杯的右边,水杯摆在葡萄酒杯的左侧,各距葡萄酒杯1cm,三杯横向呈一直线,并在水杯中摆上折花。

摆公用餐具:在正副主人之间的酒具前方放一筷架,放上筷子,筷子的手持端向右。

摆烟缸、火柴:烟缸摆在正副主人的右边。

摆菜单:摆在正副主人筷子的旁边,也可竖立摆在主人的水杯旁边。

再次整理台面,调整凳子,最后放上花瓶以示结束。

2. 中餐上菜的礼仪

上菜,是每个餐厅服务员必须要掌握的基本技能之一,是为客人进餐提供服务的重要环节。它不仅是一种简单的服务操作过程,而且也是涉及传统习惯以及礼貌礼节等事项的活动过程。

(1)上菜的操作位置。上菜时的操作位置,一般均为左上右撤,即从餐桌第一主人的位置看去,要从圆桌的左边上菜,右边撤菜。一般在副主位的旁边,不能在老人、小孩及行动不便的人中间上菜,固定上菜位,不能忽左忽右,站立姿势是一脚在前一脚在后,侧身上菜。端菜时双手端菜,要平、稳,手指不能接触到菜品。上菜时不推盘,撤盘时不拉盘,菜盘不能超出转盘的边缘,转转盘时要稳,不能过快或过慢,不能倒转转盘,转好后将转盘稳住再后退报菜名。

(2)上菜程序。中餐上菜的一般程序,归纳而言是先上冷盘以下酒,当酒喝到二三成时,开始上热菜。顺序如下:

凉菜(卤水、烧腊、刺身类)—汤—燕鲍翅—海鲜—特色菜(煲、锅仔)—小炒—素菜—主食(询问主食时应告知客人后面还有甜品,如果客人不需要主食时应主动推销甜品)—甜品—水果。

必须先看菜品和点菜单上的是否相符;菜品必须第一时间上桌,以确保其新鲜;凉菜上1/3时要征询客人意见是否需要上热菜;上菜时要注意颜色、荤素、器皿、凉热、味道、位置的搭配;看单准备好上凉菜的位置,一次到位,菜盘边与转盘边平行。上凉菜时,现炸、卤水、烧腊、刺身应在客人到齐时再上,卤水放的时间长会变硬,现炸的就不脆了,刺身会不新鲜。

验菜:菜盘是否有破损;菜盘特别是盘边是否干净卫生无异物;菜品和菜名是否相符;菜品的分量,海鲜的斤两;如果是按位上的菜,应看菜品的件数与实际人数是否相符。

煲仔:必须先加热后上桌,上桌后再拿下盖,取盖时菜盖朝上,注意不要将杂物、汤汁等滴落在客人身上或餐台上。

锅仔:锅仔的特色是边加热边吃,所以上桌后点上火并介绍,"这是×××,等会烧开后再帮您把盖打开"。烧开后记得给客人打开盖子。打开盖子时应注意:盖子朝上以避免蒸汽水滴洒在餐台上或客人身上。征询客人是否需要分菜。

上带酱料以及工具的菜时:先上酱料后上菜,最后上工具。如果工具还未上的话,如吃鲍鱼的刀叉,应先上酱料,然后上工具,最后上菜。要向客人介绍酱料及工具的用途。

洗手盅:热茶水或菊花茶水(里面放两朵菊花),里面放两片柠檬去油,茶水去异味。

报菜名:上的每一道菜应先转至主宾位(转盘要顺时针转,有客人夹菜时应先让客人夹完菜后再转),后退一步,打手势,报菜名"这是您点的×××菜,请慢用"。

如果是锡纸类的菜,在打开锡纸时左手拿刀,右手拿叉,动作要轻,避免锡纸黏在菜上,在锡纸的上方切开十字开口,用刀叉将四角挑开。

上最后一个餐前小菜时,转盘不需要再转。如果同时上两道菜时,应将好的、贵的菜转至主宾。

(3)中餐上菜的礼貌习惯。按照我国传统的礼貌习惯,上整鸡、整鸭、整鱼时,应注意"鸡不献头,鸭不献尾,鱼不献背"。上菜时不要把鸡头、鸭尾、鱼脊朝向主宾,应将鸡头、鸭头朝向右边。尤其是上全鱼时,应将鱼腹朝向主宾,因为鱼腹刺少,腴嫩味美,朝向主宾也表示尊重。

在上每一道新菜时,需将上一道剩菜移向第二主人一边,将新上的菜放在主宾面前,以示尊重。

3. 中餐宴会斟酒礼仪

要做好中餐宴会的斟酒服务,必须了解相关的知识,具体有以下五个方面:

①酒的种类。中餐酒席一般用两种酒:一种是酒精浓度较高的烈酒,如茅台酒、五粮液、西凤酒、汾酒等;一种是酒精浓度较低的甜酒,通常是葡萄酒或其他甜酒。备酒时,要多备几种,以适应临时变化或以待来宾的特殊需求。

②斟酒时机。重要宴会宾主一入座,往往主人要举杯敬酒。因此,在开席前5分钟左右,需将开胃酒先斟好;来宾入座后,再斟酒。一般酒席斟酒可根据宾客的饮食习惯和要求而定。

③站立位置。中餐斟酒时服务人员应该站在宾客后右侧,左手托盘或护挡酒杯,右手举瓶斟酒。为宾客斟某种酒前,应先示意一下,如果来宾不同意,应调换,酒不可斟得太满,以八成左右为宜。

④斟酒顺序。中餐酒席斟酒顺序一般从主宾开始,先斟男主宾,后斟女主宾,再向左绕台依次进行,最后斟主人,以表示主人对来宾的尊敬。如有欧美宾主参加的酒席宴会,则先斟女主宾,后斟男主宾。

⑤适时服务。中餐酒席在宾主敬酒讲话时,服务人员应停止一切活动,端正静立在僻静的位置上。要注意宾客杯中的酒水,喝剩 1/3 时,就应及时为其斟满。主人讲话即将结束时,服务人员把主人的酒杯送上,供主人敬酒,主人离位来给宾客敬酒时,服务人员应托着烈酒和甜酒两种酒,跟随主人身后,为主人或来宾续斟。

五、西餐餐饮礼仪

西餐服务具有悠久的历史,在国际上早已形成一定的规范。它作为餐饮服务的一种重要形式,要求餐饮人员力求做到标准化、规范化、程序化。西餐服务的流程与中餐类似,但西餐服务最重要、最讲究的是每道菜上菜的次序,专业的服务可彰显出素养和技巧。

西餐的基本规范流程如图3-1所示。

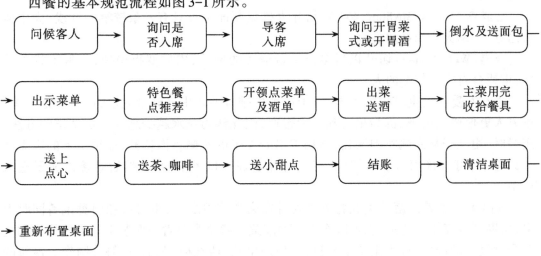

图3-1 西餐的基本规范流程

1. 西餐上菜礼仪

西餐的正餐,尤其是在正式场合,菜序复杂多样,讲究甚多。在大多数情况下,西餐正餐的菜品由八道菜肴构成。

①开胃菜。所谓开胃菜,即用来大开胃口的菜品,亦称西餐的头盘。因为是要开胃,所以开胃菜一般都有特色风味,味道以咸和酸为主,而且数量少,质量较高。开胃品常见的品种有大虾、龙虾、沙律、鱼子酱、鹅肝、熏鲑鱼、奶油鸡酥盒、焗蜗牛等。

②面包、沙拉。西餐里所吃的面包都是切好成片状的面包,另外用小圆盘装上与客数相等的沙拉,在开席前五分钟端上。

③汤。和中餐不同的是,西餐的第二道菜就是汤。常见的有牛尾清汤、各式奶油汤、海鲜汤、美式蛤蜊汤、意式蔬菜汤、俄式罗宋汤等。

④副菜。鱼类菜肴一般作为西餐的第三道菜,也称为副菜。品种包括各种淡、海水鱼类、贝类及软体动物类。通常水产类菜肴与蛋类、面包类、酥盒菜肴品都称为副菜。因为鱼类等菜肴的肉质鲜嫩,比较容易消化,所以放在肉类菜肴的前面。

⑤主菜。肉、禽类菜肴是西餐的第四道菜,也称为主菜。肉类菜肴的原料取自牛、羊、猪、小牛仔等各个部位的肉,其中最有代表性的是牛肉或牛排。其烹调方法常用烤、煎、铁扒等。禽类菜肴的原料取自鸡、鸭、鹅,通常将兔肉和鹿肉等野味也归入禽类菜肴。禽类菜肴品种最多的是鸡,有山鸡、火鸡、竹鸡,可煮、炸、烤、焖,主要的调味汁有黄肉汁、咖喱汁、奶油汁等。

这里重点介绍一下牛排。牛排通常是我们在西餐厅经常点的主餐,所以重点介绍一下牛排的生熟程度,在西餐中称"几成熟"。

三成熟(Rare):切开牛排见断面仅上下两层呈灰褐色,其间70%肉为红色并带有大量血水,最能品尝牛肉的鲜美。

五成熟(Medium):切开牛排见断面中央50%肉为红色,带少量血水,是品尝牛排的最佳成数。

七成熟至全熟(Medium Well):切开牛排见断面中央只有一条较窄的红线,肉中血水已近干,是大众选择的成数。

全熟(Well Done):切开以后渗出少量清澈的肉汁,肉质变得稍硬,一般不推荐选择,但适合有宗教信仰的人。

西方人爱吃较生口味的牛排,由于这种牛排含油适中又略带血水,口感甚是鲜美。东方人更偏爱七成熟,因为怕看到肉中带血,因此认为血水越少越好。切牛排的方法:用餐时,用叉子从左侧将肉叉住,再用刀沿着叉子的右侧将肉切开,如果切下的肉无法一口吃下,可直接用刀子再切小一些,切开刚好一口大小的肉,然后直接以叉子送入口中。

⑥蔬菜类菜肴。蔬菜类菜肴可以安排在肉类菜肴之后,也可以和肉类菜肴同时上桌,所以可以算作一道菜,也可以作为一种配菜。蔬菜类菜肴在西餐中称为沙拉。和主菜同时服务的沙拉,称为生蔬菜沙拉,一般用生菜、西红柿、黄瓜、芦笋等制作。沙拉的主要调味汁有醋油汁、法国汁、千岛汁、奶酪沙拉汁等。

⑦点心。点心的种类很多,吃点心用的餐具也不同。如吃热的点心,一般用点心匙或中叉,吃烩水果一类的应用菜匙。吃冰淇淋,要把专用的冰淇淋匙放在底盘内同时端上。

⑧甜品。西餐的甜品是主菜后食用的,可以算作是第六道菜。从真正意义上讲,它包括所有主菜后的食物,不仅有布丁、蛋糕、冰淇淋,还包括奶酪(Cheese)、水果等。

⑨咖啡。来宾喝咖啡,早、中、晚有不同的定量,一般早餐用大杯,午餐用中杯,晚餐用小杯,晚餐宴也要用小杯。

2. 西餐分菜礼仪

西餐的菜一般是先由厨师按份切好装在一只专用的派菜盘内,由服务人员上桌分派。派菜时,服务人员站在来宾的左边,左手端盘,右手拿叉匙,按宾主次序逐一分派。下面介绍几种菜的分切法:

①牛排。把烤牛肉最大的一端放在平盘上,先用叉插入牛排两根肋骨之间,再从肥的一面开始,用刀横切肋骨。用刀尖沿肋骨把肉切下来,切时必须紧沿着肋骨,把刀插进肉片下,用叉稳定,挑起肉片放入盘边上,边切边摆,直至完毕。

②火腿。左手拿叉插入火腿大头部位,以固定火腿。右手拿刀从火腿薄的一面切掉几片,以形成一个平面。再把火腿转过来,将所切平面朝下,从火腿的后部开始切掉一小块碶形的肉,然后垂直均匀地切片,切尽为止。

③火鸡。将火鸡放在砧板上,用左手握住鸡腿下部,右手拿刀切开鸡腿之间的皮并将皮轻轻拉掉。左手拿叉插入鸡身紧靠鸡腿的地方,右手用刀从鸡身背部与鸡腿的主骨之间关节处将鸡切开。拿住切下来的鸡腿放在盘子上,与盘子形成一个角度,再用刀把鸡的大腿肉从鸡腿下部一片一片切到关节处;切完一面,再切另一面,直到切完。切鸡胸肉要从鸡胸中间开始一片一片切到胸骨为止。

④卷食菜肴。一般情况下是由客人自己取拿卷食。在老人或儿童多的情况下,则需要分菜服务,方法是:服务员将吃碟摆放于菜肴的周围;放好铺卷的外层,然后逐一将被卷食物放于铺卷的外层上;最后逐一卷上送到每位客人面前。

⑤分菜时的注意事项。分菜时,要掌握其数量,均匀分派;特别是主菜,必须分派的与座位数一样。

分派菜肴切勿将同一勺、同一叉的菜肴分派给两个来宾,更不能从已分派的多的盘中分给量少的。

分派菜肴的动作要快,手法卫生,还应注意不要将一盘菜肴全部分光,盆内剩1/10左右,以示菜的宽裕和以备来宾添加。

3. 西餐摆台礼仪

(1)西餐摆台规范。西餐一般以长台和腰圆台为主,有时也用圆台或方台。西餐摆台也分便餐和宴会两种。

①西餐便餐摆台。先在台上放上垫布,垫布上铺上台布,然后摆设餐具,又分美式餐具摆设和法式餐具摆设两种方法。

美式摆法：先在桌正中离桌边三指处，放一块折好的口布，口布左边放餐叉，口布的右边按次序排列餐刀、沙拉刀和两把茶匙，茶匙前边放面包、沙拉盘，餐刀头偏右处放水杯。

法式摆法：如图3-2所示，在离桌边两指处放一菜盘，口布放在菜盘内，盘的左边放一把餐叉，右边放一把餐刀，刀口朝向盘子。汤匙放在餐刀的右边，沙拉盘和沙拉刀放在餐叉的左边，甜点的叉和匙平放在冷盘上方，水杯或酒杯放在餐刀刀尖上方。

俄式摆法：与法式摆法相同。

②西餐宴会摆台。西餐宴会的餐具是按照菜单摆设的，种类繁多，如图3-3所示。席位中间空出一个放菜盘的位置，左边按次序放大叉、中鱼叉，叉的左边放起司盘，盘上放沙拉刀和面包。盘的上方放一只沙拉盘，席位的右边摆大刀、中刀、鱼刀、汤匙，刀口朝里，刀尖上方放水杯，水杯右边放酒杯。简单的放三道酒杯，讲究的要放四五道酒杯，刀、叉之间的上方放水果刀、点心叉和咖啡匙。

调味料一般有盐、胡椒、辣酱和生菜油等，通常放于调味架内。调味架有三脚架、四星架、五星架。另外，餐具还有牙签盒、烟灰缸和花瓶等。

图3-2　法国餐餐具摆放示意

图3-3　西餐宴会的餐具摆放

(2)西餐餐具使用。世界上高级的西式宴会摆台是基本统一的。共同原则是:

垫盘居中,叉左刀右,刀尖向上,刀口向内。盘前横匙,主食靠左,餐具靠右,其余用具酌情摆放。酒杯的数量与酒的种类相等,摆法是从左到右,依次摆烈性酒杯、葡萄酒杯、香槟酒杯、啤酒杯。西餐中餐巾放在盘子里,如果在宾客尚未落座前需要往盘子里放某些物品,餐巾就放在盘子旁边。

铺好台布,摆展示碟,并用展示碟定好位置。摆碟时左手托着碟底,碟边贴着腰,右手大拇指肌肉压住碟边,其余四指抓住碟的底部,摆放在座位正中,左右等距,展示碟离台边2cm。摆餐具的顺序:扒刀—汤更—饭更—餐叉—牛油碟—牛油刀。具体要求:先把扒刀摆放在展示碟的左边,距离碟边0.5cm;汤更摆放在扒刀的右边,距离扒刀0.5cm,餐叉摆在展示碟的左边,距离碟边0.5cm,饭更摆在碟的上方,距离碟边0.5cm;牛油刀摆在牛油碟的1/3位置。摆上高脚水杯、专用红酒杯、白葡萄酒杯。摆杯的要求:高脚水杯摆在扒刀上方,距离刀尖1cm,刀尖正对高脚杯的杯柄位置。红酒杯摆在扒刀正上方,刀距离红酒杯1cm。白酒杯摆在扒刀正上方,距红酒杯1cm。三只杯与对座的杯所成的平衡直线呈45°角,即与餐台的对角平衡。摆上相应颜色的席巾,摆放在展示碟中间。摆台时必须摆上盐瓶、胡椒瓶、糖盅共两套。以台面的中心饰物为界线,分开两边摆放。按顺序摆上用水杯盛装叠好的餐巾纸、牙签筒。摆完餐位后可站在餐椅的后边中间位置核对摆位是否正中。整理餐台与餐椅的距离,餐椅应与台布垂直。

入席前,餐巾置于主菜盘的上面或左侧,如图3-4(a)所示。盘子右边摆刀、汤匙,左边摆叉子。可依用餐顺序、前菜、汤、料理、鱼料理、肉料理、视你所需而由外至内使用。玻璃杯摆右上角,最大的是装水用的高脚杯,次大的是装红葡萄酒所用,而细长的玻璃杯是装白葡萄酒所用,视情况也会摆上香槟或雪莉酒所用的玻璃杯。面包盘和奶油刀置于左手边,主菜盘对面则放咖啡或吃点心所用的小汤匙和刀叉。刀是用来切割食物的,不要用刀挑起食物往嘴里送。

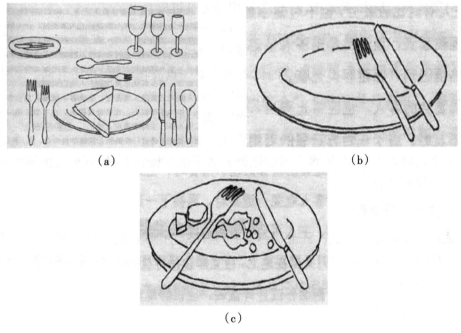

图3-4 部分西餐具、酒杯示意

右手拿刀。如果用餐时,有三种不同规格的刀同时出现,一般正确的用法是:带小锯齿的那一把用来切肉制食品;中等大小的用来将大片的蔬菜切成小片;而那种小巧的,刀尖是圆头的、顶部有些上翘的小刀,则是用来切开小面包,然后用它挑些果酱、奶油涂在面包上面的。手里拿着刀叉时切勿指手画脚,发言或交谈时,应将刀叉放在盘上才合乎礼仪,这也是对旁边的人的一种尊重。

左手拿叉。叉起适量食物一次性放入口中,往嘴里送时动作要轻。叉起食物入嘴时,牙齿只碰到食物,不要咬叉,也不要让刀叉在齿上或盘中发出声响。

在正式场合下,勺有多种:小的是用于咖啡和甜点心的;扁平的是用于涂黄油和分食蛋糕的;比较大的,是用来喝汤或盛碎小食物的;最大的是公用于分食汤的,常见于自助餐。喝浓汤时勺子横拿,由内向外轻舀,不要把勺很重地一掏到底,勺的外侧接触到汤。喝时用嘴唇轻触勺子内侧,不要端起汤盆来喝。汤将喝完时,左手可靠胸前轻轻将汤盆内侧抬起,汤汁集中于盆底一侧,右手用勺轻舀。

餐桌注意事项:

在吃的过程中和吃完以后,餐具如何摆放又是有讲究的。它让你不招手就让服务员知道你的意思。

①会说话的餐具:

尚未用完餐。盘子没空,如你还想继续用餐,把刀叉分开放,大约呈三角形,那么服务员就不会把你的盘子收走[图3-4(c)]。

已经用完餐。可以将刀叉平行放在餐盘的同一侧。这时,即便你盘里还有东西,服务员也会明白你已经用完餐了,会在适当的时候把盘子收走[图3-4(b)]。

请再添加饭菜。盘子已空,但你还想用餐,把刀叉分开放,大约呈八字形,那么服务员会再给你添加饭菜。

汤勺横放在汤盘内,匙心向上,也表示用汤餐具可以拿走了。

②不要在餐桌上化妆,用餐巾擦鼻涕。用餐时打嗝是大忌。取食时,拿不到的食物可以请别人传递,不要站起来。每次送到嘴里的食物别太多,在咀嚼时不要说话。就餐时不可以狼吞虎咽。对自己不愿吃的食物也应要一点放在盘中,以示礼貌。不应在进餐中途退席。确实需要离开,要向左右的客人小声打招呼。饮酒干杯时,即使不喝,也应该将杯口在唇上碰一碰,以示敬意。当别人为你斟酒时,如果不需要,可以简单地说一声"不,谢谢",或以手稍盖酒杯,表示谢绝。进餐过程中,不要解开纽扣或当众脱衣。如果主人请客人宽衣,男客人可以把外衣脱下搭在椅背上,但不可以把外套或随身携带的东西放到餐台上。

4. 西餐宴会斟酒礼仪

西餐酒席宴会用酒和中餐酒席宴会不同,较高级的西餐宴会要用七种酒,几乎每道菜都有一种酒。现以一般的西餐酒席为例,将各道菜所配酒水和所用酒杯(图3-5)及斟酒方法列举如下:

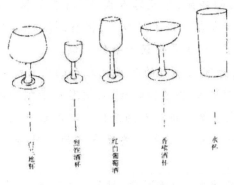

图3-5 酒杯

①上凉菜时,酒水及酒杯的配置。上凉菜或海味菜时,配有开胃解腥作用的烈酒,用利口杯。斟烈酒时,在水杯内倒上冰水,在夏季还需要放上一小块冰,以保持冷度。

②上汤菜时,酒水及酒杯的配置。上汤菜时,陪雪利酒(葡萄酒等),用雪利杯。斟酒之前,将雪利杯与利口杯对调一个位置,以使宾客举杯方便。

③上鱼或海鲜时,酒水及酒杯的配置。上鱼或海鲜时,配酒精浓度较低的白葡萄酒、玫瑰酒,用白酒杯。这道酒一般应是冰冷的。因此,须在前一日或当天早晨将酒冰冻,开席前移入冰桶,加入碎冰送至餐厅出菜台。斟酒前,要将酒瓶擦干净,用口布包着酒瓶斟酒,以防止酒水滴在宾客身上。

案例分析一

某酒店中餐厅客人络绎不绝,餐厅咨客忙着迎来送去,满头大汗。这时6位香港客人在一位小姐的引导下来到了二楼中餐厅。咨客马上迎了过去,满面笑容地说:"欢迎光临,请问小姐贵姓?"这位小姐边走边说:"我姓王。""王小姐,请问您有没有预订?""当然了,我们上午就电话预订好了'牡丹厅'。"咨客马上查看宾客预订单,发现确实有一位姓王的小姐在上午预订了"牡丹厅",于是咨客就迅速把这批客人带进了"牡丹厅"。

过了半个小时,餐厅门口又来了一批人,共有12位客人,当领队的王小姐报出自己昨天已经预订了"牡丹厅"时,餐厅咨客发现出了问题,马上查阅预定记录,才发现原来今晚有两位王姓小姐都预订了厅房,而咨客在忙乱中将两组客人安排进了同一间厅房。餐厅咨客为了补错,立即就把客人带到了"紫荆厅",客人进房一看更加不满意了。王小姐满脸不高兴地说:"我们预定的是一张12人台,这是一张10人台的厅房,我们12个人怎么坐得下?"王小姐不耐烦地径直到"牡丹厅"一看,里面的客人已开席了,12人台只坐了7个人,咨客看了看这么多的客人,为这不恰当的安排而再次赔礼道歉,但是这12位客人仍然怎么也不愿意坐进这间10人厅房。"你们这么大的酒店,居然连预订都会搞错,还开什么餐厅!同意了我的预订就要兑现,我就要去牡丹厅,其他的厅房我都不去!今天我的客户很重要,这样让我多没面子,把你们的经理找来!"王小姐突然生气起来。"十分抱歉,这是我们的工作失误,这几天预订厅房的客人特别多,我们弄乱了,请你们先进房间入座,我们马上给你们加位好吗?"餐厅经理急忙过来好言好语地解释。"我们这么多人坐得如此拥挤,让我多么没有面子!好像我宴请朋友非常小气一样。""对不起,这是我们的错误,今天客人太多,请多多原谅。"看着这群饥餐渴饮的客人进了紫荆厅房,经理和咨客才松了一口气,但看到这群客人坐得那么拥挤,咨客心里又过意不去,这正是因为自己工作失误带来的麻烦。

分析:(1)咨客应该在为客人预订的时候把客人的中文全名和联系电话记下来,在客人到达时咨客要先核对客人的全名和电话,再把客人带到预定好的厅房就餐。

(2)即使带错厅房也应尽量安排客人到座位数与人数相应的房间。

(3)咨客与经理均对客人诚恳道歉。餐厅咨客为了补错,立即把客人带到了10人台的厅房"紫荆厅"。

(4)为客人提供额外的优惠,如送果盘、甜品、打折等,以此表达餐厅因为本身工作失误给客人造成麻烦的歉疚之意。

(5)再次当众向王小姐一行客人表示歉意,使她在朋友们面前挽回面子,也充分让客人感觉到他们是餐厅重要的客人。

(6)以此事件作为经验教训,培训全体员工,规范服务流程,务求所有员工明确顾客第一的意识。

案例分析二

在某一西餐厅的早餐营业时间,服务员小芳注意到一位年老的顾客先用餐巾纸将鸡蛋上面的油擦掉,又把蛋黄和蛋白用餐刀切开,再就是用白面包把蛋白吃掉,而且在吃鸡蛋时没有像其他客人那样在鸡蛋上撒盐。小芳猜想着客人可能是患有某种疾病,才会有这样特殊的饮食习惯。第二天早晨,当这位客人又来到餐桌落座后,未等其开口,小芳便主动上前询问客人是否还享用和昨天一样的早餐。待客人应允后,服务员便将昨天一样的早餐摆在餐桌上。与昨天不同的是煎鸡蛋只有蛋白而没有蛋黄,客人见状非常高兴。边用餐边与小芳谈起,之所以有这样的饮食习惯,是因为他患有顽固的高血压症。以前在别的酒店餐厅用餐时,他的要求往往被服务员忽视,这次在这家酒店住宿用餐,他感到非常满意。

分析:(1)在本案例中,不吃蛋黄的顾客从开始并没有跟服务员小芳提他的特殊饮食习惯,到后来感到非常满意。因为客人以前在别的酒店餐厅用餐时,他的要求往往被服务员忽视,这里经验效应就产生了作用,使得客人认为这个餐厅也不会在意这些细节,没有必要和服务员提醒。但他没想到服务员小芳不仅记住他的特殊习惯,而且不用客人本人再次提醒就能主动端上已提前去掉蛋黄的煎鸡蛋,让客人感到被尊重和重视,所以在这家酒店住宿用餐,他自然感到非常满意了。

(2)在客人到店消费时,作为服务人员应多观察客人的特殊习惯和餐饮偏爱,在下次服务该客人时即可根据客人的具体情况提供个性化的服务。

(3)餐饮服务要有预见性,要把客人的需求考虑周到,使客人享受到方便贴心的服务。

案例分析三

一位翻译带领4位德国客人走进了中餐厅用餐。入座后,服务员开始让他们点菜。客人要了一些菜,还要了啤酒、矿泉水等饮料。突然,一位客人发出诧异的声音,原来他的啤酒杯有一道裂缝,啤酒顺着裂缝流到了桌子上。翻译急忙让服务员过来换杯。另一位客人用手指着眼前的小碟子让服务员看,原来小碟子上有一个缺口。翻译赶忙检查了一遍桌上的餐具,发现碗、碟、瓷勺、啤酒杯等物均有不同程度的损坏,上面都有裂痕、缺口和瑕疵。

分析:(1)服务人员没有按照正确的工作流程操作,工作不够细致。

(2)服务人员的顾客意识不够。

(3)首先向客人表示歉意,马上为客人重新更换新的餐具或重新安排位置。

(4)在客人的用餐中适当给客人一些优惠。

(5)餐厅管理人员马上让餐厅每个岗位的工作人员检查餐具,如有破损的马上收起不可再用,预防后来的客人再有类似情况出现。

(6)事后组织有关人员调查此事,并对责任人做处罚处理。

(7)以此事件作为经验教训,培训全体员工,务求所有员工做到尊重礼貌待客,提高顾客意识。

(8)加强员工的操作流程培训,务求服务中不出错,给客人提供最专业最贴心的服务。

(9)将此事作为案例存档,供餐饮部培训学习,以避免日后再次发生同类事件。

案例分析四

某日晚上西餐厅服务员为重要宾客的到来做着准备工作,桌子上摆好了餐具,服务员整理好自己的衣服、头发,画好口红,面带微笑,站姿端正地站在门口迎接着重要宾客的到来,客人兴致勃勃地到达餐厅后,服务员为客人拉椅让座,把提前准备好的毛巾、果汁送到客人面前。第一道是:冰镇梨水,服务员配了一把甜食勺,当客人喝完梨水后,自己把用过的餐具放到餐桌的另一边,这时服务员就站在离客人不远的地方,既没有询问客人是否还要添加,也没有把脏餐具撤掉。这时服务员又为客人端上了虾酱饼子和菜粥,但这些菜都是餐厅临时决定的,并未和服务员沟通好,而这时服务员上完菜后又忘记了为客人准备这一道菜所需的餐具,而是在一旁注视着客人用餐,客人只好被迫用喝过梨水的勺子喝粥,心中一时产生了失落感。等客人用完餐后,桌上已摆满了用过的脏餐具,而服务员从始至终也没有为客人撤过脏餐具,而是一直在旁边站着,最后客人什么也没有说,失望地离开了餐厅。

分析:(1)该案例主要表现出员工主动服务意识欠缺以及团队内部沟通缺失等问题。

(2)我们一般说到培训时,许多主管人员主要关注SOP的技能培训,但这根本不够。团队沟通体系的搭建、对客服务的意识才是更要主管平时督导员工们不断积累的。

模拟任务训练

(1)C城市接待了一位外商。这位外商是个美国人,他来这座城市是进行投资考察的。考察进行得比较顺利,双方达成了初步的合作意向。这天,接待方设宴款待这位外商,宴会的菜肴很丰盛,主客双方交谈得比较愉快。这时席间上来了一道特色菜,为表示接待方的热情,一位领导便为这位外商夹了一筷子菜放到他的碟子里。这位外商当即露出不悦神色,也不再继续用餐,双方都很尴尬。

思考:①这位外商为什么露出不悦神色?②接待方应该怎样表示热情之意?

(2)有笑话相传说大清年间,李鸿章大人请外国人吃饭。中午吃的是水饺,老外没用过筷子,不知道两根小棍怎么把饺子给夹起来。李鸿章心想:"这可怎么办?这外国人要是不高兴了,老佛爷一定会怪我办事不力的!哎,算了,丢下我的老脸,用手抓吧!"老外一看,哦,原来是这么吃的!于是,一个个赶忙用手抓了起来送进嘴里。到了下午,改吃面条了,老外这回学精了,都不急着吃,先看看李鸿章怎么办?李大人一看见老外现在的样子就想起了中午吃饺子的情景,忍不住笑了起来,这一笑不好了,面条从鼻子里喷出了半根。老外全部惊呆了,这怎么学呀?这长长的东西是怎么从嘴里吃进去再从鼻子里出来半根呀?无独有偶,相传清朝时期有位官员出访外国。某日,该官员应邀前往赴宴,餐桌上双方的交谈甚为融洽。中国官员学着外国人的样子使用刀叉,虽然费劲又辛苦,但总算还得体,没丢脸。临近晚宴尾声时,习惯喝汤的中国官员盛了几勺精致小盆里的"汤"到碗里,然后喝下。当时该国首相不了解中国虚实,为使中国官员不出丑,他也盛了一碗"汤"一饮而尽,见此情形,其他文武官员只得忍笑奉陪。

思考:请谈谈你对这两则笑话的感想。

(3)有位绅士独自在西餐厅享用午餐,优雅的风度吸引了众女士的眼光。当时侍者将主菜送上来不久,他的手机突然响了,他只好放下刀叉,又把餐巾放在餐桌上,然后起身去接电话。几分钟后,当绅士重新回到餐桌的座位时,桌上的酒杯、牛排、刀叉、餐巾全都被侍者收走了。

思考:请问那位绅士失礼之处何在?正确的做法是怎样的?

(4)小王为答谢好友李先生一家,夫妻二人在家设宴。女主人的手艺不错,清蒸鱼、炖排骨、烧鸡翅……李先生一家吃得津津有味。这时,有肉丝钻进李先生的牙缝,于是,李先生拿起桌上的牙签,当场剔出残肉,还将剔出来的肉丝吐在烟灰缸里。看着烟灰缸里的肉丝,小王夫妇一点胃口也没有了。

思考:①李先生的不雅行为表现在哪些方面?②假若是你,该如何处理?

第四章 职场办公礼仪

第一节 通讯礼仪

名人名言

礼节及礼貌是一封通向四方的推荐信。

——西班牙女王伊丽莎白

礼仪是在他的一切别种美德之上加上一层藻饰,使它们对他具有效用,去为他获得一切和他接近的人的尊重与好感。

——洛克

谈古论今

据考,中国古代的商周时期人们就知道用烽火来远距离传递消息,尤其是遇到战争等重要紧急的事情时,通过烽火发出的信号能在最短时间内传递出去。大家最为熟悉的故事莫过于"周幽王烽火戏诸侯"以及它的警示作用。中国古代还发明了一种特殊的刻竹通信的方法:在竹片上刻一道口,表示有事需要收"信"人前来。大口表示大事,小口表示小事。如果插上三根鸡毛,则是要求对方像鸟一样急速飞来,商谈要事。不刻画的竹片也能传递信息:插上三根鸡毛,捎带一块木炭,告诉对方有燃眉之急,需火速救援;插上三根鸡毛,带上三个辣椒,表示发"信"人生气,与对方断交;插上三根鸡毛,加上弩箭,等于下战书;插上三根鸡毛,外带蜂蜡,表示友好和祝福……这种"刻竹信"或"竹信""鸡毛信"被认为是今天通讯媒介的雏形,勤劳智慧的中国人民早在2000多年前就发明了各种传递信息的方法和工具。

目前社会上比较常见的通信方式有三种:书信、电话和网络。书信是一种礼仪,是一种文化。遣词用句、寥寥数语就能使写信人的文化修养、思想见地跃然纸上。书信用语不论新词旧句、白话文言,只有运用恰当,才能产生初而动人容、终而动人心的效果。在书信撰写中,也只有同时兼顾格式规范和语言规范,才能使质朴真挚的情感和揖让进退的礼仪在字里行间自然流露。改革开放以后,随着社会文明礼仪的整体发展和公共关系理念的引进,电话礼仪日益为人们所重视,尤其对于公务和商务人士,是否遵守电话礼仪已成为衡量其工作水平和道德标准的重要尺度之一。互联网是科学更是美学,高科技不能缺少人文关怀的意味。打造出崭新人际关系的互联网是文化的渊薮,理应成为大众捧出的礼仪之邦。

知识课堂

在维系人际关系的诸多方法之中,"常来常往"是最有成效的一种。而在现代快节奏的现实生活里,"常来常往"不但可以表现为相互走动、经常见面,而且也可以借助于其他形式进行。利用通信、联络手段与交往对象时常保持联系,就是其中之一。

通信礼仪,就是人们在人际交往中进行通信、联络时所应当遵守的礼仪规范。遵守通信礼仪,是维持良好的人际关系,进而使其有所发展的重要前提。其共性在于,它们都是关于某种人际交往的媒介的操作规范。通信礼仪的基本原则是"保持联络"。它的基本含意是:在人际交往中,要尽一切可能,与自己的交往对象保持各种形式的有效联系,以便进一步地加深理解和沟通,巩固、促进和发展双方之间的正常关系。

一、书信礼仪

书信作为一种流传至今的文体,除了在内容上写照人生起伏、反映社会现实之外,所蕴含的真挚情感与文辞气度也是书信经久不衰、历久弥新的重要原因。在书信撰写中,也只有同时兼顾格式规范和语言规范,才能使质朴真挚的情感和揖让进退的礼仪在字里行间自然流露。

1. 书信格式

书信格式指的是书信的写作法则和布局结构。任何一封正式的书信,要想发挥功效,并且以礼敬人,首先就必须使其在格式上中规中矩。按照正常情况,每封书信皆由信文与封文两大部分组成。

(1)信文。即书写于信笺之上的文字,又叫笺文。每一封正式的书信的信文,大体上都由前段、中段、后段等三大部分所构成。三者必须一应俱全,缺一不可。

①信文的前段。指的是信文的起始部分。具体而言,它又是由两个部分所组成的。第一个部分,是对收信人的具体称呼。确定对收信人的称呼时,应兼顾其性别、年龄、职业、身份以及双边关系,千万不要草率从事。准确地讲,该部分叫作称谓语。

第二个部分,则是对收信人所进行的问候。它也叫作问候语。这一部分通常不允许省去。

根据惯例,信文前段的第一个部分应在信笺第一行上顶格书写,而第二个部分则须写在信笺第二行上,并且还要在开头空上两格。

②信文的中段。又叫信文的正文。实际上,这一部分才是书信的核心内容之所在。依据常规,正文应紧接着写在问候语后面,并要另起一段书写。头一行要空出头两格,此后转行顶格书写。根据实际需求,正文可以分作数段。每段头一行都需要空出前两格,此后转行顶格。在一般情况下,于正文中每讲一件事情,原则上都应当另起一段,以便层次清晰,使收信人能够一目了然。

③信文的后段。又叫信文的结尾。它位于正文之后,属于信文的结束部分。只有写好了这一部分,使"尾声"完美无缺,才会使信文"有头有尾",有始有终。在一般情况下,信文的后段应由以下五个部分构成:

第一,结束语。它是专门写在信尾的应酬话和按惯例所用的谦辞、敬语。其目的是为了呼应正文,宣布"到此为止"。该部分可自成一段书写,也可以紧接着正文的最后一段书写,不再独立分段。

第二,祝福语。它是对收信人所表达的良好祝愿,有时又叫祝词。通常它采用专门的习惯用语,并分成两行书写。写在头一行的部分,须空出前两格。写在后一行的部分,则应顶格而写。

第三,落款语。它一般又分为自称、署名、日期三个部分。自称与署名,可在祝福语之后另起一行书写,并且要注意:横写信文时,这一内容要偏右写;竖写信文时,则须使之偏下。日期的部分,可与署名写在同一行,并位于其后。有时,亦可另起一行,写于自称与署名的正下方。

第四,附问语。所谓附问语,指的是发信人附带问候收信人身边的亲友,或者是代替自己身边的亲友问候收信人及其身边的亲友。附问语应另起一行写。其具体位置,可以写在结束语之前,也可写在落款语后面。

第五,补述语。它又叫附言,指的是信文写毕之后,还有必要补充的内容。它最好不要出现。有必要写上这一部分时,要以"又及:"或"又启:"开头,独立成段,书写在信尾的最后。千万不要将其胡乱穿插,到处乱写。

(2)封文。在一般情况下,国内以中文书写的信封多为横式。在横式信封上所出现的封文,大致上由三个部分组成:

①收信人的地址。应书写在横式信封的左上方。如有必要,可将其分作两行书写。在其左上角,按规定还应写明收信人所在地址的邮政编码。邮政编码绝对不可缺少。

②收信人的称谓。收信人称谓通常应在横式信封的正中央书写。通常,它又可分为三个组成部分:其一,收信人姓名;其二,供传递信件者对收信人所使用的称呼;其三,专用的启封词,如"收""启"等。后两个部分的内容,有时可以省略。

③发信人的落款。该部分一般位于横式信封的右下方。具体而言,它又被分作四个小的组成部分:其一,发信人地址;其二,发信人姓名;其三,用来表示敬意的缄封词,如"缄""谨缄"等;其四,发信人所在地址的邮政编码。在上述四者之中,前三个部分可写成一行,其中第三个部分还可以略去不写。而第四个部分则应独立成行,写在横式信封右侧的最下方。

2. 书信语言

在写信时,写信人所应注意的主要问题是,要尽可能地使书信礼貌、完整、清楚、正确、简洁。因为以上这五个单词在英文里均以字母"C"开头,故而它们又被叫作写信的"5C原则"。

①礼貌。写信人在写信时,要像真正面对收信人一样,以必要的礼貌,去向对方表达自己的恭敬之意。其中的一个重要做法,就是要尽量多使用谦辞与敬语。例如,在信

文前段称呼收信人时,可使用诸如"尊敬的""敬爱的"一类的提称词。对对方的问候必不可少,对对方亲友亦应依礼致意。在信文后段,还应使用规范的祝福语等。

②完整。在写信时,为了避免传输错误信息,必须使书信的基本内容"按部就班",完整无缺。例如,在信文中提到收到对方来信,或是在末尾落款时,不可一笔带过,而应准确到具体日期。一般要求写明几月几日,必要时还须写明何年何月何日何时。

③清楚。书写信函时,必须使之清晰可辨。要做到这一点,须注意以下三条:第一,字迹应当清清楚楚,切勿潦里潦草,要选用吸墨、不洇、不残、不破的信笺、信封,切勿不加选择,随意乱用。第二,要选用字迹清楚的笔具与墨水。在任何时候,都不要用铅笔、圆珠笔、水彩笔写信,红色、紫色、绿色、纯蓝等色彩的墨水也最好别用。第三,也是至关重要的一条,在书信里叙事表意时,必须层次明、条理清、有头有尾。切勿天马行空、云山雾罩,令人疑惑丛生,不知所云。

④正确。在写信时,不论是称呼、叙事,还是遣词、造句,都必须认真做到正确无误。在信中,坚决不要出现错字、别字、漏字、代用字或自造字,也不要为了省事,而用汉语拼音或外文替代不会写的字。

⑤简洁。写信如同作文一样,同样讲究言简意赅,适可而止。在一般情况下,写信应当"有事言事,言罢即止",切勿洋洋洒洒,无休无止,空耗笔墨,浪费时间。当然应当避免为使书信简洁而矫枉过正,走另一个极端,过分地惜墨如金,而使书信通篇冰冷乏味。比方说,像"爸,没钱,快寄!"这样一封某大学生写给其父的电报式家书,连起码的人情味都没有,便是简洁失当了。

二、电话礼仪

随着生活节奏的加快、工作效率的提高,电话已成为彼此联系感情和信息的重要工具。它具有传递迅速、使用方便、失真度小和效率高的优点,人们的许多交际活动是借助电话来完成的。因此,有必要介绍一下电话礼节,让现代人正确使用它。否则,若不熟悉或不讲究电话礼仪,很可能导致双方都不愉快,轻则破坏个人友谊,重则损害企业效益。只有用恰当的礼仪来武装自己,方能取得最佳通话效果。

1. 拨打电话的基本礼仪

使用电话,总有一方是发起者。在通话双方之中,发起者称为发话人,他的通话过程通常叫拨打电话,而被动接收的一方,则被称为受话人,他的通话过程则叫作接听电话。在整个通话过程中,发话人通常始终居于主动、相对支配的境况,这也对拨打方提出了与之境况相匹配的要求。

(1)时间适宜。

①选择时间。打电话应当选择适当的时间。按照惯例,通话的时间原则有两个:一是双方预先约定电话通话时间;二是对方便利的时间。

一般说来,若是利用电话谈公事,尽量在受话人上班10分钟以后或下班10分钟以前拨打,这时对方可以比较从容地应答,不会有匆忙之感。除有要事必须立即通告外,不要在他人休息时打电话。例如,每日早晨7点之前、晚上10点以后以及午休时间等尽量不要拨打电话。在用餐之时拨打电话,也不合适。

拨打公务电话,尽量要公事公办,不要有闲言碎语;也不能在他人的私人时间,尤其是节假日时间里,去麻烦对方。另外,要有意识地避开对方通话的高峰时段、业务繁忙时段、生理厌倦时段,这样通话效果会更好。

②通话时间。在一般通话情况下,每一次通话的时间应有意识地加以控制,基本的原则是:以短为佳,宁短勿长。千万不能如泻堤之水,滔滔不绝。

在电话礼仪里,有一条"三分钟原则"。实际上,它就是"以短为佳,宁短勿长"原则的具体体现。它的主要意思是:在打电话时,发话人应当自觉地、有意识地将每次通话的时间限定在3分钟之内,尽量不要超过这一限定。

③体谅对方。发话人在打电话时,应当善解人意,将心比心,对受话人多多体谅。不论彼此双方关系如何、熟识到哪种程度,对于这一点都不要疏忽大意。在把握通话时间时,尤须对此应加以关注。通话开始后,除了自觉控制通话时间外,必要时还应注意受话人的反应。比如,可以在通话开始之时,先询问一下对方现在通话是否方便。倘若不便,可另外约时间,届时再把电话打过去。倘若通话时间较长,如超过3分钟,也应先征求一下对方意见,并在结束时略表歉意。

(2)内容合理。在通话时,根据礼仪规范,发话人要做到内容简练,就必须注意以下三个方面:

①事先准备。每次通话之前,发话人应该做好充分准备。最好的办法,是把受话人的姓名、电话号码、谈话要点等必不可少的内容列出一张"清单",这样一来,由于准备充分,通话时便可照此办理,就不会再出现打错电话、现说现想、缺少条理、丢三落四的情况了。另外,拨号的同时要调整好自己的情绪,电话接通后,首先要自报家门:"你好!我是某某,请问某某小姐在吗?"注意:电话接通后说好第一句话直接影响实际效果。

②简明扼要。在通话之时,发话人讲话务必求实,不要虚假客套。问候完毕,即开宗明义,直入主题,少讲空话,不说废话。绝不可哆嗦不止、节外生枝、无话找话、短话长说。

③适可而止。作为发话人,应自觉控制通话的时间。要讲的话说完了,应当机立断,采取行动,终止通话。由发话人终止通话,是电话礼仪的惯例之一,而且也是发话人的一项义务。若发话人不放下电话,受话人是不好意思这样做的。

(3)表现文明。发话人的表现如何,直接决定其电话礼仪怎样。可以说,它是电话礼仪的最基本内容之一,万不可掉以轻心。所以这就要求发话人在通话过程中,自始至终,都要待人以礼,表现得文明大度,要做个谦谦君子、翩翩绅士,这样才算尊重自己的通话对象。具体说来,必须注意以下三个重要环节:

①语言文明。在通话时,发话人不仅不能使用"脏、乱、差"的语言,而且还须铭记,有三句话非讲不可,它们被称为"电话基本文明用语"。它们指的是:

• 在通话之初,要向受话人首先恭恭敬敬地道一声:"您好!"然后方可再言其他。

• 在问候对方后,接下来须自报家门,以便对方明确来者何人。这里有四种模式可以借鉴。第一种,报本人的全名;第二种,报本人所在单位;第三种,报本人所在单位和全名;第四种,是报本人所在单位、全名以及职务,即在某某后加上你的职务,便于对方理解和适应场合对话。

- 在终止通话前,双方预感即将结束的片刻,发话人应主动先说一声"再见"。

②态度文明。发话人在通话时,除语言要"达标"外,在态度方面也要好好表现,不可草率对待受话人,即使是对下级,也不要厉声呵斥,态度粗暴无理;即使是对领导,也不要低三下四,阿谀奉承。

要找的人碰巧不在,需要接听电话之人代找,或代为转告、留言时,态度同样要文明有礼,甚至要更加客气。

通话时电话忽然中断,依礼节需由发话人立即再拨,并说明通话中断系线路故障所致。万不可不了了之,或等受话人一方打来电话。

③举止文明。在打电话时,最好双手持握话筒,并起身站立。无论如何,都不要在通话时把话筒夹在脖子下头,抱着电话机四处窜动、来回徘徊,或是趴着、仰着、坐在桌角上,或是高架双腿与人通话。拨号时,不要以笔代手。边吃边说,亦为失态,这些对方看不到,但你自己要有觉悟,这也正是一个人素质修养的体现。

在通话时,不宜发声过高,免得令受话人感到不能承受。标准的做法是:声音宁小勿大,并使话筒与口部保持3cm左右的距离。

终止通话,放下话筒时,应轻轻一搁即行,不要随便一扔,令对方感到"轰隆"一声,大惊失色,震耳欲聋,更不能摔打话筒、话机。

2. 接听电话的基本礼仪

电话是人类所有发明中最为便捷的通信工具之一。对发话方来说,一切都相当方便,他们可以随时向受话方提出问题,远距离协调计划,提出采购订单等;而对受话方而言,则可能是一种干扰,他们不得不放下手头的工作去接听电话,受话方虽处于被动位置,但也不可因此在礼仪规范方面得过且过,不加重视。在接听电话时,应注意以下四个方面:

(1)接听及时。电话铃一旦响起,应立即停止自己所做之事,尽快予以接答。接听电话是否及时,实质上反映着一个人待人接物的真实态度。

如有可能,在电话铃响以后,应亲自接听,不要轻易让别人代劳,尤其不要在家中让小孩代接电话。不要铃响许久,甚至连打几次之后,才去接听。而铃声才响过一次,就拿起电话显得操之过急。

不管怎样,应本着实在及时的原则,如果就坐在电话机旁,响一下就接听也无妨,但语气别生硬。因特殊原因,致使铃响许久才接电话时,须在通话之初就向发话人表示歉意,如"对不起!刚才比较忙,让你久等了"。

在日常生活和工作中,正常情况下,不允许不接听他人打来的电话,尤其是如约而来的电话,因为这又牵扯到一个人的诚信问题。

(2)应对谦和。接电话时,受话人应努力使自己的所作所为合乎礼仪。要注意下列四点:

①拿起话筒后,即应自报家门:"喂,你好,这里是……"不论是家中还是公司里,自报家门和发话问好,一是出于礼貌,二是说明有人正在认真接听。当对方首先问好后,

应立即问候对方。不要一声不吭,装神弄鬼,故意造作。另外,自报家门也是为了让发话人验证是否打对了电话。一般而言,是公司的则说"这是×××公司";在私人寓所接听电话时,为了自我保护,可按照国外做法以电话号码作为自报家门的内容,也可只报姓氏,不必留名,或者干脆不介绍自己。但问候语和"请问你有什么事吗?""请问你想和谁通话"之类的内容是必不可少的。切不可拿起话筒,劈头盖脸就说:"喂!你是谁?""喂!你找谁?"

②在通话时,即使有急事,也要力求聚精会神地接听电话。不允许三心二意、心不在焉,或是把话筒置于一旁,任其自言自语。在通话过程中,对发话人的态度应当谦恭友好,当对方身份较低或有求于己时,更应表现得不卑不亢。不要装腔作势,极尽嘲弄讽刺之能事,伤害对方的自尊心。也不要一言不发或爱理不理,有意冷场。若有急事,可先说明,而不必以沉默作为下策以求脱身。

③当通话终止时,不要忘记向发话人道声"再见"。即使发话人忽视了首先向受话人说"再见"的礼节,你也不能以无礼还无礼。

④当通话因故暂时中断后,要等候对方再拨进来,正确的做法是让谈话正常进行,而且要自然。

(3)主次分明。就在电话铃声响起的瞬间,即以电话交谈为当时活动的中心,而绝不应当不明主次,随意分心。

接听电话时,不要与人交谈,搞"以少胜多",也不要看文件、看电视、听广播、吃东西。千万不要对发话人表示对方的电话"来得不是时候"。在会见重要客人或举行会议期间有人打来电话,而且此刻的确不宜与其深谈,可向其略微说明原因,表示歉意,并再约一个具体时间,届时由自己主动打电话过去。若对方是长途的话,尤须注意别让对方再打过来。约好了时间,即须牢记并遵守。在下次通话时,还要再次向对方致以歉意。

在接听电话之时,适逢另一个电话打来,切忌置之不理。可先对通话对象说明原因,要其勿挂,稍等片刻,然后立即接听另一电话,要求其稍候,问清号码,告诉他先挂,过一会儿自己打过去,随后再继续方才正打的电话。但中间间隔的时间越短越好,否则两方都会心生不悦。

值得补充的是,不论自己有多忙,都不要拔下电话线,对外界进行自我隔绝,那还不如不安装电话。也不要把假的电话号码、子虚乌有的电话号码,告诉那些本不愿告诉的人。另外,也不宜随便把别人的电话号码告诉第三者。

(4)语调要求。用清晰而愉快的语调接电话,能显示出说话人的职业风度及可亲的性格。

使用电话时,由于缺乏直观的形象,对方无法看到你的衣着装饰和手势表情,只能靠听觉对说话人做出判断。在说过"你好"并自报家门后,你是热情还是不耐烦都会通过说话语调反映出来。随着谈话的继续进行,对方就会做出判断:你是热情友好、乐于助人,还是富有心计、满嘴胡言;你是放松自然还是激动紧张。

所以,若保持平和的语调,答话前先做一次深呼吸,就能使自己很冷静且反应正常。说话应清晰,措辞要注意。说话时要面带微笑,使声音听起来更有热情。不妨在电话机旁放面镜子,以随时提醒自己。

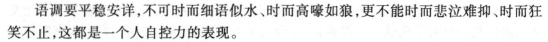

语调要平稳安详,不可时而细语似水、时而高嚎如狼,更不能时而悲泣难抑、时而狂笑不止,这都是一个人自控力的表现。

要是在通话时想打喷嚏或咳嗽,应偏过头,掩住话筒,并说声"对不起"。千万不要边谈话边嚼口香糖或喝茶水之类。

应避免打电话时和旁人交谈。哪怕拿起话筒还没问候,此时有人来,也不能再把话筒放下。因为对方很可能有来电显示,你这样就是不明不白打扰别人的表现。在语调上也不要搞"口技"表演,装张三学李四,这是没教养的表现。

注意不要使房间里的背景声音干扰电话交谈。比如隔壁的办公室正在装修,电钻正发出刺耳的噪音,应先向对方解释原因,以求理解,并对由此带来的不便表示歉意。有时候可请对方稍等,把话机挪到一个稍为安静的地方。或在通话前,就离开噪音源。更不能没有噪音而自己"制造噪音",干扰电话交谈。

说话是人际交往的一个主要内容,电话中说话更有较多的礼数,若做不好,就会影响接听电话的质量。因此,从你的语调入手,改善自己的应答习惯,相信对你的电话礼节乃至整个人际关系都大有帮助。

三、网络礼仪

网络礼仪是互联网使用者在网上对其他人应有的礼仪,它关系到一个人的修养、内涵。在使用互联网时应遵守以下原则:

1. 记住别人的存在

互联网给予来自五湖四海的人一个共同聚集的地方,这是高科技的优点,但也往往令使用者在面对电脑屏幕时忘了是在跟其他人打交道,行为也因此容易变得更粗鲁和无礼。因此,网络礼仪的第一条就是:记住别人的存在。

2. 心平气和

不管在论坛还是在聊天室,人们聚在一起,意见总是会有分歧,矛盾总是存在的,争论是正常的现象,但是争论要心平气和,要以理服人,不要进行人身攻击。

3. 尊重他人和他人隐私

尊重他人是获得他人尊重的开端。因为网络的匿名性,别人无法从你的外观来判断,因此你的一言一语成为别人对你印象的唯一判断。所以现实生活中面对别人不能说、不该说的话在网上也不要说;注意用词和语法,不要故意挑衅和使用脏话;不要随意评论对方的长相、宗教信仰、智商、生活方式和饮食习惯等私人问题。另外,亲切热情固然是好事,但如果对初次见面的人表现得过于亲切热情,也会令人难以接受,甚至会让人产生反感。

别人的电子邮件或聊天的记录应该是隐私的一部分。如果认识的某个人用网名上网,未经本人同意将他的真名公开是一种不友好的行为。如果不小心看到别人电脑上的电子邮件或秘密,不应该到处传播。

4. 自我保护

网络世界里面充满太多的未知因素。它在为想象和创造提供广阔空间的同时,也给各种邪恶留下了可乘之机。因此,在网络生活中应当时刻保持警惕,保护好自己的人身、财产和隐私安全。

5. 慎选内容

网络上的色情、暴力、反动等不良内容,往往利用网民的猎奇心理来吸引注意。网民在面对此类内容时,应该保持冷静和理智,自觉抵制网络上的不良内容,以免害人害己。

各类网络小说、网络游戏、网络电影等,通常以引人入胜的情节和感官刺激博得点击率。这些让人"欲罢不能"的网络资源,无形中成为网民自制力的试金石。对此类内容适度涉及而不过度沉迷,才是健康的生活方式。

6. 独善其身

在网上经常会有一些虚假的消息广泛传播,甚至有非法的内容大行其道。因此,要保持清醒的头脑,增强辨识能力,不要轻信他人所言,更不要人云亦云、以讹传讹,甚至主动发布假消息以致谬误流传。

7. 与他人分享你的专业知识

网络的力量在于其参与者数目众多。互联网得以创造并发展的一个原因就是科学家们希望能够分享他们的知识。后来,其他的人也得以参加了进来。因此,你也应该做出你的贡献。

如果你能够与他人分享你对某一个问题的理解,那是一种礼貌的做法。

假如你在某个讨论组里面是个有影响力的参与者,而这个讨论组还没有解答常见问题的话,你可以考虑动手写一个。

如果你对某个你认为其他人也许同样会感兴趣的问题做了一番研究,将其写出来并张贴出去,这样可以给他人提供很多方便。

8. 在网吧玩网络游戏时

①量力而行。网络游戏,尤其是竞技类游戏,往往需要投入大量的时间和金钱。因此,玩家应该考虑自身情况而进行理性选择,不要因为玩网络游戏而损害身体或花费过多的金钱。

②体谅他人。网络游戏经常是众多玩家合作完成。在合作过程中,玩家应该互相体谅、互相理解、互相帮助,以共同完成目标。即使遇到不如意的情况,玩家也应该坦然面对,不可以互相埋怨、恶语相向。

③切勿大嚷大叫。在投入网游的过程中,很多人忘记了自我,因此,会跟着游戏激动起来而大嚷大叫,这会破坏周围人上网的兴致,也是不礼貌的行为。

9. 在办公室使用即时聊天工具(MSN、QQ)时

①公私分明。当你出现时,和你联络的组群可能都会看见你上线。这时候别人和你打招呼,应该回应一下,见了人又不予以理睬,或对于别人的问候毫无反应,都是失

礼的。但在工作时间,或和工作伙伴"谈话"的时候,又不适宜和朋友聊天。所以,较好的办法是申请两个用户,一个在工作中和同事联络,另一个在生活中和亲朋好友联络。也可以在和某人谈话的过程中,把自己的状态设置成"忙碌"或者"正在工作"。在线上却又不能跟别人聊天时,应该给予对方一个礼貌的解释。

②在工作中使用即时聊天工具时,最好使用真实姓名或者固定网名,让谈话对象知道是你,而不用去猜测,否则会让你的工作伙伴摸不着头脑,因无法确定你的真实身份而耽误了联络。

③在文字发送之前最好检查一下,看看语法、用词是否正确,以免引起对方的误解。不要输完字看也不看就直接发送过去,发完之后又要发解释、更正,把自己弄得手忙脚乱,职业形象也大受影响。

④在正式会谈中,应该少使用表情符号、网络谐音词,这会有损会谈的严肃性。

⑤上线时问候别人,下线时也要礼貌地道别。

10. 博客与播客

博客和播客都是网民私人的空间,通常可以根据自己的意愿选择是否将它们向其他网民开放。使用博客、播客时,要注意遵循相关的礼仪,不应传播色情、暴力或反动的内容。

11. 微博

微博,即微博客(Microblog)的简称,是一个基于用户关系的信息分享、传播以及获取平台,用户可以通过Web、Wap以及各种客户端组建个人社区,以140字以内的文字更新信息,并实现即时分享。如今,从个人的生活琐事至体育运动盛事,乃至全球性的灾难事件,微博已经成为全世界网民表达意愿、分享感情的重要渠道。但切记:微博是一个信息公开平台,不是像QQ、MSN等私密的社交工具。

技能实训

不论是在工作中还是在个人生活中,电子邮件作为一种便捷的交流方式已不可或缺。下面介绍发邮件时要注意的礼仪。

1. 主题

(1)一定不要空白标题,这是最失礼的。

(2)标题要简短,不宜冗长。

(3)标题要能真正反映邮件内容和重要性,切忌使用含义不清的标题。

(4)一封信尽可能只针对一个主题,不在一封信内谈及多件事,以便于日后整理。

(5)可适当使用大写字母或特殊字符(如*,!等)来突出标题,引起收件人注意,但应适度,特别是不要随便就用"紧急"之类字眼。

(6)回复对方邮件时,可以根据回复内容的需要更改标题,不要重复一大串。

(7)避免带有情绪的邮件。如解雇或者训斥别人,或者终止合同,这些情况最好当面解决。千万不要在发火的时候发送邮件，花些时间冷静下来，在邮件发出之时再读一遍，避免出现让你后悔的内容。

2. 称呼与问候

(1)恰当称呼。邮件的开头要称呼收件人。既得礼貌，也要明确提醒某收件人，此邮件是面向他的，要求其给出必要的回应；在有多个收件人的情况下，可以称呼"大家"。

(2)问候语。最简单的开头是写一个"您好"；结尾写个常见的"祝您顺利"之类的就可以了。

3. 正文

(1)简明扼要，行文通顺。正文应简明扼要地说清楚事情；如果具体内容确实很多，正文应只作摘要介绍，然后单独写个文件作为附件进行详细描述。

(2)要根据收件人与自己的熟悉程度、等级关系、邮件是对内还是对外性质的不同，选择恰当的语气进行论述，以免引起对方不快。

(3)如果事情复杂，最好1、2、3、4地列几个段落进行清晰明确的说明。保持每个段落简短不冗长，没人有时间仔细看没分段的长篇大论。

(4)合理提示重要信息，不要动不动就用大写字母、粗体斜体、颜色字体、加大字号等手段对一些信息进行提示。合理的提示是必要的，但过多的提示则会让人抓不住重点，影响阅读。

4. 附件

(1)如果邮件带有附件，应在正文里面提示收件人查看附件。

(2)附件文件应按有意义的名字命名。

(3)正文中应对附件内容做简要说明，特别是带有多个附件时。

(4)附件数目不宜过多，数目较多时应打包压缩成一个文件。

(5)如果附件是特殊格式的文件，应在正文中说明打开方式，以免影响使用。

(6)如果附件过大，应分割成几个小文件分别发送。

5. 结尾签名

每封邮件在结尾都应签名，这样对方可以清楚地知道发件人的信息。虽然可能从发件人中认出，但不要为对方设计这样的工作。

签名信息不宜过多，电子邮件消息末尾加上签名档是必要的。签名档可以包括姓名、职务、公司、电话、传真、地址等信息，但不宜行数过多，一般不应超过4行。只需将一些必要信息放在上面。对方如果需要更详细的信息，自然会联系你。

不要只用一个签名档，对内、对私、对熟悉的对象等群体的邮件往来，签名档应该进行简化。过于正式的签名档会显得疏远。可以设置多个签名档，灵活调用。

签名档文字应与正文文字匹配，如简体、繁体或英文，以免出现乱码。

第二节 宴会礼仪

名人名言

在宴席上最让人开胃的就是主人的礼节。

——莎士比亚

夫礼之初,始于饮食。

——礼记·礼运篇

谈古论今

中国的饮食文化源远流长,对于饮食活动中的礼仪,也早已有严格的规范可资遵循。《左传·宣公十六年》记载:"王享有体荐(不切开的肉),宴有折俎(切开的肉)。公当享,卿当宴,王室之礼也。"《礼记·乡饮酒义》中提到:"乡饮酒之义,主人拜迎宾于庠门之外人,三揖而后至阶,三让而后升,所以致尊让也。盥洗扬觯,所以至洁也。拜至、拜洗、拜受、拜送、拜既,所以至絜敬也。尊让絜敬也者,君子所以相接也。"周朝时候接待宾客,程序是如此复杂,要三番五次地作揖、礼让,还要适时地洗手、洗酒杯,表示对宾客的尊敬和热情。因此,古人得出结论:"是席之上,非专为饮食也,为行礼也;此所以贵礼而贱财也。"可见,古今中外都有个共识,那就是,宴会不仅仅是为了满足口腹之欲,其根本目的是"礼",是超出饮食本身的享受。

宴会礼仪在整个社交礼仪中占有重要地位,无论是作为主人组织宴会,还是作为客人参加宴会,其中都有很多必须掌握的礼仪。在宴会中,你的一举一动,都会反映出你是一个怎样的人,对于你的形象非常重要。各国、各民族都有自己独特的文化传统和生活习惯,因此不同形式的宴会对个人行为都有不同的要求,本节将会详细介绍涉及中、西式宴会的礼仪,无论你是宾是主,都能从其中得到有益的信息。

知识课堂

在宴会中,作为客人,在享受宴会给你带来的物质、精神愉悦的同时,也应该遵守做客之礼,一方面能维护自身形象,另一方面也能更恰到好处地品味美味佳肴,更好地通过宴会达到社交目的。下文将向你介绍各项赴宴礼仪,切实掌握它们,你就一定能做一个文雅、得体、更受尊敬的客人。

一、赴宴礼节

1. 答复邀请

作为被邀的客人,不论能否赴约,都应尽早通过电话或便函做出答复,以便主人做出相应安排。若有需要,还应询问主人对服饰的要求以及是否邀请配偶等。因故不能应邀的,要婉言谢绝。接受邀请后,就不要随意变动,按时出席。倘若确实因为有事耽搁,不能前去参加宴会,要尽早向主人解释,并表示歉意。作为主宾不能如约的,更应郑重致歉,甚至登门说明缘由。

2. 注重仪表

应邀参加宴会,要适当地打扮自己,以表示对主人和其他参加宴会者的尊重。衣冠务必整洁大方,仪表要端庄得体。较正式的宴会,男士要修面、着正装、庄重大方;女士要穿着较为华丽的宴会服装,并化妆、佩戴首饰,优雅端庄。不能穿工作服、奇装异服,也不能一脸疲惫或是不开心地前往赴宴。

3. 掌握到达时间

要遵守时间,赴宴不能迟到,否则是非常失礼的,从礼仪的角度来说,迟到、早退或逗留时间过短,都被视为失礼或有意冷落。如果不小心迟到,或者因偶发事件不能按时到达,应及时向主人说明,并致歉。当然,也不能去得太早,去早了主人还没有准备好,难免尴尬。一般来说,身份高的人可按时到达,其他客人可比主人约定的时间早几分钟到达。若身为主人的至亲或挚友,可提前较多时间到达,帮助主人一同做些准备和接待工作。

4. 正式抵达

到达宴会场所,主人迎来握手,应及时向前响应,并向主人表示问候和感谢,若是喜庆的场合,还应该表示热烈祝贺。此时,可以奉上自己准备的小礼物或者鲜花。然后,向其他宾客点头致意,或握手寒暄。对于其他参加宴会的宾客,应以礼相待:对长辈应恭敬问安,对女客要庄重有礼,对小孩则宜问名询岁。

5. 入席

要在服务人员的引导下入座。注意按照主人安排的席次、座次,对照座位卡入座,不能乱坐一气。如果没有明确的席次,应听从主人的临时安排,或者与他人互相谦让,并遵守女士优先、长辈优先的原则从容入座,不要争先恐后地抢位子。进餐前,应自由地与周围其他宾客交谈,打招呼,做自我介绍,不能东张西望,摆弄碗筷。

6. 用餐

等主人、主陪或是同席年长者招呼以后,才能动筷。用餐时要注意自己的言谈举止,正式宴会对餐具的使用、进餐的仪态等都有不成文的要求,作为客人,要了解并遵守这些礼仪规则,以免失礼人前,丢了自己的面子不说,还会为同桌的宾客带来不必要的麻烦。下文将为你详细介绍用餐过程中一些有用的礼仪常识,既实用,又易操作,相信读者定能轻松掌握。

7. 退席道别

等主人宣布宴会结束时,客人才能离席。离席时,应该主动帮助相邻的长者或是女士挪开座椅。客人应向主人道谢、告别,如"谢谢您的盛情款待,我度过了一个美好的夜晚""您安排得太好了,我非常享受今晚的宴会""您真是太好客了""菜肴又丰盛又美味"等,并向其他客人告别。宴会中不能擅自退席,如果临时有事要提前告别,则应向主人及同席的客人致歉,并简单说明原因。

二、用餐礼仪

1. 餐具的使用

中餐的餐具虽然没有西餐的复杂,但仍要按照一定的规则使用。在正式宴席中,涉及的餐具一般有筷子、汤匙、杯子、汤碗、食碟等。

筷子:筷子是中餐的主要餐具,主要用来夹取食物。筷子是中国人最常用的传统餐具,但有不少人仍不太会正确使用筷子。一般应以右手拿捏于筷子前端算起三分之二处,拇指、食指轻轻捏住筷子,中指托住上面一根筷子,无名指托住下面一根筷子。取菜时,应先将筷子码齐,筷子暂时不用时,应放置于筷架上。不小心将筷子跌落地上,应立即更换一双,不能用手或餐巾擦拭后继续使用。使用筷子有不少注意事项,其中的大多数父母已经在家庭教育中教给了我们:一忌游动筷子,在盘子里搅动,挑挑拣拣;二忌犹豫不决,不知道想去取哪种菜,或是手握筷子不动,但目光在餐桌上左顾右盼;三忌夹菜的时候菜肴的汤汁一路滴个不停,或把还滴着汤汁的菜直接送进嘴里,这时可以用汤碗"护送"一下;四忌用牙齿撕咬、弄碎夹在筷子上的食物;五忌拿筷子当叉子用,戳取食物;六忌用舌头吮舔筷子上的汤水,或者将筷子含在嘴里;七忌把筷子当牙签,剔牙缝中的食物残渣;八忌把筷子架在碗上或是插在饭碗中;九忌在用筷子夹住菜肴后又放回盘碗中;十忌用自己的筷子为别人添菜;十一忌用筷子指指点点,对他人或菜肴品头论足;十二忌因急于夹菜,而使自己的筷子与别人的交叉或打架,习惯左手持筷者尤要当心;十三忌菜还没有摆放好,就迫不及待拿起筷子,眼睛盯着盘子,准备夹菜;十四忌用黏有饭菜的筷子取菜。

汤匙:汤匙主要用来喝汤,还可以辅助筷子取菜,尽量不要用自己的汤勺来舀菜。正确的持汤匙的方法是:右手持用,以拇指按住汤匙的柄,食指和中指在下支撑。使用汤匙要注意:不要将汤匙与汤碗、骨盘碰撞发出声音;喝汤时不要发出声响;汤匙不能完全放入口中吮吸;用汤匙取食后,要立刻食用,不能再倒回原处;羹汤过烫时,不能用汤匙舀来舀去帮助降温;暂时不用时,不要将汤匙放在碗里或桌上,应放置于自己的食碟上。

公筷与公勺:为别人夹菜一定要使用公筷,喝羹汤时,要用公勺舀到自己的汤碗内;公筷、公勺使用完毕后,要物归原处。

汤碗:汤碗主要用来盛放羹汤、主食。使用时应注意:不能用嘴直接吸取碗内的食物,当汤碗的汤即将喝尽,可以用左手端碗,将汤碗稍微侧转,再用汤匙舀;不能用双手捧起汤碗;汤碗暂时不用时,不能用来盛放杂物。

食碟:也称骨盘,用来暂时存放从菜盘里取来的菜肴和不宜入口的骨、刺等。需要注意的是,骨盘的位置一般不宜变动,并且不能多个叠放;取放菜肴应该适量,不宜过多,也不能将多种菜肴堆放在一起;夹菜时,偶尔有菜落下,不能夹放回原菜盘,应夹来放在自己的骨盘中,放在食物残渣处;食物的骨、刺、残渣等,应用筷子或汤匙接住后,置于骨盘前端,不能直接吐在地上、桌上、骨盘上;盘上的骨、刺等过多时,应请服务人员更换。

水杯:主要用于盛放茶水、饮用水、饮料,不能用来盛酒,进嘴的东西不能吐回,也不要将水杯扣在桌上,不使用时可请服务人员撤下。

餐巾:餐巾是用来防止菜汤滴在身上,和用来擦拭嘴角的,也可以用来擦手,但不可用来擦餐具,更不要用来擦脖子、抹脸、擦汗。在正式的宴会上,当主人拿起餐巾时,自己便也可以拿起餐巾,打开放在腿上,千万不要别在领口、围在脖子上或挂在胸前。使用正方形的餐巾,应将餐巾斜角对折,并将等腰直角三角形的直角朝向膝盖方向;长方形餐巾可对折,折线挨近自己。现在也有不少饭店的服务人员习惯帮助客人将餐巾打开,以一角置于骨盘之下。无论哪种方式,铺放餐巾的过程都应该在桌下进行,不能像变魔术般地在空中抖动。

湿毛巾:宴会开始时,会为每位用餐者提供一条湿毛巾,主要用来擦手,不能用来擦脸、擦汗、擦嘴。擦完后,应放回盘子里,由服务人员拿走,宴会结束时,又会送上一条湿毛巾,那是用来擦嘴的,也不能派到其他用场。

洗指碗:当品尝食物需要直接动手的时候,往往会上一个洗指碗(或是水盂),里面盛放清水,上面漂着玫瑰花瓣或是柠檬片,千万不要因为好看就以为是用来喝的,那只是用来洗手。洗手,应轮流将两手手指蘸湿,轻轻洗净,再用餐巾擦干,不能乱抖、乱甩。

牙签:主要用来剔牙,不能长时间叼着牙签。尽量不要当众剔牙,必要时,应以手遮掩再剔。剔出的食物不能再次入口,不能当众观赏,也不能随口乱吐。

2. 进餐礼节

姿态:坐姿要端正,与餐桌保持一定距离,不要弯腰弓背、四仰八叉,但也不能直挺挺地正襟危坐,太过僵硬。不要把手臂支在餐桌上,不能托着腮帮子,手势、动作幅度不宜过大。伸懒腰、打哈欠、清嗓子、毫无控制地打饱嗝,都是正式宴会上的禁忌动作。眼光不能紧紧盯着菜盘子,也不能长时间停留在其他人身上。若要咳嗽、打喷嚏,应该将头转向一侧,并用手帕捂住口鼻,千万不能毫无遮拦就行动。用餐过程中,不要当众对自己的仪容进行修饰,有此项必要时,应起身去化妆间。另外,最好不要离开自己的座位胡乱走动。

进食:不要只顾自己吃,要照顾到别的客人,适时让菜,有人在夹菜的时候,不要转动转盘,每上一个新菜,应先请长者动筷子。除了遵守餐具使用礼仪外,还要注意吃相,不能吃着嘴里的,夹住筷里的,看着碗里的,显出生怕比别人吃得少的饿相,要细嚼慢咽小口地吃,餐具也要轻拿轻放。取菜时,每次尽量就近少取一点,对于距离太远,或是不方便夹取的菜肴,可酌情少吃、不吃。汤、菜太热时,不要用嘴去吹,应耐心等其稍凉后再吃。喝汤时,不要发出"稀里呼噜"的声音。

饮酒:饮酒以及喝其他饮料时,要把嘴抹干净,以免食物残渣或者油油的唇印留在杯沿。饮酒时要慢斟细品,不能大口大口牛饮。当主人为你斟酒时,要端起酒杯致谢,或者欠身点头致意。有人向你敬酒时,你应该起身站立,不会喝酒的人可以向敬酒者说明,以茶代酒,或者少喝一点,表示对对方的尊重。当主人亲自向你敬酒后,应适时回敬。在同桌其他人敬酒或致辞的时候,在场的人都应该停止用餐、饮酒,仔细聆听祝酒词,不要讥讽或公开反对别人的敬酒、祝酒行为。当有人提议干杯,应拿起酒杯并起身站立,即便不喝酒,也要端起饮料或茶水响应。干杯的时候,应将杯子举至双眼高度,并呼应"干杯",有时还要互相碰碰杯,然后再喝,喝的量并没有硬性规定,主要还是根据自己的能力为之。需要注意的是,不要交叉碰杯,与年长或身份高的人碰杯时,杯缘应该稍低,表示对人的尊敬。最后,还要手持杯子与提议及参与此次"干杯"的主人或其他客人对视一下,以示礼貌。如果因为生活习惯或者健康的缘故不能饮酒,可以说明客观原因,婉言谢绝他人的敬酒,或是以饮料代酒,还可以委托亲友、部下、晚辈代饮。不能为了达到不喝酒的目的隐藏、倒扣酒杯,也不能将杯中酒偷偷倒掉,或者把喝剩的酒倒入别人的酒杯。

应对意外:当自己出现打喷嚏、打嗝、肠鸣等无法自控的声音时,应及时表示歉意,可以说"不好意思""对不起"等。当自己的餐具掉在地上,可以请服务人员再拿一副。倘若打翻了味碟,应轻声向注意到你的人致歉,但也无须太过自责。如果不小心将酒或者菜汁、调味料溅到别人的身上,应马上道歉,并递上纸巾或餐巾。如果临时有电话要接,不要当即就大声嚷嚷开来,应当向主人或左右的客人致歉,轻轻拉开座椅离座接听。

技能实训

席位安排:

1. 桌次

宴会的桌次安排最为讲究。中餐宴会按照习惯宜使用圆桌,每桌不宜超过10人,宜用双数。桌次的排列根据宴会厅的形状来确定,圆厅居中为上。无论多少桌,其排列原则大致相同,横排时以右为上,纵排时以远门为上,有讲台时临台为上。主桌排定后,其余桌次的地位高低以离主桌的远近而定,右高、左低、近高、远低。

两桌组成的小型宴会,横排时,桌次以正门右边为尊,左边为卑。两桌竖排时,桌次以距离正门远的位置为上,以距离正门近的位置为下。

由三桌或三桌以上的桌数组成的宴会,除了要注意遵守两桌排列的规则外,还应考虑距主桌的距离。

2. 座次

桌次排定后,接下来就要排定座次,座次排列受到宾主双方的同等重视,体现了来宾的身份和主人给予对方的礼遇。每张桌子上的具体座次的高低,依据礼宾次序和国际惯例,遵循以下原则:面门为主,右高左低,各桌同向。主桌上以主人为基准,如果女主人参加时,则以主人和女主人为中心,近高远低,右上左下,依次排列。主宾应安排在最尊贵的位置,即主人的右手位置,主宾夫人安排在女主人右手位置。倘若有随行译员,则安排在主宾右侧。安排席位时,主人方面的陪客,要尽可能与客人相互交叉,便于交流,要避免自己人坐在一起,冷落客人。举行多桌宴会时,最好在每桌安排一位主人方面的代表,其位置与主人相同。

有时,主宾的身份高于主人,为表示对其的尊敬,可以安排其坐主人的位置,主人在主宾席就座。

席位确定后,应在宴会厅门口设置桌次示意图,现场有领位员,每张桌上放置桌次牌及用餐者名签。桌次牌应等所有客人都入座后再回收,名签则应双面打印,既方便赴宴者找到自己的座位,对号入座,也方便同桌的宾客互相了解。

第三节 出 行 礼 仪

名人名言

出门如见大宾,使民如承大祭。

——孔子

礼,天之经也,民之行也。

——左传

谈古论今

行路应该是从猿人开始直立行走那一刻就开始了。关于行路在我国古代有很多有趣的记载。《庄子·秋水》里就有一段关于走路的有趣对话,原文很短:"且子独不闻夫寿灵余子之学行于邯郸欤?未得国能,又失其故行矣,直匍匐而归耳。"这段话翻译成白话就是:

据说,赵国的首都邯郸的人走路的姿态非常好看,动作很优雅、轻快。燕国的一个少年听到这个传说,非常羡慕邯郸人,就走了很远的路去赵国,想学习邯郸人走路的方法。

刚开始,他整天站在街头,仔细研究每个人走路的姿态,再慢慢模仿他们,可是都没有成功。后来,他想可能是受到过去走路习惯的影响,所以,他决定要忘掉以前走路的方法。从那时候起,更专心研究邯郸人走路的姿势,不过,再怎么努力他还是学不会,最后他只好放弃。

可是,因为他把以前走路的方法忘得一干二净,已经不知道该怎么走路,只好一路爬着回去。当别人看到他的样子,都忍不住笑他。

衣、食、住、行,是人类生活中不可或缺的。但是,"行"却一定是社会的,是人与人之间沟通维系的一种方式。所以,先民尤其注重行,而且,似乎行与礼法的联系更直接、更密切。

我们现代行路礼仪中的"趋步之礼",也是从古人那里演化而来。古人不但对行路

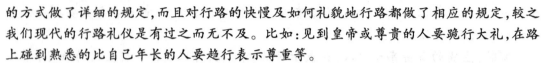

的方式做了详细的规定,而且对行路的快慢及如何礼貌地行路都做了相应的规定,较之我们现代的行路礼仪是有过之而无不及。比如:见到皇帝或尊贵的人要跪行大礼,在路上碰到熟悉的比自己年长的人要趋行表示尊重等。

我国车子的产生和使用,从已发现的考古资料看,只能追溯到早商时期。但是,文献记载证明,车子作为一种运载工具,早在夏代(约公元前2100年至前1600年)就已经出现了。《史记》记载:大禹为了治洪水,曾"陆行乘车,水行乘船,泥行乘橇,山行乘檋(局)""开九州,通九道,陂九泽,度九山。"车马本来是一种运载工具和交通工具,但是由于生产力的发展,加上礼仪制度的推动,用车马的排场来显示人们的经济、政治地位,成为人们社会交往的一种手段时,其文化色彩就变得非常明显了。

随着社会的发展,人们出行可供选择的交通工具越来越多,已经不再仅仅局限于马车和轿子。从最开始的自行车、汽车到火车、飞机等,众多的交通工具为我们的出行提供了极大便利,但在我们出行时为自己方便的同时也要想到别人的方便,即遵守出行礼仪,不但能方便大家,而且有利于协调人们之间相互的关系,形成和谐的社会氛围。比如:骑自行车时应该注意哪些基本的礼仪规范,经济许可的时候买了私家车,在驾驶的时候应该注意什么?等等,这些现代具体的礼仪操作规范,下面我们将一一讲解。

知识课堂

一、行路礼仪

行路是正常人活动的基本方式,一个人在日常工作、学习和社会生活中,离不开乘车走路,在出行不论是上学读书、上街购物,还是出门访友、漫步散心,总是离不开走路。在这平常的"走路"中,同样包含着一系列的礼仪要求,同样需要注意讲求公德礼仪,遵守交通规范。

1. 要遵守行路规则

步行要走人行道,不走自行车或机动车道。过马路要走人行横道,如果是路口,一定要等绿灯亮了,再看两边没车时才通过。没有信号灯,在此情况下,行人一定要走斑马线,而且要确保安全后再通行,这样即使在斑马线上出事故,责任也主要在机动车一方。

2. 行人之间要互相礼让

马路上车水马龙,人来人往,比肩接踵,因此要提倡相互礼让。遇到老、弱、病、残、孕要主动礼让照顾他们。在人群特别拥挤的地方,要有秩序地通过,万一不小心撞了别人或踩着别人的脚,要主动道歉。如果是别人踩了自己的脚或碰掉了自己的东西,则应该表现出良好的修养和自制力,切不可口出恶言,厉声责备,如"干什么""你没长眼睛啊"之类的粗言,而应该宽容和气地说"慢一点,别着急""没关系"等。

3. 行路若遇见熟人时

要主动打招呼,互相问候,不能视而不见,把头扭向一边,擦肩而过。这是最基本的礼貌。但也不宜在马路上聊个不停,影响他人走路。如果一位女士偶然在路上遇见不是很熟悉的男士,理应点头招呼,但不要显得太热情,亦不要用冷冰冰的面孔来点头;一位男士偶然在路上遇见不太相熟的女士,应首先打招呼,但表情不可过分殷勤。见到很久不见的老朋友,不要大声惊呼,也不要隔着几条马路或隔着人群就大声呼唤,如果边喊边穿马路,那就可能会有危险了。寒暄之后,如果还想多谈一会儿,应该靠边一些,避开拥挤的行人,不要站在来往人流中进行攀谈。两人以上同行遇到熟人时,你应主动介绍一下这些人与你的关系,如"这是我的同事",但没必要一一介绍,然后应向同伴们介绍一下你的这位熟人,也只要说一下他(她)与你的关系即可,如"这是我的邻居",被介绍者应相互点头致意。

4. 文明行路过程中的方位礼仪

行路过程中的方位礼仪:单行的问题,与他人同时行进时,居前还是居后,居左还是居右,是同礼仪直接相关的。在一般情况下,尤其是人多之处,往往需要单行行进。在单行行进时,通常讲究的是"以前为尊,以后为卑"。也就是讲,前面行走的人,在位次上高于后面行走的人。因此,一般应当请客人、女士、尊敬的长者行走在前,主人、男士、晚辈与职位较低者则应随后而行。不过,在单行行进时,有两点务请注意:一是行进时应自觉走在道路的内侧,而便于他人通过;二是在客人、女士、尊长对行进方向不了解或是道路较为坎坷时,主人、男士、晚辈与职位较低者则须主动上前带路或开路。

5. 遇到别人来问路时

应该尽力帮助,热情为他指示方向和路线,不要由于自己很忙而置之不理,如果确实不知道或不能确定,也要主动地予以说明。

6. 遇到发生街头冲突时

应该予以劝阻,不要围观、煽风点火。如果是个人能力解决不了的问题,应该及时请求交通警察或者交通协管员处理。如果附近没有可帮助的人则应该报警。对于不认识的异性不要一直盯着看,或频频回首,更不要跟踪其后,充当马路求爱者。路遇车祸或其他变故,不要围观起哄。看到奇装异服者不要在人家背后指指点点或窃窃私语。

7. 步态自然

走路的姿势是个人精神风貌的体现。正确的走姿是:挺胸抬头,不要驼背含胸,乱晃肩膀;目光要自然前视,不左顾右盼、东张西望。走路时不要边走边吃东西,这既不卫生,又不雅观。如确实是肚子饿或口渴了,也可以停下来,在路边找个适当的地方,吃完后再赶路。走路时要注意爱护环境卫生,不要随地吐痰、随手乱扔脏物和践踏草坪等。

8. 行路时要注意的问题

行走之时不要与其他人相距过近,尤其是避免与对方发生身体碰撞。万一发生了这种情况,务必要及时向对方道歉。

不要尾随于他人身后,甚至对其窥视、围观或指指点点。在不少国家里,此举会被视为"侵犯人权"或是"人身侮辱"。

二、骑自行车礼仪

自行车是现代城市居民最主要的交通工具之一，骑自行车，既方便又环保，已成为很多城市居民的出行首选。上下班高峰时浩浩荡荡的自行车大军蔚为壮观。那么，如何成为一个文明的骑车人呢？

1. 骑自行车首先要遵循靠右通行的原则

这是我国道路交通的最基本原则，骑车人自然也应该遵循这个原则。另外，骑自行车还要遵循交通规则，遵守信号灯的指示，不闯红灯、不抢道。骑车时要注意四周，不低头猛骑，应该骑在专用的自行车道上，不在人行道上或机动车道上行驶。经常在路上看见抄近道到处乱穿的骑车人，也有人为了方便，在自行车道甚至机动车道上逆行，这样非常危险。

2. 自行车不能骑太快，遇到行人应该避让

很多人经常在街上"飞车"或者"飙车"。实际上车速越快，给骑车人反应的时间就越短，在路口、人行道等容易发生突然情况的地方，不减速很容易发生碰撞，潜在危险非常大。而且，在大家遵守交通规则的情况下应该是机动车给自行车、行人让路，自行车给行人让路。因为虽然骑自行车的人和机动车相比是弱者，可是和行人相比，骑车人又处于相对强的地位。这时能不能礼让行人，从行人的角度考虑，是体现骑车人素质的重要标志。骑车人在行进的过程中首先要主动避让行人，在人行道上让按信号灯正常走路的行人先走，不要图方便和行人抢道。不要在行人后边大声叫嚷："靠边！靠边！"，也不要在行人身边飞快地擦过，以免碰着行人或惊吓着孩子。如果前面行人挡道，这时你可按铃提示行人，但不要长时间地按铃。骑自行车者给行人让路，这是最起码的礼貌常识。

3. 骑车要按正常方式

在年轻人中我们会经常看见一些"耍酷"的做法，比如，两个朋友一起骑车，不仅并行，而且还勾肩搭背；有的男孩子觉得自己车技"了得"，经常双手离把，把手插在兜里骑车；有的则在路上骑着车互相追逐。这些行为不仅危险，而且容易影响其他的行车人，都是应该杜绝的。

4. 过路口不争不抢，遇到拥堵互谅互让

十字路口是各种车辆交会的交叉点，也是车辆的汇集点和事故高发的危险点，在路口按照信号灯行驶是行车的基本礼貌，更是交通安全的保证。不能违背信号灯的变化和机动车争抢道路，这样才能体现行车人的素质。我们经常看到骑车人推着自行车像游龙一样在汽车中间穿行，这样并不利于解决拥堵的状况。尤其是自行车和机动车发生剐蹭之后，开车人和骑车人之间就会相互争吵甚至动手。再加上围观的人群，新的拥堵更容易形成。让一让，道路才能更通畅。另外，骑自行车在穿越机动车道的时候应该下车推行，而不应该骑着车就过去了。这样不仅是礼貌的要求，更多的是确保安全。因为在机动车道上,汽车开得速度较快,如果骑车人骑着自行车过去,在发生突然的情况时自行车很难一下提高速度,减速又需要骑车人下车站住的过程,用时较长,非常容易出现事故。所以在横过机动车道时应该下车推着走,这样不仅使自己的安全得到了保证,同时也尊重了其他开车人的权利。

5. 停车或拐弯,应伸手示意

停车或拐弯,应伸手示意,骑车行进应保持一定距离。骑车行进中绝不能无所顾忌地张口吐痰,既不卫生又损害他人的行为。

6. 骑自行车出入大门时,一定要减速或下车

骑车人要礼让步行人,同时到达门口,要先让里面的人出来,外面的人再进去。

三、乘坐私家车礼仪

随着社会的发展,汽车在家庭中越来越普及,很多家庭都拥有了自己的私家车,但是有车族的素质却参差不齐,加塞、逼车、乱按喇叭等情况屡见不鲜。那么,如何在驾驶自家的汽车时表现出优雅、文明的礼仪呢?

1. 接送别人时要照顾周到

男士要为女士开门、关门。如果仅两人同车,你可以请他(她)坐在你旁边的位置,便于两人平等交流;多人同车则可以根据客人的地位与关系主动安排座位,副驾驶后面的座位是最好的座位,可请长辈或女士前坐。对于多人乘车,前座也可以是随意的座位,可安排你熟悉的人、你的朋友前坐,并告知其他客人"他来引路"或"请您坐后座"来表示后座的特殊地位,在车上可以与后座的客人多聊天,并问他们是否要音乐、空调、开窗等,因为有可能别人不懂你的车内结构。转弯或遇路况不好时,请提醒一下别人。当别人在你车内接电话时,请关小音乐。

2. 开车注意礼貌让行

让行人就无须多说了。这里说的礼貌让行是指,如果你的驾驶技术比较烂或者你不得不分心降低速度,则应主动让出快车道;如果后车急着超越而你又具备条件的话,应当主动让行;在高速公路上,即使你跑得很快后面也没有车,也不能占着超车道行驶,遇有速度比你更快的车追过时,只要你无意提高当前速度就应当让别人超车。另外,下雨、雪天行驶要控制车速,不宜过快。当驶过有行人的积水路段时,及时降低车速,以免路面积水溅到行人身上。

3. 正确使用灯光

严格依照交通规则使用灯光。转向、并线时提前打灯,恶劣气候条件下开雾灯,夜间有照明的公路上不开远光灯,除非紧急停车或临时占道停车一般不开双闪灯(即双蹦灯)。许多人遇到雨、雪、雾等恶劣气候情况时习惯性地开双闪灯(双蹦灯)。要知道打开双闪灯后左右转向灯就失去作用了,这时你在路面上穿行时会给后面的车辆造成很大的困惑,无法判断你的动向。闪烁的双闪灯确实醒目,但它不能取代雾灯的特定功

能。而那些夜间在照明条件良好情况下也要开远光灯的,尤其是对方变换灯光提醒你闭光却依然我行我素的人,则属于严重道德缺失者,其行为已构成对道路交通安全的重大威胁。

4. 文明停车,不堵塞道路

在开车去目的地之前,首先,应该了解停车场的规模及是否具备停车的条件。其次,应该看停车的位置是否禁止停车。除极特殊的情况,停车时一律车头朝外。同时车身摆正,不要横跨两个车位影响相邻车辆的进出。不要临时占道停车,一定要替其他需要通行的车辆或行人着想,尽量找不构成妨碍的位置。

5. 尽量减少汽车发出的噪音

首先,降低防盗器的灵敏度,除非他人以非法途径打开车门,否则报警器不发声。其次,进入小区后不要频繁按喇叭,最好不按喇叭。只要没有进入主干道或出现极其危险的情形,永远不要对老人、小孩、孕妇鸣喇叭。

6. 不向车外抛撒废弃物

往车外乱扔垃圾似乎成了很多驾驶者的一大恶习。我们几乎每天在路上都能碰见这样的事,车窗一摇,卫生纸、烟头、果皮、塑料袋、饮料瓶就被扔了出来。车主尽量在车里留一些塑料袋,最好是纸袋,统一处理车内的垃圾。平时多在车内放置一些卫生纸,如果想吐痰就吐到卫生纸上,再包好放到车内自备的塑料袋里,下车的时候一并扔到垃圾箱。

7. 乘坐别人私家车的礼仪

如果是乘坐别人开的私家车,一般情况下要坐在前面,便于你们交流。如果你坐在后座上,就会有把主人当司机的嫌疑了;如果是主人请你坐后面的座位时,你就应该注意在他开车时少与他说话,他可能是心情不佳或开车紧张。坐在车上要注意车子的整洁,上车前踏一踏脚上的尘土;鞋子不要在车毯上来回移动,也不要把脚踢在椅背或者椅脚上;不在车上吸烟与吃零食,不要把污物吐出车窗外;不要乱动车上开关,因为也许你不懂开关做什么用的。在车上交谈时最好不要问人家买车价是多少,如果开车时他打开轻轻的音乐表示他很愉悦,可能想制造某种气氛;音乐开得很大则表示他不想交谈。如果你们交谈到一半他突然打开音乐则表示说话应该结束。

技能实训

一、乘坐出租车要注意的礼仪

1. 叫车与拦车的礼仪

出租车可以预订也可以随手拦车,拦车时要保持一种风度,不要跳起来大声叫喊,也不要不停地大幅度挥手,等车将近时,用手伸出缓慢摆动一到两次就可以,在叫车时要考虑到司机停车的方便与交通规则。

2. 乘出租车时的礼仪

乘出租车时,有男士同行,男士后上先下,拉开与关闭车门,协助女士上下车。男士坐在女士旁边,或坐在司机旁边;上车时,男士请女士先进,座位是男左女右,男前女后。女士同行则长辈先行。几人同行的话则应该争坐前座,因为前座是付款座。如果前座让给长辈或重要客人,则要注意在车到达目的地前提早准备好零钱给司机,不要出现争着付钱的场面。单独坐出租车,不要坐前座司机旁边,特别是去参加活动,从出租车上下来,后座出车比前座出车的姿态要优美十倍,并有身份感。

乘出租车时座位安排礼仪如下:

一般礼节:

司机	随行
	尊位

男女同行时:

司机	男性
	女性

司机	
女性	男性

多人同行时:

司机	陪同
长辈	随行

3. 车到付款时的礼仪

如果需要找零,先提醒司机"请找零",不需要找零时也应在付款时说"不要找零",以免尴尬与浪费时间,可以给出租车司机小费,但出车门时别忘了说"谢谢",并随手替司机关上车门。

二、乘飞机礼仪

1. 飞机起飞前

乘坐飞机通常要求在半小时前登机。飞机场一般都设在城市的郊区,距市区较远,在安排时间时一定要预留出充足的时间,避免由于塞车等特殊情况造成迟到,延误航班,给大家带来麻烦。

登机时应当认真配合例行的安全检查。在进行安全检查时,每位乘客都要通过安全门,而其随身携带的行李则需要通过安检机。如有必要,对乘客或行李使用探测仪进行检查,或手工检查时,不应当拒绝合作,或无端进行指责。

登机时,应礼让残障老弱妇孺。若不清楚座位,可将登机证交给空中服务人员,他们将引导你入座。

2. 飞行过程中

坐下时可以向你旁边的乘客点头示意。如果他没有想和你聊天的意思,不要去打扰他。反之,如果你受到了干扰,你可以直截了当地说"对不起,我想休息一下"或者"对不起,我要处理一些工作"等委婉地提醒别人,不可置之不理。对于很多工作繁忙的人来说,飞机上的时间是非常宝贵的休息或放松的时间。

不要把座椅靠背放得过低。在旅途中如果想把座椅靠背向后放下,应当先和后面的人打声招呼,不要突然操作,以免碰到后面的人。进餐时要将座椅靠背放直。

在头等舱点餐时,不要点过多食品。能吃多少就点多少。遵循优雅的餐桌礼节。不要要求乘务员提供奇特的食品。如果在饮食上有什么要求,应当在预订座位时向航空公司事先声明。尽管头等舱酒水免费,也不要多喝酒。在飞机上人通常处于缺水状态,酒精的危害也更大一些。

夜间长途飞行时,注意关闭阅读灯,以免影响其他乘客休息。

3. 降落及下机时

在飞机没有完全停稳之前不要急忙站起,这样很不安全。要等信号灯熄灭后再解开安全带。

下飞机时不要拥挤,要带好随身携带的物品,按次序下飞机,不要抢先出门。

国际航班下飞机后要办理入境手续,通过海关便可凭行李卡认领托运行李。许多国际机场都有传送带设备,也有手推车以方便搬运行李,还有机场行李搬运员可协助乘客。在机场,除了对机场行李搬运员要给小费外,对其他人可不给小费。

下飞机后,如一时找不到自己的行李,可通过机场行李管理人员查寻,并填写申报单交航空公司。如果行李确实丢失,航空公司会照章赔偿的。

4. 行李物品

不要携带易燃易爆的危险物品。小刀等物品(包括女士日常使用的修眉刀与修眉剪)应当事先放在托运的行李当中,不要随身携带,否则这些物品可能无法通过安全检查。

不要把体积很大的旅行包背在肩上,也不要在地上拖着走。这样极易碰到坐在走廊旁边的乘客,他们的头或脚会"遭殃"。

把你随身携带的手提箱、衣物等整齐地放入上方的行李舱中。要小心,不要让你的东西掉下来砸到乘客。通常,乘务员会在飞机起飞之前检查行李是否放好。不要给乘务员增添太多的麻烦,以免延误起飞时间。

第四节 赠送礼仪

名人名言

礼尚往来。往而不来,非礼也;来而不往,亦非礼也。

——礼记·曲礼上

人无礼则不生,事无礼则不成,国无礼则不守。

——孔子

谈古论今

唐朝贞观年间,云南的一个土司为了表示对大唐的友好与拥戴,特地派了使者缅伯高带着一批奇珍异宝赴长安拜见唐太宗。在这批礼物中,最珍贵的是一只白天鹅,因此,在旅途中缅伯高对这只天鹅照顾有加,生怕有闪失。到了湖北沔阳湖,缅伯高见天鹅口渴,便把天鹅从笼子里放出来饮水(一说给天鹅洗澡)。谁知天鹅喝足了水,便展翅而去。缅伯高没来得及逮住天鹅,却只抓住了一根鹅毛。情急之下,他只好用锦缎把鹅毛包好,并附诗一首:天鹅贡唐朝,山高路远遥。沔阳湖失宝,倒地哭号啕。上复唐天子,请饶缅伯高。礼轻情义重,千里送鹅毛。唐太宗接见了缅伯高,在看了这首诗,并了解了事情的原委后,非但没有责怪缅伯高,反而高兴地收下礼物,还回赠了丝绸、茶叶等中原物产。自此,"千里送鹅毛,礼轻情义重"便成为一段千古佳话。

从以上例子我们不难看出,礼物贵重一些固然会比较诱人,但"心意"却是最关键的因素。现代社会生活中,人际关系虽然不能纯粹地依靠物质手段来维系,但不可否认,礼品仍然是一种不可或缺的表达诚意与重视的必要载体。那么,掌握送礼的"艺术"便成为一种必须。在送礼过程中,送什么,什么时候送,以什么方式送,常常会成为困扰当事者的一系列难题。在本节中,我们将向你详细解说送礼过程中应知应会的操作程序和礼仪规范,让你在最短的时间内对送礼的学问全盘掌握,得心应手地根据送礼的对象、场合,挑选出最到位的礼物,并以最合适的方式表达"心意"。

知识课堂

礼品选择得当,既能表现出赠礼者的智慧,也使受礼者心情愉悦,会产生事半功倍的效果,反之,则可能会使赠礼者和受礼者都感到尴尬,甚至会适得其反,产生与赠礼的目的大相径庭的后果。在琳琅满目的物品中,如何挑选合适的礼品,恰如其分地表达"心意"?我们需要掌握以下原则:

一、要因人而异

送礼,首先要了解赠礼的对象,赠送单位就要了解单位的性质及活动的目的;赠送个人,就要了解受礼者的年龄、性别、兴趣爱好、文化素养、家庭环境等。针对不同的受礼对象要区别对待。有经验的人都会根据自己对受礼者的了解来挑选礼物,既然送礼最讲究"心意",那我们当然就要将心比心、投其所好,喜欢什么送什么,需要什么送什么,送就要送到心坎里!总的来说,送给老人,选择实用的、健康的;送给孩子,选择益智的、新颖的;送给恋人、爱人,可以选择有特殊意义的;送给朋友,可以选择较时尚,较有趣味性的;送给国际友人,可以挑选一些有民族特色的;送给经济条件一般的,可以选实惠的;送给经济条件特别好的,可以选精巧的。

礼品的轻重也要得当。太轻又没有什么特别的意义,容易让人感觉受了轻视,也无法表达你的诚意。关系特别要好的朋友未必会计较,但关系不那么亲密的人,则会误解你对他不够重视。太贵重,则有贿赂之嫌,特别是对上司,或是在想求人办事的时候。遇到这种情况,对方往往会婉言谢绝,即便勉强收下,也会在日后设法还礼,并觉得是一种负担。因此,选择礼品时,也要注意礼品的价格尺度,以受礼者能愉快接受为原则。记住,未必价格越高就越让对方稀罕,有些礼品的本身不一定豪华、昂贵,却能打动人心,让受礼者爱不释手、久久难忘。永远要只选最对的,不只选最贵的。另外,闲置的、自己感到毫无用处的东西,最好不要用来做礼品。试想,你自己都毫无兴趣,也完全用不着,如何又能博得别人的欢喜?

二、要因时制宜

礼物准备好之后,还得把握适当的时机,倘若送的不是时候,一样会令人尴尬。具体来说,首先要选好时机,其次要选好具体的时间、地点。

在社会交往中,较常见的送礼时机如下:

1. 传统节日和纪念日

我国的传统节日,如春节、中秋节、端午节、重阳节,西方的圣诞节、情人节、母亲节、父亲节等,还有妇女节、青年节、儿童节、教师节等,在这些日子里,可以赠送礼品以表达美好的祝愿,增进彼此间的情感。

2. 喜庆之日

当交往对象有可喜可贺之事时,也是送礼的最佳时机。比如,婚庆嫁娶、乔迁新居、升学、毕业、就业、晋级、乔迁、获奖、生日、添丁等。遇到这样的喜事,应该赠礼以表庆贺。

3. 感谢

对于曾经在我们遇到困难或遭遇挫折的时候,向我们伸出过援手、给予过帮助的朋友,我们要知恩图报,送些礼品表示自己的感谢和敬意。

4. 慰问

探望病人时,可以适当送些礼品,祝愿对方早日康复。当自己的亲朋好友遭遇挫折、不幸,可以向他赠送一些含有安抚、勉励之意的礼品,表达你的关心和支持。

5. 登门拜访

当你作为客人拜访他人时,要带上一份礼物,既表示你对主人的问候,也表达你对主人热情相待的谢意。尤其是初次拜访,或主人是自己的长辈、老师,那就更应该细心挑选礼物,空手登门是不太礼貌的。

6. 惜别送行

同窗多年,一朝别离;工作调动,好友道别;相聚时短,离别日长。遇到这些告别、送行的场合,都可以准备一些礼物用作留念,表示对友谊的珍视、对朋友的祝福。

三、要因事而异

日常生活中,还有很多非年非节的特殊情形,需要用礼品的出场表示庆贺和祝福。

1. 新婚

给新婚夫妇送礼,除了礼金,还可以选些时尚的家居装饰品,或者具有实用价值的生活用品。

2. 添丁

如果有朋友刚添了宝宝,除了及时送上祝福,还要选些礼品。最好选一些宝宝在6个月以后可以用上的东西。在没有弄清宝宝食用奶粉的品牌前,尽量不要送奶粉。纸尿裤是最受欢迎的实用之礼,但要注意,尺码宜算得宽松些,以免送礼的人过于集中,宝宝家小号存货太多,而大号"周转不灵"。同理,如果选择婴儿服,也要选择稍微大一点的,因为宝宝生长的速度非常惊人。婴儿餐具、婴儿用具、品质安全且做工精细的玩具,都很受新生儿父母的青睐,还可以多用些心思,选点别致的礼物,比如宝宝出生年份的酒、有着特别含义的银汤匙等。

3. 乔迁

观赏绿色植物,既净化空气又能美化环境;居家用品、装饰用品,非常实用,最好事先了解对方的喜好和需要。如果有时间,亲戚好友之间,帮忙搬家、整理,也不失为一份好礼。不要送不适合新家氛围或是占用空间太大的礼品。比如,在中国送钟给人,往往会因为其谐音不太吉利而使人感到不愉快,故而有些聪明人在送钟时再加上一本书,取其朋友相交"有始有终、地久天长"之寓意,则会产生完全不同的效果。

4. 开业庆典

受邀参加他人企业的开业或者其他庆典活动时,可以赠送室内装饰品、花篮、牌匾等,表示庆贺。

四、要了解风俗禁忌

十里不同风,百里不同俗。同样一种礼品对于不同国家、地区,不同民族,很可能意义就会不同。在挑选礼品时,必须了解、遵从当地的风俗,无论如何都不能冒犯受礼者的禁忌,这是一条必须严格恪守的原则。因此,礼品的品种、形状、色彩、图案、数目、外包装等都应予以关注,避免冒犯受礼者的个人、职业、宗教、民族、风俗等方面的禁忌。到国外出访,或是给国际友人送礼,要首先了解风俗禁忌,可以参考有关书籍、相关网站,也可以与曾经去过这个国家的朋友进行交流,还可以致电该国的使馆人员或者文化参赞进行咨询。

除了以上"约定俗成"的禁忌,还要考虑到受礼者因个人生活环境、兴趣爱好的差异而形成的个人禁忌,避免遭遇对方的抵触和反感。另外,礼品不一定非得是前卫、新潮、流行的,但一定不能是过季的,丧失了时效性的,否则会被人视作处理品,使受礼者觉得被轻慢了。向行程较远的受礼人赠礼时,要格外注重礼品的便携性,避免挑选易碎易变质、体积太大、分量太重的物品。同理,倘若自己得经历一段旅程才能将礼物送达受礼人,也要注意这一点,如果是"脆弱"型的礼物,那就得一路倍加小心了。

技能实训

一、送花时要注意的礼仪

送花,一般情况下要赠送鲜花,尽量不要用干花、纸花或者是萎蔫凋零的花送人。赠送鲜花,形式多种多样,可以送花束、花篮、盆花、插花和花环。

1. 花的寓意

(1)拜访尊敬的名人、长者,可送兰花、水仙花。

(2)父母,可送剑兰花,送给母亲最适宜的花是康乃馨。

(3)情人相会时,可以送玫瑰花、蔷薇花、丁香花。

(4)参加婚礼或者看望新婚夫妻时,可以送海棠花、并蒂莲、月季花。

(5)看望朋友,可以送芍药花、红豆以及由杉枝、香罗勒和胭脂花组成的花束。

2. 各种花代表的含义

水仙——自尊/单恋　　　　木棉——热情
紫丁香——青春的回忆　　　紫荆——故情/手足情
百合——纯净/神圣　　　　紫罗兰——信任/爱的羁绊
杜鹃——爱的快乐/节制　　铃兰——纤细/希望/纯洁
牡丹——富贵/羞怯　　　　银杏——长寿
玫瑰——爱情/爱与美　　　郁金香——名誉/美丽
茶花——美德/谦逊　　　　风信子——悲哀/永远怀念
牵牛花——爱情/依赖　　　君子兰——宝贵/高贵
含羞草——敏感　　　　　　茉莉——你属于我/亲切
康乃馨——温馨/慈祥　　　荷花——神圣/纯洁
圣诞百合——温暖的心　　　紫薇——圣洁/喜悦/长寿
金银花——真诚的爱/羁绊　海棠——亲切/诚恳/单恋
梅花——忠实/坚毅　　　　芍药——惜别/情有所钟

二、送礼的禁忌

在中国,人们都讲究个"好事成双",表示圆满,但凡送东西,都喜欢双数的,但4是大家都忌讳的数字,因为"4"与"死"发音相近。而日本人的习惯则是用单数。

不能给老人送钟表,因为与"送终"谐音,是死亡的象征。

不能给夫妻、恋人送梨,梨意味着"离"。

不能给好朋友送伞、扇子,因其与"散"谐音。

不能给普通朋友送私密性比较强的礼品,比如内衣裤、戒指等。

在上海,探病时最好不要给病人送苹果,因为那与"病故"谐音。

不能给健康人送药品,那暗示对方身体欠佳。在国外,个人的健康状况是"绝对隐私"。

不能送大额的现金、有价证券、贵金属饰品,否则有收买、贿赂之嫌,也会加重对方还礼时的负担。

法国人不喜欢印有醒目标志的物品,因为这有做广告之嫌,赠礼者的品位会因此打折。

不能把刀具送给意大利人,因为那象征着断绝来往。

不能把酒送给沙特阿拉伯人,这是违反宗教禁忌的行为。

不能把印有猫头鹰图案的礼品送给瑞士人,这类图案在瑞士象征着死亡。

不能给印度人送牛制品,牛在印度是圣物,送牛制品被认为是亵渎神灵的。

不能给阿拉伯人的妻子赠送礼物,这被认为是侮辱人格和侵犯隐私的行为。

不能给中国男人送乌龟,因为这等于在暗示对方的妻子红杏出墙。但日本人视乌龟为长寿的动物,并含有祝愿健康之意。

第五节 出国礼仪

名人名言

善气迎人,亲如弟兄;恶气迎人,害于戈兵。

——管仲

在人与人的交往中,礼仪越周到越保险。

——托·卡莱尔

谈古论今

汉武帝期间,汉匈战争频繁,但双方仍通使往来不绝,观察对方情况。匈奴先后留汉使路充国等十余人,不遣送回国;汉朝也留匈奴使节大致与匈奴所留汉使人数相当。天汉元年,匈奴且鞮侯单于新立,惧汉朝兴兵北伐,乃曰:"汉天子,我丈人行也。"尽归汉使路充国等。武帝以其态恭顺,派苏武为中郎将,命其持节护送所留匈奴使者归国,并以礼物厚赠予单于,以为答谢。苏武与副使张胜偕同随员常惠等以及卫士百余人去匈奴,完成使命。

苏武为人廉洁,所得赏赐皆施与亲友中贫困的人,死后,"家不余财"。宣帝甘露年间,"思股肱之美,乃图画其人于麒麟阁"。苏武归汉时,李陵为之饯别,曾说:"今足下还归,扬名于匈奴,功显于汉室,虽古竹帛所载,丹青所画,何以过子卿。"这话确非虚誉之辞。直到唐朝,各地尚有苏武庙,受到后人的瞻仰凭吊。如唐末著名诗人温庭筠《苏武庙》诗云:"苏武魂销汉使前,古祠高树两茫然。云边雁断胡天月,陇上羊归塞草烟。回日楼台非甲帐,去时冠剑是丁年。茂陵不见封侯印,空向秋波哭逝川。"这首诗表达了后人对他高风亮节的无限崇敬,同时对于汉朝赏功太薄也不无遗憾。

列宁说:"爱国主义就是千百年来固定下来的对自己的祖国一种最深厚的感情。"在当今社会中,对祖国的热爱不仅体现在国际交往中对祖国的尊敬,更体现在自身的形象对于国际友人的印象,出国公务的人员务必记住自己不仅代表的是自己个人的形象,更代表了自己的祖国的形象。

知识课堂

一、办理出国手续

1. 申办护照

护照是各主权国家发给本国公民出国（境）和在国（境）外旅行、居住的合法身份证件和国籍证明。商务人员出国必须持有护照以便有关当局检验时出示，并享受我国的外交保护。商务人员出国应在外交部或省、自治区、直辖市人民政府外事办公室和外交部授权的一些外事办公室办理因公普通护照。

商务人员领到护照后，要认真核对护照内所列内容是否准确无误，并在持护照人栏内用汉字或持照人本民族文字签名，不能使用汉语拼音或英文，也不能由他人代签。出国前，要凭护照办理所去国家和中途经停国家的签证、购买国际航班机票或车、船票等，在国外要凭护照住旅馆、办理居留手续等。因此，护照必须妥当保管，不得污损、涂改，谨防遗失。

2. 申请签证

签证是一个主权国家主管机关同意外国人出入、留居或经过其国境的许可证明。签证和护照同时使用，其形式是在护照或代替护照的证件上加盖印章并签署，这是一个国家为维护自己的主权尊严和利益而采取的一项措施。因此，商务人员出国，在办妥护照后还必须申办前往国家的签证（互免签证国家除外）。商务人员的出国签证，由外交部领事司签证处或各省、自治区、直辖市人民政府外事办公室护照签证处到驻华各使馆、领馆办理。

当出国人员取得签证后，要仔细检查签证种类和停留时间是否与申请的相符，领事馆是否已签名盖章等，避免入境时出现不必要的麻烦。

3. 订购机票（车、船票）与乘机

商务人员出国前，应根据实际情况选择方便、经济、合理的路线，尽可能选择直达航班或过境停留次数较少的航班，以缩短旅行的时间，减少起落次数。

乘飞机的礼仪要注意以下内容：

①上下飞机时，要对空姐点头致意或者问好。

②上机后不要抢座位，应该对号入座，坐卧的姿势以不妨碍他人为好。如果感到闷热可以打开座位上方的通风阀，也可以脱下外衣，切忌打赤膊。更衣需去洗手间。

③在机上与人交谈时要避开那些可能吓着别人的话题，如劫机、坠机等空难事件。

④飞机上的物品不要随意取拿，设备也不要乱摸。如果有特别需要就按座位旁边的按钮呼叫服务人员，不要在机舱内大呼小叫。

⑤不要在飞机上吐痰、吸烟，享用免费食品时也要量力而行。

⑥遇到飞机误点或改降、迫降时不要紧张，更不能向空姐发火。

⑦下飞机后万一找不到行李，应请机场管理人员协助。倘若真的丢失，航空公司会照章赔偿。

二、出国谈生意的礼仪

商务人员出国活动很多与商务谈判密切相关,特别是对外谈判,是有关各方交往的重要活动,谈判双方都希望得到对方的尊重和理解,以达成对双方都有利的协议。因此,了解不同国家的社会背景、风俗以及谈判风格,掌握在国外谈生意的必要礼仪和礼节,是商务人员必须具备的基本素质。

1. 与欧美商人谈生意的礼仪

欧美商人在某种程度上有一些共性,如时间观念都很强,谈生意时要准时赴约;喜欢与人保持一定的距离,尽量避免身体上的接触等。但在某些方面也有不同,最明显的是欧洲人比较保守,做事毕恭毕敬,一本正经;美国人比较随意,不过多讲究礼仪,与他们打交道不必束手束脚。下面主要介绍与德国人、意大利人、美国人谈生意的礼仪。

(1)与德国人谈生意的礼仪。德国人从事商务活动时,特别注重礼节形式。例如,打招呼时要称呼他们的头衔,如某博士、某经理等,要不厌其烦地使用这个称呼,切不可随意直呼他们的名字;谈生意时,不要和他们称兄道弟,有什么事情可直接交谈,单刀直入,避免过分地恭维对方。

同德国人谈话的内容最好不要涉及其他人或国家政事,特别是不能当着这个人的面说那个人的缺点和不足。另外,德国人见面或离开时,握手是没完没了地握了又握。

德国人诚实、守信,是可以信赖的合作者,与德国人做生意,合同一旦签订,就不必担心对方不守信用。德国人很讲究工作效率,有什么事情可直接交谈,避免浪费时间。德国人非常遵守时间,同他们约会要事先约定时间并准时赴约,因故改变约会要提前通知对方。如果谈生意时迟到,德国商人对你的不信任和厌恶之情就会溢于言表。

在德国人的宴会上,男士要坐在女士和职位较高的男士的左侧,当女士离开饭桌或回来时,男士要站起来,以示礼貌。宴请结束后的两三天内要给主人写个便条,表示感谢。应邀到德国人家中做客时,可以送些鲜花,千万不能送葡萄酒,因为这样做显得你对主人选酒的品位产生怀疑,这是不礼貌的。

(2)与意大利人谈生意的礼仪。意大利人性格直爽,为人正直,他们十分注重礼节。见面时,常习惯行握手礼。商务活动中,意大利人总会毕恭毕敬地以"您"字来称呼对方。同时,他们自己也喜欢别人称呼其头衔。意大利人崇尚时髦,对服饰打扮总是格外认真对待,在商务活动中通常着深色的正式西装,衣冠楚楚。

按照意大利的传统习俗,商务会晤应提前预约,但赴约时总习惯迟到几分钟,他们认为这样具有礼节风度。与意大利商人来往,应避免在不认识的情况下贸然打电话,可以先通过发信或电传的方式使对方知道自己,这样做有利于确立你在对方心中的印象。

意大利人热情、开朗、情绪爱激动,谈生意时喜欢直来直去,干脆利落,因此跟意大利商人打交道,必须注意彼此间友好关系的建立。谈判时要沉着冷静,不要把关系搞僵,以免影响继续合作。另外,跟他们做生意,最好少用函电的方式,而应亲自出马进行面谈;否则,他们会认为你没有诚意,以至于不予足够的重视。与意大利人交谈时,可以涉及意大利的美食佳肴、艺术、足球等话题,特别是意大利人很看重家庭,谈论家庭、朋友是习以为常的事,当然,前提是你与他们有了一定的交情。

商务活动中,有时难免要送礼,意大利人对小动物特别感兴趣,尤其爱养狗、养猫,因此,可以送给意大利人带有动物图案的礼物。另外,还可以送花给意大利人,但一定不能送菊花,因菊花是葬礼上使用的鲜花。除此之外,意大利人还忌讳别人送手帕、丝织品、亚麻织品等。

(3) 与美国人谈生意的礼仪。总体上讲,美国人外向随意。如果是在非正式场合,人与人之间的交往是非常随便的,朋友之间见面时,只要招呼一声"hello"即可,即使是两个人第一次见面,也不一定要握手,只要笑一笑,打个招呼就行了。但是在正式场合下,美国人又十分讲究礼节,毫不逊色于其他欧美国家。

大多数美国人一般不喜欢用"先生""夫人"或"小姐"之类的称呼,他们认为这类称呼太过于郑重其事了。因此,多数美国人,无论男女老少,一般都比较喜欢别人直呼自己的名字,并认为这是亲切友好的表示。值得注意的是,对于法官、高级政府官员、医生、教授等要用正式头衔,如"哈利法官""布朗医生",而从来不用行政职务如局长、经理、校长等称呼别人。按照美国社交礼仪,一个男子去访问一个家庭时,若想送名片,则应分别给男、女主人各一张,但绝不在同一个地方留下三张以上名片。当你给美国人送名片时,如果对方没有把他的名片送给你,你也不要不高兴。

美国商界普遍流行早餐和午餐约会谈判,赴约要准时,恪守信用。每次约会,要提前几天预约。取消约会,要及早通知对方并说明原因和诚恳道歉。

现在,越来越多的美国女性也跻身商界,和美国女商人打交道的最好办法是完全忘掉她们的性别,只当你在和美国男人打交道。如果你想表示对她们的尊重,你可以替她们开门,给她们让座位,但要做得自然,不要使人感到是有意识表露。如果你和她们一起在餐馆就餐,她们想要付账的话,你尽可以让她们付好了。

在美国,一般每逢节日、生日、婚礼时,都有送礼的习惯。圣诞节时互赠礼品最为盛行,礼品大多是书籍、文具、巧克力糖等不贵重的东西。前往美国人家中做客,最好带上一点中国特产作为礼物,如中国的茶叶、书签、剪纸等,他们会感到非常高兴。美国人收到礼物时会马上打开,当着送礼人的面欣赏礼物,并立即向送礼者道谢。

2. 与亚太地区商人谈生意的礼仪

亚太地区是指亚洲和太平洋地区,包括中国、日本、加拿大、澳大利亚和东南亚各国的广大地区。这一地区的文化既有古代文化的深厚底蕴,又汲取和借鉴了至今仍有强大生命力的欧美大西洋一带的文化精华,使得这一地区国家的礼仪存在着很多差异。下面着重介绍一下与日本人、澳大利亚人谈生意的礼仪。

(1) 与日本商人谈生意的礼仪。日本是一个非常注重礼节的国家,日本人所做的一切,都要受严格的礼仪的约束。日本人相互见面都要行鞠躬礼,见面时最普通的用语是"您早""拜托您了""请多关照"等。进入日本式的房屋里,要先脱鞋,脱下的鞋要整齐地放好,鞋尖向着你进来走过的门的方向,这在日本是尤其重要的。在日本,没有主人给客人敬烟的习俗,客人如果想吸烟,要先征得主人的同意,以示尊重。日本人特别讲究给客人敬茶,敬茶时要敬温茶,而且以八分满为最恭敬。

日本人很重视人的身份地位。在商务活动中,每个人对身份地位都有明确的认识,都非常清楚自己所处的位置及该行使的职权,知道如何谈话办事才是正确与恰当的言行举止。与日本人谈生意,交换名片是一项绝不可少的仪式。如果初次相会时忘带或不带名片,不仅失礼,而且会被对方认为你不好交往或拒绝与之交往。一般来说,日本人不愿意在未了解对方地位之前和陌生人交谈。因此,交换名片,不仅是礼貌的需要,更是交流效果和目的所必需的。

在日本谈生意,要想很快拉近同他们之间的距离,形成良好的合作关系,在最初的商务会面时,一定要找个中间人,中间人的存在可以使日本商人尽快产生对你的好感和信任,消除对你的戒心。因为日本人对直截了当、硬性推销的做法感到不自在,所以要想排除初次见面的障碍,就去找一个你和日本公司都熟悉和尊敬的第三者,让他来引见双方认识,这对你们的合作会起到事半功倍的效果。

爱面子是日本人最普遍的心理,无论什么情况下,日本人都非常注意留面子,或者说不让对方失掉面子。这在商务谈判中表现最突出的一点就是日本人从不直截了当地拒绝对方。在同日本人谈生意时,日本人讲的最多的就是"哈嘥",尽管这个词的解释是"是",但实际上绝不是表示同意,它只是意味着"我在听着你说"。他们有不同意见时也不愿意当即表示反对,使提出者陷入尴尬的境地。同样,日本人也不直截了当地提出建议,他们更多的是把你往他的方向引。因此,商务人员同日本人谈生意时,不要直接指责日本人或直截了当地拒绝日本人。如果你不得不否认某个建议时,要尽量婉转地表达或做出某种暗示,也可以陈述你不能接受的原因,绝对避免使用羞辱、威胁性的语言。

除此之外,与日本商人谈生意时还有一些禁忌,例如,同日本商人合影,一般不要是3个人,因为日本人认为3人合影,中间的人被左右两人夹着,这是不幸的预兆;还有,日本人认为数字"4"和"9"是不吉利的数字,因为日语"4"和"死"发音相同,"9"和"苦"发音相同。

(2)与澳大利亚人谈生意的礼仪。澳大利亚人性格开朗,待人热情,行动上较随便。与宾客相见时,总要热烈地握手一番。熟人之间,比较随便地喊一声"hello",有时干脆连"hello"也不喊,而只是挤一下嘴,就算是打了招呼。有些土著居民的问候方式则是彼此用中指相互钩拉一下。商务交往中,可直呼对方的名字。

澳大利亚人还有一个特殊的礼貌习惯,即他们乘坐出租汽车时,总习惯与司机并排而坐,即使是夫妇同时乘车,通常也是丈夫与司机坐在前座,妻子则独自坐在后座,他们认为这样才是对司机的尊重,否则会被认为失礼。

赴澳大利亚开展商务活动,宜穿正式西装。若是盛夏季节,可不必穿西装,但最好系上领带。澳大利亚人时间观念非常强,会谈前须提前预约,并准时赴约。周日上午是他们习惯去教堂听道的时间,商务会谈应注意避开。在谈判桌上,不要跟他们绕圈子,最好的方法是单刀直入,迅速亮出底牌,因为澳大利亚商人通常不喜欢在讨价还价上浪费时间。跟澳籍英国移民后裔做生意一起进餐时,注意不要在餐桌上提及有关生意方面的事情,这是他们历来十分反感的做法。但是,如果跟澳籍美国移民后裔做生意,则要充分利用在一起进餐的机会与之协商生意上的事情。

3. 与中东地区商人谈生意的礼仪

中东地区主要是阿拉伯人，大多数国家讲阿拉伯语，除黎巴嫩、以色列和塞浦路斯分别以信仰天主教、犹太教和东正教为主外，其他国家均信奉伊斯兰教。

阿拉伯人十分好客，对来访者，不管自己当时在干什么都一律停下来热情接待，谈判常被打断，商务人员必须适应这种习惯，学会忍耐和见机行事。与阿拉伯人谈生意，事前要约，尽管他们缺乏时间观念，会见松散不守时，但作为一个外国商人也要准时赴约。阿拉伯人不喜欢一见面就谈生意，而是花些时间与你谈谈社会问题。有时甚至第一次、第二次会见都不谈生意上的事。因此，与阿拉伯人打交道，必须先取得他们的好感和信任，建立朋友关系，下一步交易才会进展下去。在中东地区，商人们在办公或社交场合，总要喝茶或咖啡，但每人以不超过三杯为宜。当喝完之后，要将杯子转动一下再递给主人，这种礼节动作表示"够了，谢谢"。

无论是同私营企业谈生意，还是同政府部门谈判，都必须通过代理商。如果没有合适的阿拉伯代理商，生意很难有进展。这些代理商有着广泛的社会关系网，熟悉民风国情，特别是同你的谈判对象有着直接或间接的联系。通过中间商从中斡旋，可大大加快谈判进程，而且还可以帮助外商安排劳动力、运输、仓储、膳宿供应等事宜。

另外，由于阿拉伯社会宗教与封建意识的影响，妇女的地位较低，一般不会在公共场合露面，因此，最好不要派女性去阿拉伯国家谈生意，交谈时也不要涉及妇女问题。商务人员应邀到阿拉伯人家中做客，女人不露面，由男人来招待客人。如若不慎问及"女主人身体好吗？"那将是一个大错误。

中东国家多信奉伊斯兰教，吃清真食品，忌食猪肉、甲鱼、螃蟹等。阿拉伯国家禁酒，因此不能向主人要含酒精的饮料。每年伊斯兰历9月是阿拉伯的斋月，其间教徒们每天禁食，午后闭门不办公，只有夜间才吃简单的饭食。所以，商务人员要尊重他们的习惯，不要在这期间约谈工作。此外，伊斯兰教规定每天要做5次祈祷，时间一到，哪怕再重要的事情也要放下。如果这时影响谈判，商务人员不要流露出不耐烦或嘲笑贬损的意思，要理解、尊重阿拉伯人的习惯和信仰。

技能实训

1. 小费的由来

小费源自18世纪的英国伦敦。当时一些酒店的餐桌上都会放着一个"保证服务迅速"（To Insurance Promptness）的碗，顾客将钱放入碗中，就能得到周到的服务。演变至今就以其前缀Tip来表示，中文称为小费，代表你对服务人员的一种感谢。现今，在国外对为你服务的行李员、当地导游、司机、饭店及餐厅门口为你叫车的服务生以及客房清洁员等，都应该付给一定金额的小费。

2. 付小费的原则

小费虽然是个人行为，但已成为一种约定俗成的习惯，最好能入境随俗，以免出丑。在欧美国家，付小费已成为一种规矩。小费的给付要适当，过多或太少都会被认为失礼。小费的计算方法大约可分为三种。

依消费金额计算：通常小费金额为账单金额的10%～15%。一般而言，到餐厅吃饭可依此原则付小费。例如，美国的餐馆账单通常不包括服务费，所以用餐后别忘了在结账时将小费加进去。而在自助餐厅吃饭一般不需给小费，但若有人倒茶水，并殷勤询问需求，则可依人数酌情给小费。晚间用餐所付的小费需比白天多一些。到理发厅付给理发师、美容师的小费则为15%～20%。

按件数计算：如在美国和加拿大，对搬运行李的饭店服务员，可按每件行李1美元付费；在英国，付给机场、饭店行李搬运工的小费一般在每件30便士左右。搭出租车时，可将零头当小费，至于提行李部分，则通常论件计算，一件1美元。当自己行李太多时，则不妨多一些，以酬劳他们为你服务。

按服务次数计算：像客房服务员每天可付2美元左右小费。如果你无法确定账单里是否包括服务费，可以问清楚后再决定付与不付。但是，在日本、澳大利亚、韩国和新加坡等国则没有付小费的传统。至于加油站服务人员、饭店柜台人员以及电影院带位人员等则不需给小费。若不清楚何时应该给小费，出国前应先了解当地的风俗民情或在当地询问当地人，每到一个陌生的地方时，与当地人交谈是获得信息的最好方式之一。如果是跟团旅游，则可以先向领队询问。

3. 付小费的方式

为了方便付小费，无论到哪个国家，都最好备上一些小面额的美元和当地国家的纸币。一般服务生的薪水并不高，小费将是他收入的主要来源，多数服务生为了赚小费会表现得特别热心，时不时殷勤询问，对东方人而言刚开始总有些不习惯，此时你可依自己对该餐厅及该服务生的满意程度付小费，小费是对服务品质的一种评估，多给或少给没有人会干涉。但是，不可以把一大把的零钱当小费，这对服务人员而言像是在施舍乞丐的做法，尽管你付小费很多，很可能会被服务生误认为不满其服务，是一种羞辱的行为。如果身上没小钞，可先去换，或整张拿出去，并清楚地说出请对方找你多少钱，最保险的方法是事先多准备一些小面额的钞票。

付小费大多在私下进行。一般将小费放在菜盘或酒杯底下，也可直接放入服务人员手中，还可以在付款时将找回的零钱算作小费，或者多付款，将余钱当作小费。如果几个人同时帮你搬运行李，可将小费交给最后把行李送进你房间的人。

有些店家在账单中已设小费栏收取，则不必再重复给予。因此，在付款前要看清楚账单，并分辨开列的税金（Tax）、服务费（Service Charge）、小费（Tips）各栏。以信用卡付费时，账单上会有小费栏及总金额栏，可在小费栏上填想给的小费金额，加总后填入总金额栏再签上大名即可，此时也可以将小费与用餐金额凑成整数。

思考题

1. 下面给出一些有关网络礼仪的观点，请谈谈你的看法。
(1) 网络是虚拟的，可以我行我素，不用理会他人的感受。

(2)不管在论坛还是在聊天室,争论是正常的现象,但是争论要心平气和,要以理服人,不要进行人身攻击。

(3)周末下班后,虽然同事已经累了一天了,但还是要努力说服他去网吧通宵玩游戏。

(4)工作时很忙,就将QQ设置成"忙碌"或"隐身"状态。如果对方的状态是"忙碌",不要和他闲谈,有重要的事,最好一句话说完。

(5)合理提示重要信息,不要动不动就用大写字母、粗体斜体、颜色字体、加大字号等手段对一些信息进行提示。合理的提示是必要的,但过多的提示则会让人抓不住重点,影响阅读。

(6)退出已被屏蔽很久的组群。同时,保存聊天记录,以免就同一个问题重复向对方发问。

(7)不要在微博等公共信息平台上泄露别人的隐私。

(8)在新闻讨论组的规则中,坚持"先看再说"的原则。在发表见解之前,先要四处看看,了解其他人在讨论什么,然后再进行评论。

2. 情境分析题。

(1)迎送中的乘车礼仪。

上海某公司召开一次全国客户联络会,公司的刘总经理亲自驾车带着秘书陈小姐到浦东机场迎接来自香港某集团的周总经理。为了表示对周总的尊敬,刘总请周总坐到轿车的后排,并让陈小姐在后排作陪。

周总到宾馆入住后,对陈小姐说,明天上午八点的会,他会自己打的士到现场,就不麻烦刘总亲自去接了。

问题:

①周总为什么会这样说?

②刘总在座位安排上有什么不妥?

③请你谈谈对往来迎送中乘车礼仪的看法。

(2)不雅的抽烟游客。

杭州导游张先生讲了一个真实的故事:一次在纽约,他正带着旅行团在一座著名的大厦里参观,一位游客"烟瘾"犯了,着急到处找地方吸烟,看见大厦里有禁止吸烟的告示,于是灵机一动,把头和手伸到了一个可开启的通风窗外"吞云吐雾"起来。

这位游客一根烟刚抽了一半,就被大厦的工作人员硬拖了进来,并婉转地批评了张先生。原来,大厦外的行人发现大厦里边伸出一只胳膊和一张抽烟的脸,都非常好奇,很多人围观,引起了交通堵塞。最终这位游客交纳了罚款才被允许离开大厦。

分析:在国外跟团旅游时应该注意哪些方面?

(3)张女士的手势。

张女士是位商务工作者。由于业务需要,2009年6月随团到中东地区某国考察。她们抵达目的地后。受到了东道主的热烈欢迎,并举行宴会进行招待。席间,为表示敬意,主人向每位客人一一递上一杯当地特产饮料。轮到为张女士递饮料时,一向习惯于"左撇子"的张女士不假思索,便伸出左手去接。见此情景,主人脸色骤变。不但没有将饮料递给张女士伸出的手中,反而非常生气地将饮料重重地放在餐桌上,并不再理会张女士。

张女士非常纳闷,感觉自己没有得罪他啊,待他人向她说出原委,她方明白过来。张女士懊悔不已,但后悔已晚。

分析:张女士为什么后悔?与中东地区的人交往应该注意哪些方面?

3. 分组讨论,谈一谈自己和同伴遇到的由微博引起的趣事,把自己的认识和经验介绍给大家,小组讨论后,选出代表同全班同学分享。

第二篇 沟通篇

第五章　沟 通 概 述

有效的职业沟通已成为人们在职场中生存与发展所必需的基本能力，拥有了沟通能力就等于掌握了职业成功的一把钥匙。中国职业能力认证中心2010年对1000名人事经理所做的问卷调查结果表明，其中超过85%的人认为，在当今的人才市场中，最有价值的技能是沟通技能（包括口头沟通、倾听和书面沟通能力）。

同时，很多机构的调查表明，企业中70%以上的问题是来自于沟通不畅。给企业造成最大损失的，不是技术不精良，不是人手不够多，不是资金不到位，也不是理念不先进，而是企业与企业之间或企业内部部门与部门之间、人与人之间的沟通不通畅。诸如企业的效率低下、执行力差、管理层和执行层的不和谐等问题在很大程度上都可归结为沟通不畅。

所以，有效的职业沟通是企业利润的源泉，也是职业人士获得成功的核心能力之一。此外沟通在人们生活当中也是无处不在的，从某种意义上说，沟通已经不再是一种职业技能，而是一种生存方式。

第一节　沟通的概念、类型与过程

名人名言

如果我能够知道他表达了什么，如果我能知道他表达的动机是什么，如果我能知道他表达了以后的感受如何，那么我就敢信心十足地果敢断言，我已经充分了解了他，并能够有足够的力量影响并改变他。

——卡特·罗吉斯

未来的竞争是管理工作的竞争，竞争存在于每个社会组织内部成员之间及其与外部组织的有效沟通之上。

——约翰·奈比斯特

谈古论今

2005年7月6日，2012年奥运会申办活动拉开帷幕，此次活动将在伦敦、巴黎、马德里、纽约和莫斯科五个申奥城市中选出一个。各个城市的宣传片、陈述都做得很不错，不过更多的人看好巴黎,因为这是巴黎第三次申奥了,况且他们的实力也很强,陈述充满了文化底蕴,安全保障也是做得最出色的。当罗格宣布最后的结果是伦敦时,人们一片哗然。巴黎到底输在哪儿呢?原来英国首相布莱尔和国际奥委会的高级官员亲密接触过,他与国际奥委会成员的沟通使国际奥委会的成员对伦敦认识得更深刻,了解得更具体,印象更深更好,从而决定了申奥的成败。

这足以说明沟通的重要性。

知识课堂

一、沟通的基本概念

在沟通学中,有几个重要的沟通概念需要了解。

1. 沟通

《大英百科全书》将沟通(Communication)解释为,用任何方法,彼此交换信息,即指一个人与另一个人之间用视觉、符号、电话、电报、收音机、电视或其他工具为媒介交换信息。在汉语言环境中,沟通本指开沟以使两水相通,后用以泛指使两方相通连,也指疏通彼此的意见。我们认为,沟通是人与人之间、人与群体之间思想与感情传递和反馈的过程,以求思想达成一致和感情达到通畅。通过沟通,一方面,可以传达信息,将发出者的知识、经验、意见等告知接受者,从而影响接受者的知觉、思想及态度,进而改变其行为;另一方面,可以表达发出者的挫折感或满足感,释放情绪,征求接受者的共鸣。

沟通的内涵有三层意思:
①沟通首先是信息意义上的传递和理解;
②沟通是双方对信息传递符号的共同理解;
③沟通是信息传递、被充分理解过程中的互动反馈。

2. 管理沟通

管理沟通是为了一个设定的目标,把信息、思想和情感在特定个人或群体间传递,并且达成共同协议的过程。沟通是自然科学和社会科学的混合物,是企业管理的有效工具。沟通还是一种技能,是一个人对本身知识能力、表达能力、行为能力的发挥。无论是企业管理者还是普通的职工,都是企业竞争力的核心要素,做好沟通工作,无疑是企业各项工作顺利进行的前提。

在管理学领域中理解沟通的概念,要着重理解以下几个方面:
①沟通即组织中某一个体或团体有需求意向要向组织中的相应的沟通对象表达,即我们通俗讲的交流思想。沟通这一概念在人力资源管理学中也有广泛的应用,其概念为:沟通是两个或两个以上的人或群体之间传递信息、交流信息、加强理解的过程。
②沟通具有管理目的,是一种管理工具。例如,在员工关系管理研究中,沟通是这样定义的:沟通是为了设定的目标,把信息、思想和感情在各人或群体之间传递,并达成共同协议的过程。

③沟通强调双向性（Two-Way Communication），强调双方共同的交流。沟通不是单纯的上级对下级或下级对上级，而是相互之间的，即上级对下级有要求要让下级知道、理解并执行，上级通过这一下达指令的过程，对员工行为进行引导和控制，同时，员工对指令的执行情况也要通过一定的反馈途径向上级汇报，上级对汇报情况做出反应，从而实现对组织行为的控制。

④沟通的必要性不单纯体现在控制这一作用上，还对员工具有明显的激励作用。沟通激励是现代管理和领导中非薪酬激励的重要手段之一，是构架起激励机制的高速公路。

3. 沟通能力、沟通技巧与沟通艺术

一般说来，沟通能力指沟通者所具备的能胜任沟通工作的优良主观条件，包括表达能力、倾听能力和互动能力等。人际沟通能力指一个人与他人有效地进行沟通信息的能力，包括外在技巧和内在动因。恰如其分和沟通效益是人们判断沟通能力的基本尺度。恰如其分，指沟通行为符合沟通情境和彼此相互关系的标准或期望；沟通效益，则指沟通活动在功能上达到了预期的目标，或者满足了沟通者的需要。

表面上来看，沟通能力似乎就是一种能说会道的能力，实际上它包括了从穿衣打扮到言谈举止等一切相关行为的能力，一个具有良好沟通能力的人，他可以将自己所拥有的专业知识及专业能力进行充分的发挥，并能给对方留下"我最棒""我能行"的深刻印象。

沟通技巧是一个内涵十分丰富的概念，它包括一系列广泛的沟通活动技能。沟通技巧既是个体自我提升的重要途径，同时也是组织效率和绩效提升的有效途径。管理沟通技巧的概念也是广泛且细节化的，既包括一系列的沟通策略和原则，又包括一些技巧和细节。

沟通除了要讲究技能和技巧之外，还是一门行为艺术。由于沟通信息、沟通对象与环境的复杂性，为了达到沟通的目的，必须因时因地因人采取不同的沟通方式，这就决定了沟通的艺术性特征。例如，很多沟通行为是在饭桌上进行的，这便是中国特色的"饭局"式沟通，无论是个体之间或者是一个组织团队，在进餐这种沟通环境中，由于气氛是放松的，形式是面对面的，信息是来自多种渠道的、多样的，很容易形成有效的易消化的信息流，在满足低层次生理需求（吃）的基础上，同时进行着高层次的激励因素的需求的满足。这就含有很浓厚的艺术性了。

二、沟通的类型

沟通可以按照不同的标准划分为不同类型。

1. 正式沟通和非正式沟通

按照组织管理系统和沟通体制的规范程度不同，可将沟通分为正式沟通和非正式沟通。

正式沟通是指在组织系统内部，以组织原则和组织管理制度为依据，通过组织管理渠道进行信息传递和交流。

正式沟通的特点为：沟通渠道固定，约束力强，信息准确、规范，权威性高，保密性强，速度较慢等。通常，重要的信息要采用正式沟通方式来传递。缺点是信息需要经过层层传递，缺乏灵活性；效率较低；一般都是单向沟通，缺乏反馈机制，沟通效果难以保证。

非正式沟通是指在正式渠道之外，通过非正式的沟通渠道和网络进行信息交流，常用来传递和分享组织正式活动之外的"非官方"信息。

非正式沟通的特点为：传播时间快，范围广，效率高，可跨组织边界传播等。但是涉及的沟通主体较多，常会造成"听风是雨""以讹传讹"等不良后果，导致信息失真等问题。常见的非正式沟通有小道消息、"铁哥们儿网络"等。

2. 横向沟通和纵向沟通

根据沟通中信息传播方向的差异，可以把沟通分为横向沟通和纵向沟通，其中纵向沟通又分为上行沟通和下行沟通。

横向沟通又称平行沟通，是指处于同一级的组织、单位或个人之间的信息传递和交流。如职工之间的交流、单位内同一级别不同部门之间的沟通等都属于横向沟通。在平级沟通的过程中，应注意主动、谦让、体谅、协作和双赢。

上行沟通指自下而上的沟通，如下级向上级反映情况、汇报工作、提出自己的建议和意见，使下情顺利上达。在与上级沟通的过程中应注意以下三点：首先，尽量不要给上级出"问答题"，而是出"选择题"；其次，在任何时间和地点都可以进行，不一定要在正式场合；最后，在与上级沟通的过程中一定要准备好问题的答案。

在组织中，从一个层次向另外一个更低层次的沟通称为下行沟通。这主要是指管理人员对员工进行的沟通，包括管理者给下属分配任务、介绍工作，指导员工解决工作中出现的障碍，指出员工日常工作中的表现等。下行沟通不仅仅是口头沟通和面对面的接触，还包括书面沟通等。下行沟通指自上而下的沟通，即上情下达，如上级向下级发命令和指示，传达组织的目标、计划、决策及规章制度等。在与下级沟通的过程中，应注意以下三点：首先，要多了解情况，要多学习、多询问，不要不懂装懂；其次，不要只是批评、责骂；最后，要适当地给下属提供做事的方法，并紧盯事情的完成过程。

一般来说，组织由上而下的沟通渠道很多，而且主管们常拥有较多说话的机会。因此，下行沟通不需要鼓励就可以产生。相对而言，上行沟通在很大程度上被忽视了，沟通渠道也不够畅通。应该说，上行沟通可以增加职工的参与感，而平行沟通可以打破部门间各自为政的低效率局面。

3. 单向沟通和双向沟通

根据信息发出者与接收者的地位是否可以变换，沟通可分为单向沟通和双向沟通两种。

单向沟通是指信息的发出者与接收者两者之间地位不变的沟通方式，即信息仅从发送者流向接收者。单向沟通是一方主动发送信息，一方仅被动地接收信息，没有信息反馈，如作报告、讲演、发指示等都属于单向沟通。

双向沟通则是指信息的发送者和接收者的角色发生改变,信息在两者之间双向传递的过程。双向沟通有信息反馈,如会谈、协商、讨论等都属于双向沟通。

有关单向沟通和双向沟通的效率和利弊的比较研究表明:单向沟通的速度比双向沟通快;双向沟通的准确性比单向沟通高;双向沟通中有更高的自我效能感;双向沟通中的人际压力比单向沟通时大;双向沟通动态性高,容易受到干扰。

4. 自我沟通、人际沟通、群体沟通和组织间沟通

根据沟通者的数目和形态不同,将沟通分为自我沟通、人际沟通、群体沟通和组织间沟通。

自我沟通是指信息的发送者和接收者的行为是由一个人来完成的沟通,比如通过各种方式进行的自我肯定、自我反省等。

人际沟通是指在两个人之间的信息交流过程,最大的特点是有意义的互动性。即人际沟通必须是两个人之间的,有信息的发送者及接收者,同时有传播信息的媒介,并且双方能达成理解上的一致。

群体沟通,又叫小组或者团队沟通,是指在三个及以上的个体之间进行的沟通。个体和群体之间,以及群体和群体之间的一对多、多对多的正式或非正式沟通,如会议、演讲、谈判等,都属于群体沟通。

组织间沟通就是组织之间加强有利于实现各自组织目标的信息交流和传递过程。

5. 语言沟通和非语言沟通

根据信息是否以语言为载体进行传播,将沟通分为语言沟通和非语言沟通。

语言沟通是指以词语符号为载体实现的沟通,主要包括口头沟通、书面沟通和电子沟通等。

非语言沟通是通过非语言文字符号进行信息交流的一种沟通方式。

语言沟通和非语言沟通是两种最常见的沟通,将在下面章节进行具体介绍。

此外,还可根据沟通的效果不同,将沟通分为有效沟通、低效沟通和无效沟通。其中,有效沟通是我们所追求的。如无特别说明,本书中的沟通指的是有效沟通。

三、沟通的过程

沟通是由信息的传送者通过选定的渠道,把信息传递给接收者的过程。完整的沟通过程如图5-1所示。一般来讲,沟通过程包括沟通目标、信息、传送者与接收者、编码与译码、沟通环境、渠道、反馈、噪音等要素。

①沟通目标,是整个沟通过程中所要解决的最终问题,即要完成的任务。整个沟通的行为都必须是围绕着这个目标进行的。

②信息,指在沟通过程中传给接收者(包括口语和非口语)的消息。信息产生于信息的发出者,它是由信息发送者经过思考或事先酝酿策划后才进入沟通过程的,是沟通的起始点。信息由发送者和接收者要分享的思想和情感所组成。确保信息的有效性是沟通的先决因素和首先要解决的问题。

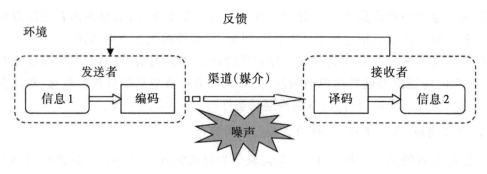

图 5-1 沟通过程简图

③沟通主体,指信息的发出者。发出者是产生、提供用于交流的信息的初始者,他处于主动地位。

④编码,指沟通主体把要传递的内容(想法、认识及感觉)转化成信息的过程。信息发送者在编码过程中,必须充分考虑到信息接收者的经验背景、关注的内容、符号对信息接收者的可读性。

⑤沟通环境,是沟通发生的场合,包括背景和地点。环境不单纯指沟通的地点,还包括沟通条件背景、问题的性质、文化氛围、心理等内涵。沟通环境还可分为内部环境和外部环境两部分。内部环境包括企业文化、历史和竞争状况等;外部环境包括潜在顾客、代理机构状况、当地的或国家的有关媒体等。这些环境都从一定程度上对沟通过程和效果产生一定的影响。沟通过程中要根据沟通对象、主题和目的,恰当选择沟通环境,创造合适的沟通氛围。

⑥沟通渠道,也称媒介或媒体,指沟通信息所采取的工具和途径。渠道是信息经过的路线,或信息得以从传送者传递到接收者所凭借的手段。沟通渠道是信息得以传送的载体,可分为正式或非正式的沟通渠道、向下沟通渠道、向上沟通渠道、水平沟通渠道。常见的沟通渠道如面对面的沟通,声音和视觉是渠道;通过大众传媒沟通,电视、报纸、杂志、网络等是渠道;非言语的沟通,如有力的握手(接触)是渠道等。这些都是沟通所要借助的手段,如同往返桥上的交通工具。

⑦沟通客体,指信息的接收者。接收者是被告知事实、观点或被迫改变自己的立场、行为的人,他处于被动地位。接收者必须从事信息译码的工作,即将信息转化为他所能了解的想法和感受。这一过程要受到接收者的经验、知识、才能、个人素质以及对信息输出者的期望等因素的影响。

⑧译码,指客体对接收到的信息所做的解释和理解,即信息的接收者将信息转换为自己的想法或感觉。信息接收者在解码过程中,必须考虑信息发送者发送信息的经验背景、文化习俗等,准确把握信息发送者欲表达的真正意图。

⑨反馈,指客体采取相应的行为,做出相应的反应,再将收到信息的情况发回到主体,如观众对歌星的表演反应;学生对老师讲课的反应等。反馈是把上述这些沟通要素有机地、有效地调动起来的基本环节,使沟通渠道往返有致、高效畅通,形成完善的沟通网络。

⑩噪音,对信息传递过程产生干扰的一切因素都称为噪音。沟通噪音包括外部噪音、内部噪音和语义噪音等类型。外部噪音来自沟通环境,如地点、条件对信息接收的干扰。内部噪音指发生在沟通者大脑中的干扰,思维和注意力游离于沟通主题以外。语义噪音是由于人对词语情感的反应而引起的噪音。

通过上述沟通过程简图反映出的沟通过程是:发送者(信息源)首先将要传播的信息1转化为某种可传递的信号形式(称为编码);然后通过媒介物(渠道)传递给接收者;接收者对收到的信息2进行在头脑中的加工理解(译码)。同样的信息,输出者和接收者可能有着不同的理解,这可能是输出者和接收者的差异造成的,也可能是由于输出者传送了过多的不必要信息。编码、译码和沟通渠道是决定沟通效果的三个关键环节。双向沟通在这之间就会形成反馈,反馈有利于沟通效果提高,它能对编码和译码进行修正,使两者趋于一致。在整个沟通过程中的任何一个环节出现障碍则形成噪声(干扰)。在沟通过程中,应注意影响编码的五个因素,即技巧、态度、知识、社会文化背景和渠道。

四、有效沟通具备的必要条件

有效沟通能否成立的关键在于信息的有效性,信息的有效程度决定了沟通的有效程度。信息的有效程度又主要取决于以下两个方面:

(1)信息的清晰程度。信息发送者清晰地表达信息的内涵,以便信息接收者能确切理解。如果以一种模棱两可的、含糊不清的文字语言传递一种不清晰的,难以使人理解的信息,对于信息接收者而言没有任何意义。此外,信息接收者也有权获得与自身利益相关的信息内涵,否则有可能导致信息接收者对信息发送者的行为动机产生怀疑。

(2)信息的反馈程度。有效沟通是一种动态的双向行为,而双向的沟通对信息发送者来说应得到充分的反馈。信息发送者重视信息接收者的反应并根据其反应及时修正信息的传递,以免除不必要的误解。只有沟通的主、客体双方都充分表达了对某一问题的看法,才真正具备有效沟通的意义。

第二节　有效沟通的特征、原理与原则

谈古论今

如果你的上司要你汇报前几天的工作情况,你能像下面这样回答吗?
上司:上次交代给你的事情办得怎么样了?
员工:还没办好,我前几天感冒发烧。
上司:什么?你还没去那家公司见刘总?
员工:我没去,但我后来托小李去办了。
上司:有什么结果呢?

员工：他刚好有事外出。
上司：那就是说，他也没去见刘总？
员工：不，后来我强撑病体去见了刘总。
上司：那快说呀，结果如何？
员工：他还是不愿接受我们的交易条件。
上司：啊！
员工：但是……
上司：滚出去！

在这一无效的沟通事例中，如果沟通者在紧张、嗔怒等情况下，拐弯抹角、吊人胃口，只会落个"滚出去"的下场。

在学习了沟通基本概念与过程知识的基础上，我们了解到沟通并不是一个永远有效的过程。有效沟通要符合一定的特征，而这些特征是评价沟通是否有效的基本标准。要实现有效的沟通，人们必须在一定的沟通原理基础上遵循相应的、正确的原则，想要传递的信息和情感才能像预期的那样及时、准确、完整。

知识课堂

一、有效沟通的基本特征

要进行有效的沟通，沟通者必须尽量掌握沟通分析的工具和有效沟通的基本特征。一旦确定了沟通目标，沟通主体必须通过各种手段和策略来确保每次谈话、会议、报告、备忘录、电话中包含尽可能适当且有用的信息。如果所传递的信息符合以下四个标准，那么就能判断出沟通是有效的。

1. 准确

沟通主体之所以要传递信息和情感给客体，是因为他们希望获得信任。信任是成功的基础。有了信任才会有合作和支持，也更容易得到客体的认同。而获得信任的途径之一就是沟通主体将自己的观点、态度和情感等信息准确地传递给沟通客体，以提升可信度。数据不充分、资料解释错误、对关键的信息一无所知、自己没意识到偏见及夸张等，均会导致沟通主体的可信度降低。因此，"准确"是保持和增强可信度的前提，可信度直接决定着沟通的有效性。

2. 清晰

高效的管理与商务活动需要管理者传递准确和完全的信息、可理解的指令以及能指导管理活动的决策方案，这就是"清晰"的内涵和实质。模棱两可、含糊不清的信息会浪费资源，也容易使人产生挫折感。因此，不少管理者都会坚持"KISS"原则（Keep It Simple, Stupid）——让其简单易懂。但大多的商务活动和管理并非轻易就能完成的。这需要管理者将清晰的思考和清晰的观点展示给客体，使之易于被理解。有理解，才会有认同。要达到"清晰"必须把握两个关键问题：一是逻辑清晰，要做到观点明确、结论清晰、数据充分。只有这样，才能使信息接收者同样有逻辑地来思考问题，更容易达成一致意见。二是表达清晰,即用符合语法标准的文字和语言来表达信息的内容。在日常指挥、决策、报告、演讲等场合,必须要用清晰的语言来传递信息。

3. 简洁

有效的管理沟通追求"简洁",即以尽量少的文字和语言传递尽可能大量的信息。无论是与上司的沟通、下级的沟通,还是与客户的沟通,简洁是一个基本要求。时间就是金钱,任何烦琐的沟通都会令人厌烦。P&G公司对简洁所做的规定是,高级经理审阅的文件不得超过两页。这样做一方面是为了节约纸张,降低管理成本,另一方面,更深远的意义在于提高管理效率,节约高级经理们的时间。

4. 生动

生动而又充满活力的信息传递,不仅可以激发沟通客体的兴趣和注意力,使之保持深刻的记忆,还能传递信任和决心。明兹伯格指出:管理者通常对某个念头或信念只能集中很短一段时间,打扰、分神和竞争责任都是管理工作的特征,因而,生动的风格有助于管理者处于显著的地位。事实上,一个善于以生动活泼的文字和语言进行沟通的人,是非常引人注目的,管理沟通的两大职能——文字与语言沟通技能,在这类人身上体现得最为直接。

"生动"的源泉有两个:一是准确、清晰、简洁的风格;二是词语的选择、构思和句式。例如,"我们打算投入相当大精力研究发展需求,并且将寻求发展建议的解决方案以适应在决策被需求前我们就恰好能预见到不同的可能需求。"这句话违反了有效商业沟通的所有标准:"我们打算"应该是"我们正致力于";两个"发展"重复词汇,都是辞藻拼凑;"建议的""可能的"这些没用的修饰语削弱了关键名词的作用;使用"被需求"被动语态结构避开了"何时""谁需求"的问题。而像"我们将提出在11月1日扩大生产线建设的建议"这类的表述性语句,容易记忆并且传达了很多有用的信息。

二、有效沟通的基本原理

为了实现准确、清晰、简洁、生动的有效沟通,我们在沟通时必须遵循以下基本原理。

1. 有效沟通的价值性原理

有效沟通的价值性原理,即有效沟通必须是对有意义的信息进行传递。传递没有真正意义的信息,哪怕整个沟通的过程全部完整,沟通也会因为没有任何实质内容而失去其价值和意义,即完整无缺的沟通成了无效与无意义的沟通。一个良好的沟通过程,必须要有富有意义的信息,这是沟通能够成立、存在的基础和首要前提。有效沟通的内容必须具有真实意义,沟通的信息至少对其中一方是有用和有价值的。

2. 有效沟通的感知性原理

与他人进行沟通时必须考虑到对方理解该问题的实际情况。如果一个经理和一个半文盲的员工交谈,他必须用对方熟悉的语言,否则会造成沟通障碍。信息接收者的认知理解能力取决于他的教育背景、经历以及情绪。如果沟通者在沟通过程中没有认识到这些问题,将很难达到预期的沟通效果。有效的沟通取决于接收者如何去理解接收到的信息。例如,经理告诉他的助手:"请尽快处理这件事,好吗?"助手会根据老板的语气、表达方式和身体语言来判断,这究竟是命令还是请求。所以,无论使用什么样的渠道,沟通的一个主要问题是,"信息是否在接收者的接收范围之内,他如何理解"。

3. 有效沟通的主体适当性原理

沟通主体的适当性是指有意义、真实的信息必须由适当的主体发出,并通过适当的渠道传递给适当的另一接收主体。人们要想实现有效的沟通,信息的发出者和接收者都必须是应该发出和应该接收的沟通主体。如果信息虽由适当的主体发出,但接收者不对;或者接收者对了,但发出者的身份或地位不适当,都会导致沟通失败。只有有意义的信息从适当的主体发出,并准确地传送给了另一适当的主体,沟通才可能是有效的。

4. 有效沟通的代码相同性原理

在传递信息时,信息发出者和信息接收者之间,必须使用相同的信息代码系统,即信息在发出者那里是以何种代码被编码的,在接收者那里也必须以相同的代码系统,对接收到的信息代码进行解码。如果双方所使用的信息代码系统完全不同或存在较大差异,就会导致接收者无法实现信息解读或解读错误,导致沟通失败。

5. 有效沟通的时间性原理

任何沟通都是有时间限制的,整个沟通的过程必须在沟通发生的有效期发生完毕,否则,也会失去沟通的意义。例如,新闻报道非常注重时效性;在战争中,特务或间谍在传递信息时沟通的及时性尤为重要。

三、有效沟通的一般原则

根据上述原理,有效沟通要遵循一定的原则。掌握正确的沟通原则,就能避免低效甚至负效的沟通方式出现,从而达到有效的沟通。有效沟通原则分为一般性原则和实践性原则两个层次,其中,一般性原则如下所述。

1. 真诚原则

从心理学角度来看,沟通中包括意识和潜意识层面,而且意识只占1%,潜意识占99%。有效的沟通必然是在潜意识层面的、有感情的、真诚的沟通。诚者,天之道;诚者,人之道(《中庸》)。真诚是有效沟通最重要的原则,只有当沟通主体怀着一颗真诚的心去对待别人的时候,别人才会同样以真诚的心与之交流。现实生活中,要做到这一点往往并不容易。因为每个人都有两个"我",一个是工作上、社会上的有包装的"外在我",一个是现实中本来的"内在我"。两个"我"的存在,立足于社会的双重性,两者是统一的;但也不可否认,"外在我"带有虚假和伪装性。需要指出的是,在人际沟通中,如果更多地以本来的真实的"内在我"真诚地与人交往,将会起到更为长久的沟通效果。承认"真实的自我",并将它展示在众人的面前,即老老实实地承认自己反映在别人心目中的形象。心理学研究表明:人们并不喜欢一个各方面都十分完美的人,而恰恰是一个各方面都表现优秀而又有一些小小缺点的人最受欢迎。所以你不用太在意自己的缺点,对这点要有足够的信心。另外,沟通不只是传递信息而已,它还涉及情感问题,情感在沟通过程中起着十分重要的作用,特别是在组织内上下级和同事之间的人际关系方面有非常重要的作用。此外,在沟通过程中,信息发送者要讲究诚信,要树立自己的威信,取得对方信任,这样信息接收者才能认真接收信息,并完全按信息发送者的要求去做。可以说,真诚以及与之相通的诚信是沟通的重要原则,它是基础,也是关键。如果没有真诚去激活人的心灵,那么他们的行动必定没有说服力,也必定不长远。没有了"诚",沟通无从谈起。态度是心灵的表白,"诚于中而形于外",只有付出诚心,才会在行动中显现出平和与关切;也只有付出真情,才可以获得别人的信任与支持。当然,我们的目的并非讨好别人,而是要以真诚的态度得到理解与配合,最终让沟通效果最大化。

2. 移情原则

移情就是换位思考,即站在他人的角度来考虑问题,这是有效沟通的基本思维保障。在沟通过程中,你不能与80多岁的老太太去大谈流行时装;也不能与正在伤心、需要安慰的人大谈自己如何得意、如何风光。常有人说"他说的话不但没让我高兴,反让我更气愤""他说话,简直不知道自己几斤几两"等,这都是移情能力差的沟通导致的抱怨及指责。

有一位表演大师上场前,他的弟子告诉他鞋带松了。大师点头致谢,蹲下来仔细系好。等到弟子转身后,又蹲下来将鞋带解松。有个旁观者看到了这一切,不解地问:"大师,您为什么又要将鞋带解松呢?"大师回答道:"因为我饰演的是一位劳累的旅者,长途跋涉让他的鞋带松开,可以通过这个细节表现他的劳累憔悴。""那你为什么不直接告诉你的弟子呢?""他能细心地发现我的鞋带松了,并且热心地告诉我,我一定要保护他这种热情的积极性,及时地给他鼓励,至于为什么要将鞋带解开,将来会有更多的机会教他表演,可以下一次再说啊。"

表演就是与观众沟通的过程,越是能够沉浸到角色中,表演就越逼真,也就越能获得观众的认可。而上述故事中的表演大师不但能够入戏,还能处处为他人着想。戏品如人品,高超的移情能力是人品的基础,也是沟通的基本原则。

3. 适度原则

适度原则首先是指沟通语言要松紧适度。说话的语速、句与句之间的空隙时间、留给对方说话的时间等都要有松有紧,就像音乐一样,有平缓有高潮,听起来才好听,也才耐人寻味。其次,是适当的肢体语言。交流中适时地出现肢体语言是非常有必要的,这会为沟通添加更多的色彩,也更丰富。当然前提是正确的、善意的肢体语言,所以这就要求先了解肢体语言的奥秘所在。

4. 尊重原则

现代人随着自我意识的增强,越来越讲求个人尊严与权利,传统的长幼尊卑观念在逐渐消除,现代人际关系是一种交换、合作的人际关系,人格上的平等已经成为人际交往的基本准则。无论在生活中还是在职场中,无论身处什么位置,我们都要知晓并尊重别人的权利,维护其人格尊严,同时还要理解、包容其心理、语言、个性、习惯等。只有将尊重别人的意识深植脑海,才能在与之沟通中,将尊重意识外化为实际行动,使人真正感觉自己得到了理解和重视,才能使他们有一种自在、舒适的感觉,而不是陌生、冷漠与恐惧。因此,我们要准确定位自身,调整自己的心态,切忌自高自大,对人颐指气使,或自以为是专家,强迫别人唯命是从。在沟通实践中,尊重原则就是要使参与沟通的人员认识到自身的价值和尊严得到了尊重,其利益能够得到保证。真正的尊重是沟通各方实现双赢或多赢,而且只有双赢或多赢的沟通才是有效的、可持续的。

5. 情景化原则

为了进行有效沟通,就要根据沟通目标、沟通内容和沟通对象等方面的需要,正确地选择沟通渠道、媒介及相应的沟通方式与方法,从而保证传递过程中的效率和质量。有效沟通应根据实际情况采取不同的方法,在制度方面可以建立有效措施,如定期召开公司例会。在会上各部门负责人进行工作情况汇报以使各部门之间相互了解,解决信息不畅通之困扰;也可在会后安排形式不同的小聚(如晚餐、夜宵等)以使大家相互之间更加畅所欲言,增进感情。沟通中注意"身份确认",针对不同的沟通对象,如上司、同事、下属、朋友、亲人等,即使是相同的沟通内容,也要采取不同的声音和行为姿态。

6. 智慧原则

沟通要讲究智慧,不但在沟通方式上要机智、随机应变,而且要有辩证圆通的思维基础。思维是沟通的基础。只有进行正确的思维,才能进行机智或有智慧的沟通。科学的思维,一是要能正确处理信息,检验信息的真实性,并能认识事物的本质,抓住问题的关键;二是要形成清晰的沟通思路,构思出周密的沟通方案。

7. 艺术化原则

沟通的艺术化原则是指要掌握沟通的技巧。沟通是一种能力,同时也是一种技巧、一门艺术。掌握一定的人际沟通技巧和方法,可以达到事半功倍的效果。如心理沟通法,站在对方立场思考问题,消除对抗的心理,容易获取信赖和进入主题;分段式沟通法,指有时沟通不见得一次见效,不妨暂时中止,这适用于生气、被误解的时候;善用问句法,指把决定权交给对方,这适用于上司给下属安排任务询问下属可以完成的时间等情况;主动趋前法,指有一定距离的情况下,主动上前,以表诚意等。沟通方式有很多,沟通的媒介也有很多,但不管是书面的、电话的、电子邮件的、当面谈话的方式,也不管是态势语言还是有声语言或是文字语言,最重要的是把握原则、转变观念,即先要有诚意,然后主动以心换心,最后是方法和技巧,形成自己的沟通特色。这样,一定可以实现"零距离"。

四、有效沟通的实践原则

总体而言,每个人都想拥有和谐的生活环境和职场氛围,想与家人、朋友和睦相处,想要跟同事良好合作,想要让自己的事业蒸蒸日上,这一切,都离不开沟通。所以,能否与同事、上司、客户顺畅地沟通,越来越成为职场的核心技能。在前述沟通一般原则的基础上,沟通在实践上要遵循以下原则才能提高其有效性。

1. 营造和谐气氛

吵架能吵出一个好的结果吗?人在情绪当中,意气用事,完全非理性的状态下,是没有办法解决问题的。在陌生的环境中(包括陌生的人、陌生的地点、陌生的关系、陌生的事情)与人沟通时,人的自我保护机制自然而然会启动,心扉没有打开,大家说话小心翼翼,人的思维在这样的拘谨的氛围中也活跃不起来。怎样营造和谐气氛呢?开个小玩笑,用生活中的话题扯一扯,如果能找到双方有兴趣的爱好说一说就更好了。笑声中,和谐的氛围就出来了。如果遇到情绪化的冲突,不妨停一停,约个时间下次再谈。

2. 顺应所在组织的沟通风格

不同的企业文化、不同的管理制度、不同的业务部门,沟通风格都会有所不同。一家欧美的IT公司,跟生产重型机械的日本企业员工的沟通风格往往大相径庭;HR部门的沟通方式与工程现场的沟通方式也会不同。所以,如果你刚来到这个单位,就一定要注意观察团队中同事间的沟通风格,注意留心大家表达观点的方式。假如大家都是开诚布公,你也可以有话直说;倘若大家都喜欢含蓄委婉,你也要注意一下说话的方式。总之,要尽量采取大家习惯和认可的方式,避免特立独行,招来非议。

3. 沟通一定要主动、及时

沟通一般应积极主动。不管你性格内向还是外向,是否喜欢与他人分享,在工作中,时常注意沟通总比不沟通要好上许多。虽然不同文化的公司在沟通上的风格可能有所不同,但性格外向、善于与他人交流的员工总是更受欢迎。需要注意的是,积极主动要适度。如果是自己主讲,要表达清楚,不厌其烦,同时注意对方是否接受或理解你的意思;如果是别人主讲,要积极聆听,尽量不要中途打断别人。总的说来,就是要营造一种积极的气氛,使人感觉到沟通是必要的、迫切的、友好的。

4. 采取多样化的沟通方式

每个人都有惯常的沟通习惯、沟通风格或沟通内容偏好。沟通主体如果采取多样化的沟通方式,会提高与不同客体的沟通质量。所以,把焦点放在自己身上,去改变自己的沟通方式,尝试用不同的方法去做沟通。我们可能改变自己,但不可能改变别人,除非"别人"愿意去改变。

沟通方式的多样化包括对语言沟通和非语言沟通进行适当的结合。

从沟通组成看,一般包括三个方面:沟通的内容,即文字;沟通的语调和语速,即声音;沟通中的行为姿态,即肢体语言。同样的文字,在不同的声音和行为下,表现出的效果是截然不同的。所以有效的沟通应该是这三者更好地融合好。

5. 给别人一些空间和余地沟通

不只是自己诉说,还应听对方的声音。每个人的价值观不完全相同,所以观点的冲突在所难免。尝试倾听对方的意思,从对方的角度思考,也许同样有几分道理。所以不要强人所难,否则只会造成口服心不服的局面。

6. 注意有效反馈

没有反馈或者低效反馈的沟通一般都是低效的。

首先,沟通的意义在于对方的回应。常有沟通者抱怨:"此人素质太低,根本听不懂我说什么。"其实往往是沟通者自己沟通素质太低,不会用对方能听懂的语言去表达。沟通的目的是达成共识,取得理解。所以,表达的好与坏,是以对方的理解为唯一衡量标准。沟通跟恋爱一样,不是你以为表达清楚了就可以了。沟通不在于你的演说技巧有多么流利,也不在于你说得多有道理、多么正确,只在于有或没有效果的区别。而效果的决定因素,是对方的回应,对方收到了多少。所以沟通时要及时地捕获反馈。反馈可以排除噪声和信息失真,增强沟通的有效性。特别是在面对面的直接沟通中,更应及时注意反馈,随时把握沟通对象的反应、心态及沟通效果,及时地调整沟通策略与方法,以实现更为有效的沟通。

其次,有效反馈还包括沟通者对外的反馈。这种反馈应把握如下五点:①把握反馈时机,如对上级的决策、指示若有意见,当场顶撞争论就欠妥,而应在事后恰当的时间提出来;②反馈应针对目标,如会场秩序不佳,往往是部分与会者的某些不良行为,是个体而不是全体,批评应针对目标而不应该殃及无辜;③反馈应当对事不对人,出现同样的问题,应坚持公平、公正,不能厚此薄彼;④反馈要确保理解,反馈内容要具体、明确,能使对方理解接受;⑤反馈要主动,特别是上行沟通,应主动汇报自己的工作,包括取得的成绩、存在的问题、自己的想法和建议,既有利于取得上级的支持,也能争取上级的帮助、指导和信任。要及时传递上级希望知道的信息,当好领导的参谋和助手,维护和促进组织的有效运行。

7. 不要假设

以自己之心度他人之腹,以为自己很聪明,以为了解他心里想什么,以为他会这样或那样。"我已经完全告诉他了,他怎么会这样,真不明白。"你当然不明白。因为你以为他已经明白了,但他真的明白了么?怎么样去判断对方有没有明白?很简单,让对方复述一遍。最好不要问:明白了没有?大部分人的标准答案:明白了(没明白的话就会显得自己理解能力太差了);也不要问:有没有什么疑问?大部分人的标准答案:没有了。不要假设"跟他说也没有用,他肯定不愿意去做的",凭什么你替对方做决定呢?你问都没问过,怎么就判定他不愿意呢?所以,不要假设,不要瞎猜,有疑问应向对方求证。

倘若你能用建议代替直言,用提问题代替批评,让对方说出自己的期望,让双方诉求共同的利益,并且能顾及别人的自尊,那么你的沟通会更有效,你出色的沟通能力会争取到更多人的认可。

8. 恰当地运用语言

充满活力是有效沟通的重要特征,一方面,它取决于沟通中准确、简练的语言风格;另一方面,还取决于充满吸引力的语言运用。用对了句子或字眼不仅能打动人,更能引发行动,而行动的后果会改变事实。马克·吐温说过:"恰当地用字极具威力,每当我们用对了字眼……我们的精神和肉体都会有很大的转变,就在电光石火之间。"

美国代表团访华时,曾有一名官员当着周总理的面说:"中国人很喜欢低着头走路,而我们美国人却总是抬着头走路。"此语一出,语惊四座。周总理不慌不忙,脸带微笑地说:"这并不奇怪。因为我们中国人喜欢走上坡路,而你们美国人喜欢走下坡路。"

美国官员的话里显然包含着对中国人的侮辱。在场的中国工作人员都十分气愤,但由于外交场合难以强烈斥责对方的无礼,但如果忍气吞声,听任对方的羞辱,那么国威何在?周总理的回答让美国人领教了什么叫作柔中带刚,最终尴尬、窘迫的是美国人自己。

语言是管理沟通最基本的手段,能否正确、有效地使用语言,对沟通效果的影响极大。管理者要讲究语言艺术,提高沟通语言的简练性、准确性、针对性和趣味性,以提高沟通的有效性。

9. 找准立场,适当定位

沟通要注意自己在组织中的位置,如果你资历较浅,在前辈面前表达自己的想法时,应该尽量采用低调、迂回的方式。特别是当你的观点与其他同事有冲突时,要充分考虑到对方的权威性,充分尊重他人的意见。同时,表达自己的观点时也不要过于强调自我,应该更多地站在对方的立场考虑问题。

10. 学会有效地倾听

人都有倾诉的愿望,作为管理者对下属、对客户都要善于"倾听"才行。乔·吉拉德被誉为当今世界最伟大的推销员,回忆往事时,他常提起如下一则令其终生难忘的故事。

在一次推销中,乔·吉拉德与客户洽谈顺利,正当快要签约成交时,对方却突然变了卦。当天晚上,按照客户留下的地址,乔·吉拉德找上门去求教。客户见他满脸真诚,就实话实说:"你的失败是由于你自始至终没有听我讲话。就在我准备签约前,我提到我的独生子即将上大学,而且还提到他的运动成绩和他将来的抱负。我是以他为荣的,但是你当时却没有任何反应,而且还转过头去用手机和别人讲话,我一恼就改变主意了!"这一番话重重提醒了乔·吉拉德,使他领悟到"听"的重要性,让他认识到如果不能自始至终倾听对方讲话的内容,认同顾客的心理感受,那么难免会失去自己的顾客。

这个故事虽然简短,却意味深长。如何更好地倾听?倾听不是被动地接受,而是一种主动行为。倾听者不是机械地"竖起耳朵",在听的过程中他的脑子要在转,不但要跟上倾诉者的故事、思想内涵的步伐,还要跟得上对方的情感深度。倾听时要力争做到:共情,如目光接触、展现赞许性地点头和恰当的面部表情;提出意见,以显示自己充分聆听的心理提问;复述,用自己的话重述对方所说的内容;耐心,不随意插话,不妄加批评和争论,使得会谈能够步步深入下去。

第三节　沟通的作用与重要性

名人名言

三寸之舌，强于百万雄兵；一人之辩，重于九鼎之宝。

——战国策·东周

与人交谈一次，往往比多年闭门劳作更能启发心智。思想必定是在与人交往中产生，而在孤独中进行加工和表达。

——列夫·托尔斯泰

管理者的最基本功能是发展与维系一个畅通的沟通管道。

——巴纳德

谈古论今

在20世纪30年代的德国，有一位犹太传教士每天早上总是按时到一条乡间土路上散步。无论见到任何人，总热情地打一声招呼："早安。"在当时，当地的居民对待传教士和犹太人是很不友好的。有一个叫米勒的年轻农民，对此起初也很冷漠。然而，年轻人的冷漠并未改变传教士的热情，每天早上，他仍然给这个年轻人道一声早安。终于有一天，这个年轻人脱下帽子，也向传教士微笑着道早安。

好几年过去了，纳粹党上台。这一天，村中所有的人被纳粹党集中起来，送到集中营。在下了火车列队前进的时候，有个拿指挥棒的指挥官，在前面挥着棒子，道："左、右。"被指向左边的是死路一条，被指向右边的还有生还的机会。

传教士的名被指挥官点到了，他哆嗦着走向前去。他无望地抬起头来，眼睛一下子和指挥官的眼睛相遇了。传教士一愣后脱口而出："早安，米勒先生。"

米勒先生虽然没有过多的表情变化，但仍禁不住回答："早安。"声音低得只有他们两人才能听到。

最后的结果是：传教士被指向右边，他意外地获得了生存的机会。

知识课堂

一、沟通的作用

对于处于社会中的人们来说，沟通是一种自然而然的、必需的、无所不在的活动。通过沟通可以交流信息和获得感情与思想。在人们工作、娱乐、居家、买卖时，或者希望和一些人的关系更加稳固和持久时，都要通过交流、合作来达到目的。

沟通的主要作用有两个：

1. 传递和获得信息

信息的采集、传送、整理、交换,无一不属于沟通的过程。通过沟通,交换有意义、有价值的各种信息,生活中的大小事务才得以开展。

掌握低成本的沟通技巧、了解如何有效地传递信息能提高人的办事效率,而积极地获得信息更会提高人的竞争优势。好的沟通者可以一直保持注意力,随时抓住内容重点,找出所需要的重要信息。他们能更透彻地了解信息的内容,拥有最佳的工作效率,并节省时间与精力,获得更高的生产力。

2. 改善人际关系

社会是由人们互相沟通所维持的关系组成的网,人们相互交流是因为需要同周围的社会环境相联系。

沟通与人际关系两者相互促进、相互影响。有效的沟通可以赢得和谐的人际关系,而和谐的人际关系又使沟通更加顺畅。相反,人际关系不良会使沟通难以开展,而不恰当的沟通又会使人际关系变得更坏。

二、沟通的重要性

沟通是人类组织的基本特征和活动之一。没有沟通,就不可能形成组织和人类社会。沟通是维系组织存在,保持和加强组织纽带,创造和维护组织文化,提高组织效率、效益,支持,促进组织不断进步发展的主要途径。有效的沟通让我们高效率地把一件事情办好,让我们享受更美好的生活。善于沟通的人懂得如何维持和改善相互关系,更好地展示自我需要、发现他人需要,最终赢得更好的人际关系和成功的事业。有效沟通的意义可以总结为以下几点:满足人们彼此交流的需要;使人们达成共识、更多地合作;降低工作的代理成本,提高办事效率;获得有价值的信息,并使个人办事更加井井有条;使人进行清晰的思考,有效把握所做的事。可以说,沟通是人类集体活动的基础,是人类存在的前提。可以说,没有沟通和群体活动,人类早就灭绝了!正是沟通才形成了原始人群和部落,不断进化形成了人类社会。正是沟通才有了近现代各门各类科学知识极为快速的发展和人类实践的飞快进步。

具体而言,沟通的重要性体现在如下几个方面:

1. 从管理的角度而言,沟通是组织的生命线

管理学上著名的"两个70%"之说:第一个70%——企业管理者70%的时间用在沟通上;第二个70%——企业中70%的问题是由于沟通障碍引起的。管理沟通是围绕企业经营目标而进行的信息、知识传递和理解的过程。但现实中,不重视沟通是企业管理人员经常犯的一个错误,尤其是在中国企业中。企业管理人员之所以犯这个错误,是因为他们受等级观念影响太深,认为管理者与被管理者之间不能有太多的平等,没有必要告之被管理者做事的理由。没有充分有效的沟通,下属员工,不知道做事的意义,也不明白做事的价值,因而做事的积极性也就不可能高,创造性也就无法发挥出来。不知道为什么要做这个事,所以就不敢在做事的方式上进行创新,做事墨守成规,按习惯行事,

必然效益低下。一个希望有所作为的管理人员,如果明了沟通与管理的关系,也就绝不会轻视管理沟通工作。

著名组织管理学家巴纳德认为"沟通是把一个组织中的成员联系在一起,以实现共同目标的手段"。如果把组织喻为一个有生命的有机体,那么沟通就是机体内的血管,通过血液流动来给组织系统提供养分,实现机体的良性循环。也就是说,在很大程度上,组织的整个管理工作都和沟通有关。组织内部,有员工之间的交流、员工与工作团队的交流、工作团队之间的交流;组织外部,有组织与各种利益相关者之间的交流。如果组织的各个部门、成员以及各个利益相关者之间缺乏有效的信息交流与沟通,组织的各个子系统、各个要素就不可能实现协同,也就不可能进行有效运作,组织目标就不可能实现。可以说,没有沟通,就没有管理。现实中,沟通不良是很多组织都存在的顽症。组织机构越是复杂,其沟通就越是困难,例如,基层的许多建设性意见未及时反馈至高层决策者,便已被层层扼杀;而高层决策的传达,常常也无法以原貌展现在所有人员面前。

经营管理的过程也就是沟通的过程,这在企业管理中最为典型。企业经营管理的基本过程无非是通过了解客户的需求,整合各种资源,创造出好的产品和服务来满足客户,从而为企业和社会创造价值和财富。

沟通在我们的工作、生产中比比皆是。例如,我们得到一个客户的样品要求后,我们需要与材料部门沟通,如何安排样品的材料,我们需要与样品部门沟通,如何最快最好、最节省效率地完成这个样品的制作任务。这个时候,沟通就起到很大的作用。我们想想,如果没有部门与部门之间的交流、讨论,那么,样品的制作,大货的生产,将会遇到多大的问题。小到只是无法完成样品,大到甚至会因此而损失一个客户。不重视沟通,将会给我们带来巨大的损失。

对于一个公司、一个团队来说,如果沟通能够被适时充分地融入每天的工作之中,那么整个团队的表现将发生翻天覆地的变化。工作有时候就是生活的一部分,良好的沟通,能够让工作的对象变得像生活中的朋友,能够让人轻松而有序地完成任务。反之,紧张、彷徨、不可理喻的行为,往往导致的是破裂、伤害。这是十分不可取的。对于生产型企业来说,订单就是企业的命脉。而订单的取得,就需要工厂和客户之间,工厂内部之间的沟通。一个充满生机的企业,其内部的沟通一定是十分旺盛的。因此,我们鼓励下级之间、上下级之间的沟通。这对于一个企业的发展是十分关键的。

有效沟通在企业管理中的重要性主要表现在:

(1)沟通是保证下属员工做好工作的前提。没有充分有效的沟通,下属员工,不知道做事的意义,也不明白做事的价值,因而做事的积极性也就不可能高,创造性也就无法发挥出来。不知道为什么要做这个事,所以他也就不敢在做事的方式上进行创新,做事墨守成规,按习惯行事,必然效益低下。相反,如果有比较充分而有效的沟通,在让下属员工明了他所做的工作的目标、意义和价值后,会倍增他们的工作热情和主动性。人们经常用两个石匠打石头的故事说明,工作意义和价值本身对工作者的热情和成效的影响。一个石匠,只是为了打石头而打石头,看不到自己工作的意义,因而感到打石头工作苦不堪言,整天愁眉苦脸,疲惫万分;相反,另一个石匠,知道所打的石头是要用到一个大教堂的建筑上去的,不仅没有感到劳苦,而且一直保持着充沛的精力和高昂的热情。他为自己能参与这样一个千秋工程而自豪。因此,只有通过沟通让下属员工明白了他的工作目标要求、所要承担的责任、完成工作后的个人利益之后,才能确知做什么、做到什么程度,自己选择什么态度去做。沟通还是启发下属员工工作热情和积极性的一个重要方式。主管与下属经常就下属所承担的工作以及他的工作与整个企业发展的联系进行沟通,下属员工就会受到鼓舞,就会使他感觉到自己受到的尊重和他的工作本身的价值。这也就直接给下属带来了自我价值的满足,他们的工作热情和积极性就会自然而然地得到提升。此外,只有通过沟通,主管才能准确、及时地把握下属员工的工作进展、工作难题,并及时为下属工作中的难题的解决提供支持和帮助。这有助于他的工作按照要求,及时、高质量地完成,进而保证整个单位、部门,乃至整个企业的工作协调进行。

(2)沟通有助于员工准确理解公司决策,提高工作效率,化解管理矛盾。公司决策需要一个有效的沟通过程才能施行,沟通的过程就是对决策的理解和传达的过程。决策表达得准确、清晰、简洁是进行有效沟通的前提,而对决策的正确理解是实施有效沟通的目的。在决策下达时,决策者要和执行者进行必要的沟通,以对决策达成共识,使执行者准确无误地按照决策执行,避免因为对决策的曲解而造成执行失误。

一个企业的群体成员之间进行的交流包括相互在物质上的帮助、支持和感情上的交流、沟通,信息的沟通是联系企业共同目的和企业中有协作的个人之间的桥梁。同样的信息由于接收人的不同会产生不同的效果,信息的过滤、保留、忽略或扭曲是由接收人主观因素决定的,是其所处的环境、位置、年龄、教育程度等相互作用的结果。由于对信息感知存在差异性,就需要进行有效的沟通来弥合这种差异性,以减小由于人的主观因素而造成的时间、金钱上的损失。准确的信息沟通无疑会提高人们的工作效率,使人们舍弃一些不必要的工作,以最简洁、最直接的方式取得理想的工作效果。为了使决策更贴近市场变化,企业内部的信息流程也要分散化,使组织内部的通信向下可一直到最低的责任层,向上可到高级管理层,并横向流通于企业的各个部门、各个群体之间。在信息的流动过程中必然会产生各种矛盾和阻碍因素,只有在部门之间、职员之间进行有效的沟通才能化解这些矛盾,使工作顺利进行。

(3)沟通是从表象问题过渡到实质问题的手段。企业管理讲求实效,只有从问题的实际出发,实事求是才能解决问题。而在沟通中获得的信息是最及时、最前沿、最实际、最能够反映当前工作情况的。对于在企业的经营管理中出现的各种各样的问题,如果单纯地从事物的表面现象来解决问题,不深入了解情况,接触问题本质,会给企业带来损失。

个人与个人之间、个人与群体之间、群体与群体之间开展积极、公开的沟通,从多角度看待一个问题,那么在管理中就能统筹兼顾,未雨绸缪。在许多问题还未发生时,管理者就要从沟通中看到、听到、感觉到,经过研究分析,把一些不利于企业稳定的因素消除掉。企业是在不断解决经营问题中前进的,企业中问题的解决是通过有效的沟通实现的。

（4）沟通有助于激励职工，形成健康、积极的企业文化。人具有自然属性和社会属性，在实际的社会生活中，在满足其生理需求时还要满足其精神需求。每个人都希望得到别人的尊重、社会的认可和自我价值的实现。一个优秀的管理者，就要通过有效的沟通影响甚至改变职员对工作的态度、对生活的态度，把那些视工作为负担，对工作三心二意的消极员工转变为对工作非常投入，工作中积极主动，表现出超群的自发性、创造性的积极员工。在有效沟通中，企业管理者要对职工按不同的情况划分为不同的群体，从而采取不同的沟通方式。如按年龄阶段划分为年轻职工和老职工，对年轻的资历比较浅的职工采取鼓励认可的沟通方式，在一定情况下让他们独立承担重要工作，并与他们经常在工作生活方面沟通，对其工作成绩认可鼓励，激发他们的创造性和工作热情，为企业贡献更大的力量。对于资历深的老同志，企业管理者应重视尊重他们，发挥他们的经验优势，与他们经常接触，相互交流，给予适当的培训，以调动其工作积极性。

正是在上述意义上，有效的沟通是提高企业组织运行效益的一个重要环节。管理从沟通开始：管理的过程就是沟通的过程，沟通是管理的基础。因此要把高效、科学的沟通技巧和方法作为管理人员的具体管理行为规范确立下来，让每个管理人员都遵照执行，以沟通的有效性保障管理的有效性。

2. 从人际关系的角度而言，沟通是人际关系质量的基础

在人类的沟通活动中，最重要最普遍的内容是人际沟通，因为社会是人的社会，人与人之间要相互认识、相互作用，只能通过交流沟通来完成。人还要通过沟通来影响别人和调节自己的行为，求得社会的承认、他人的承认。人际沟通就是通过分享信息、传达思想、交流意见、说明态度、显示情感、表达愿望来达成目的，来显示人生的价值。

人与人之间最宝贵的是真诚、信任和尊重，而这一切的桥梁就是沟通。沟通是人际情感的基石，良好的沟通才可以造就健康的人际关系。

有这样一个著名的故事：孔子和众弟子周游列国，曾受困于陈国和蔡国之间，挨饿七日。弟子子贡讨来米，颜回忍饥做饭。当大锅饭将熟之际，孔子看见颜回掀起锅的盖子，伸手抓起一团饭来，匆匆塞入口中。孔子见到此景，又惊又怒，一向最疼爱的弟子，竟做出这等行径。孔子懊恼地回屋，沉着脸生闷气。没多久，颜回双手捧着一碗热腾腾的白饭来孝敬恩师。

孔子气犹未消，正色到："天地容你我存活其间，这饭不应先敬我，而要先拜谢天地才是。"颜回说："不，这些饭无法敬天地，我已经吃过了。"这下孔子可逮到了机会，板着脸道："你为何未敬天地及恩师，便自行偷吃饭？"颜回笑了笑："是这样子的，我刚才掀开锅盖，想看饭煮熟了没有，正巧顶上大梁有老鼠窜过，落下一片不知是尘土还是老鼠屎的东西，正掉在锅里，我怕坏了整锅饭，赶忙一把抓起，又舍不得那团饭粒，就顺手塞进嘴里。"

至此孔子方大悟，感叹道，不仅心想之境未必正确，有时竟连亲眼所见之事，都有可能造成误解。于是欣然接过颜回的大碗，开始吃饭。

上述这例故事，让我们看出沟通在人际关系中的重要性。在生活中，和家人之间的沟通，和爱人之间的沟通，都可以增进情感，体现亲人之间的关爱和关心。而工作中的

沟通,尤为重要的是部门和部门、上级和下级、同事之间的互通信息。上级关心员工,善于听取员工的意见和建议,充分发挥其聪明才智与积极性,可以提高员工的工作效率和成绩;部门和部门之间的沟通,可以迅速地传递各种信息,增进配合,提高默契配合;同事之间的沟通,可以增进信息的共享,汲取不同的经验和教训。可见,工作中的沟通,对于一个公司来说,是多么重要。

在工作中,沟通能增强员工的主人翁意识,能集思广益,沟通是从心灵上挖掘员工的内驱力,为其提供施展才华的舞台。同时,沟通缩短了员工与上级之间的距离,使员工充分发挥能动性,使企业发展获得强大的原动力。

综上所述,可以说,沟通是个人、组织得以生存、生产、发展和进步的基本手段和途径。

第四节　沟通的准备与实施

名人名言

将自己的热忱与经验融入谈话中,是打动人的速简方法,也是必然要件。如果你对自己的话不感兴趣,怎能期望他人感动。

——戴尔·卡耐基

一个人必须知道该说什么,一个人必须知道什么时候说,一个人必须知道对谁说,一个人必须知道怎么说。

——彼得·德鲁克

谈古论今

古时候,有一个妇人,特别容易为一些琐碎的事生气。她也知道自己这样不好,便去求一位高僧为自己谈禅说道,开阔心胸。

高僧听了她的讲述,一言不发地把她领到一座禅房中,落锁而去。

妇人气得跳脚大骂。骂了许久,高僧也不理会。妇人又开始哀求,高僧仍置若罔闻。妇人终于沉默了。高僧来到门外,问她:"你还生气吗?"

妇人说:"我只为我自己生气,我怎么会到这地方来受这份罪。"

"连自己都不原谅的人怎么能心如止水?"高僧拂袖而去。

过了一会儿,高僧又问她:"还生气吗?"

"不生气了。"妇人说。

"为什么?"

"气也没有办法呀。"

"你的气并未消逝,还压在心里,爆发后将会更加剧烈。"高僧又离开了。

高僧第三次来到门前,妇人告诉他:"我不生气了,因为不值得气。"

"还知道值不值得,可见心中还有衡量,还是有气根。"高僧笑道。

当高僧的身影迎着夕阳立在门外时,妇人问高僧:"大师,什么是气?"

高僧开门,将手中的茶水倾洒于地。妇人视之良久,顿悟,叩谢而去。

在职场中,沟通是一件艺术性很强的事。不管是对上司、下属、同事、客户,都需要良好的沟通技巧。然而,良好的沟通要有相应的沟通准备与实施技巧。

知识课堂

一、沟通准备

在进行特定的沟通时,要有充分的准备,其内容包括:

①态度准备。沟通本身就是与他人进行深层交往,并且具有明确的目的,或解决特定的问题。而任何一个沟通对象都是有自己独立的利益和意志的人,投入精力,慎重地实施沟通,还不一定能够达到理解和认同的目的。不慎重对待,这就必然难以获得良好有效的沟通效果。所以,既要有积极而慎重的态度,还要有自信的态度。一般经营事业相当成功的人士,他们不随波逐流或唯唯诺诺,有自己的想法与作风,但却很少对别人吼叫、谩骂,甚至连争辩都极为罕见。他们对自己了解得相当清楚,并且肯定自己,他们的共同点是自信,日子过得很开心,有自信的人常常是最会沟通的人。

②要了解人和人性。要知道,人首先对自己感兴趣,而不是对其他事物感兴趣,换句话说,一个人关注自己胜过关注别人或别的事物一万倍。这是有效沟通的认知基础。

③分析、确定沟通对象的个人特征,包括利益特征、性格特征、价值特征、人际关系特征等,并把握其可能的态度。

④认真准备沟通所要表达的内容,尽可能做到条理清楚、简明扼要、用语通俗易懂,并拟写沟通表达提纲。

⑤选择恰当的沟通方式。即使是选择面对面的沟通,也要事先确定沟通的方式,是直接告知还是婉言暗示,是正面陈述还是比喻说明,都要事先进行选择和设计。

此外,沟通准备还包括,事先告之沟通的主题内容,让沟通对象也为沟通做好准备。在与沟通对象交换意见的基础上,共同确立沟通的时间、时限和地点。

二、沟通实施

准备工作做充分了,也就为有效的沟通奠定了基础。但要保证沟通的效果,在实施沟通的过程中还要在以下四个方面妥当进行:

1. 气氛控制技巧

安全而和谐的气氛,能使对方更愿意沟通,如果沟通双方彼此猜忌、批评或恶意中伤,将使气氛紧张、冲突,促使彼此在心里设防,使沟通中断或无效。

气氛控制技巧由四个个体技巧所组成,分别是联合、参与、依赖与觉察。

①联合:以兴趣、价值、需求和目标等强调双方所共有的事务,造成和谐的气氛而达到沟通的效果。

②参与:激发对方的投入态度,创造一种热忱,使目标更快完成,并为随后进行的活动创造积极气氛。

③依赖：创造安全的情境，提高对方的安全感，接纳对方的感受、态度与价值等。

④觉察：将潜在"爆炸性"或高度冲突状况予以化解，避免讨论演变为负面性或破坏性。

2. 推动技巧

推动技巧是用来影响他人的行为，使其逐渐符合我们的议题。有效运用推动技巧的关键，在于以明白具体的积极态度，让对方在毫无怀疑的情况下接受你的意见，并觉得受到激励，想完成工作。

推动技巧由四个个体技巧所组成，分别是回馈、提议、推论与增强。

①回馈：让对方了解你对其行为的感受，这些回馈对人们改变行为或维持适当的行为是相当重要的，尤其是提供回馈时，要以清晰具体而非侵犯的态度提出。

②提议：将自己的意见具体明确地表达出来，让对方能了解自己的行动方向与目的。

③推论：使讨论具有进展性，整理谈话内容，并以它为基础，为讨论目的延伸而锁定目标。

④增强：利用增强对方出现的正向行为（符合沟通意图的行为）来影响他人，也就是利用增强来激励他人做你想要他们做的事。

3. 体谅他人的行为

这其中包含"体谅对方"与"表达自我"两方面。所谓体谅是指设身处地为别人着想，并且体会对方的感受与需要。在经营"人"的事业过程中，当我们想对他人表示体谅与关心，唯有我们自己设身处地为对方着想。由于我们的了解与尊重，对方也相对体谅你的立场与好意，因而做出积极而合适的回应。

4. 沟通实施过程中要注意避免的事项

高高在上，难以平等的心态对待沟通对象；对沟通对象不尊重、不礼貌；以冷嘲热讽的语气与沟通对象讲话；正面反驳对方；随意打断对方的讲话；心不在焉地听沟通对象讲话；过于夸张的手势；否定对方价值的用词。

技能实训

（1）曾有一位师范学院的学生，毕业前夕反复与女友交谈，希望她能跟他一块去贫苦偏僻的山村当老师。但女友思考再三，婉言拒绝。在这个男孩执教的第一个冬天，山村下了一场大雪，男孩触景生情。忆起大学时与女友一起在雪中嬉戏的情景，不由自主地写下了一封长信，然后寄给了远方的女友。谁知女友读完信后心潮澎湃，毅然离开城市来到了山村。

试分析：

①男生最终能打动女孩芳心的原因。

②如何认识沟通的原则。

③根据上述原则，给自己的一位亲友或同事写一封信。

(2)认真完成下列沟通技能测试题,对你自己的沟通技能进行检讨。

①在说明自己的重要观点时,别人却不想听你说,你会(　　)。

　　A. 马上气愤地走开

　　B. 也就不说完了,但可能会很生气

　　C. 等等看还有没有说的机会

　　D. 仔细分析对方不想听以及自己的原因,找机会换一种方式去说

②去参加老同学的婚礼回来,你很高兴,而你的朋友对婚礼的情况很感兴趣,这时你会(　　)。

　　A. 详细述说从你进门到离开时所看到和感觉到的以及相关细节

　　B. 说些自己认为重要的

　　C. 朋友问什么就答什么

　　D. 感觉很累了,没什么好说的

③你正在主持一个重要的会议,而你的一个下属却在玩弄他的手机并有声音干扰会议现场,这时你会(　　)。

　　A. 幽默地劝告下属不要玩手机

　　B. 严厉地叫下属不要玩手机

　　C. 装着没看见,任其发展

　　D. 给那位下属难堪,让其下不了台

④你正在跟老板汇报工作时,你的助理急匆匆跑过来说有你一个重要客户的长途电话,这时你会(　　)。

　　A. 说你在开会,稍后再回电话过去

　　B. 向老板请示后,去接电话

　　C. 说你不在,叫助理问对方有什么事

　　D. 不向老板请示,直接跑去接电话

⑤去与一个重要的客人见面,你会(　　)。

　　A. 像平时一样随便穿着

　　B. 只要穿得不要太糟就可以了

　　C. 换一件自己认为很合适的衣服

　　D. 精心打扮一下

⑥你的一位下属已经连续两天下午请了事假,第三天上午快下班的时候,他又拿着请假条过来说下午要请事假,这时你会(　　)。

　　A. 详细询问对方因何要请假,视原因而定

　　B. 告诉他今天下午有一个重要的会议,不能请假

　　C. 你很生气,但仍然什么都没说就批准了他的请假

　　D. 你很生气,不理会他,不批假

⑦你刚应聘到一家公司就任部门经理,上班不久,你了解到本来公司中就有几个同事想就任你的职位,老板不同意,才招了你。对这几位同事,你会(　　)。

　　A. 主动认识他们,了解他们的长处,争取成为朋友

　　B. 不理会这个问题,努力做好自己的工作

C. 暗中打听他们，了解他们是否具有与你竞争的实力

D. 暗中打听他们，并找机会为难他们

⑧与不同身份的人讲话，你会（　　）。

A. 对身份低的人，你总是漫不经心地说

B. 对身份高的人，你总是有点紧张

C. 在不同的场合，你会用不同的态度与之讲话

D. 不管是什么场合，你都是一样的态度与之讲话

⑨在听别人讲话时，你总是会（　　）。

A. 对别人的讲话表示兴趣，记住所讲的要点

B. 请对方说出问题的重点

C. 对方老是讲些没必要的话时，你会立即打断他

D. 对方不知所云时，你就很烦躁，就去想或做别的事

⑩在与人沟通前，你认为比较重要的是，应该了解对方的（　　）。

A. 经济状况、社会地位

B. 个人修养、能力水平

C. 个人习惯、家庭背景

D. 价值观念、心理特征

题号为①、⑤、⑧、⑩者，选A得1分，选B得2分，选C得3分，选D得4分；其余题号选A得4分，选B得3分，选C得2分，选D得1分；最后，将10道测验题的得分加起来，就是你的总分。

请自行根据上述要求将每题分值合计，总分数为（　　）分。

结果分析：

①总分为10～20分。因为你经常不能很好地表达自己的思想和情感，所以你也经常不被别人所了解；许多事情本来是可以很好解决的，正是由于你采取了不适合的方式，所以有时把事情弄得越来越糟；但是，只要你学会控制好自己的情绪，改掉一些不良的习惯，那么你随时可能获得他人的理解和支持。

②总分为21～30分。你懂得一定的社交礼仪，尊重他人；你能通过控制自己的情绪来表达自己，并能实现一定的沟通效果。但是，你缺乏高超的沟通技巧和积极的主动性，许多事情只要你继续努力一点，就可取得良好的沟通效果。

③总分为31～40分。你很稳重，是控制自己情绪的高手，所以，他人一般不会轻易知道你的底细；你能不动声色地表达自己，有很高的沟通技巧和人际交往能力。只要你能明确意识到自己性格的不足，并努力优化之，定能取得更好的沟通效果。

思考题

（1）管理界有这么一种主张："如果你想表扬某人，最好形成文字；而如果你想批评某人，那么只需要打个电话说一下就可以完事了。"你如何看待这种主张？请思考如何根据不同的情境采取不同的沟通方式？

（2）如何理解沟通在现代职场中的重要意义？你怎样看待自己工作中的沟通？

第六章　塑造有效的沟通

如果你在职场中听到了以下这些话,感觉会如何?

"我在会上为你感到很遗憾。"即便他是抱着一个非常诚意的心去安慰你,这句话本意很好,但也不可原谅。它表明,你的表现简直糟糕透顶,以至于迫使同事为你感到很遗憾、失望。

"你看起来很累。"职场中难免会有倦怠的时候,当人们总是对你这样说,你是不是会觉得更加郁闷? 它的意思是你看起来又老又憔悴又丑陋,你听了心里自然很不舒服。

"你看起来压力很大/很烦恼。"这句话更糟,因为它不仅暗示你看起来又老又丑,而且工作还没有效率。它似乎略有讽刺意义,不过这也要视人而定。

"不要太在意它。"人们说这话时,表明你已承认你搞砸了某件事,因此,你所需要的最后一件事,就是他们来暗示:没错,你犯了一个天大的错误,做任何事都不能补救它。

也许,这些语言是人们在沟通中经常讲的,但是在正式沟通中却常常起到负面效果。这说明,我们要重视沟通中的语言和非语言技巧,以此塑造积极的沟通。

第一节　语言沟通及其基本技巧

名人名言

"辩才"是一种将真理转化为语言的能力,而所使用的语言又能让聆听者完全理解。

——艾默生

如果你是对的,就要试着温和而巧妙地让对方同意你;如果你错了,就要迅速而热诚地承认。这要比为自己争辩有效和有趣得多。

——戴尔·卡耐基

谈古论今

古时候,某天,有一个秀才到街市去买柴火。他对一个正卖柴火的男子说:"荷薪者过来!"卖柴火的男子听不懂"荷薪者"为何意,但是听得懂"过来",于是担着柴火去到秀才的面前。秀才问:"其价何如?"那男子听不太懂这句话,但是对"价"字很敏感,于是告诉秀才柴火的价钱。秀才围着柴火看良久,说:"外实而内湿,烟多而焰少,请损之。"卖柴火的男子想半天不明白,于是担着柴火离开了(明代,赵南星《笑赞》)。

沟通的根本,是彼此的理解,而理解的前提,是语言表述要让人明白,无论你用口头语言还是书面语言。当然,有一种沟通境界,双方坐在那里不说话,但内心在交流,其前提是双方的交情和精神的共鸣到了很深厚的层次,而这种沟通极其少见,不属于我们讨论之列。下面要讨论的是语言沟通的基本技巧。

知识课堂

一、语言沟通的内涵

语言沟通是指借助语言(文字)符号进行的人际沟通,主要包括口头沟通和书面沟通。

由于语言是人类共同运用的思维工具,因此语言沟通也是最准确、最有效、运用最广的沟通方式。它可以超越时空的限制,使要表述的信息、思想情感世代传递下去,为众多的人分享、接受和理解。

根据语言沟通的概念和性质,对其具体内涵可以做如下几个方面的概括:

1. 沟通不是只说给别人听

有人认为,沟通是"我说给你听"。我是说话者,你是听话人,我发出一项信息,并传递给你,你收到信息后,把它"译解",然后采取令我满意的行动。但是我说给你听,你未必都愿意听;就算听了,也不见得真正听懂了我的意思;即便听懂了我的意思,你也不一定就会按我的意图去行动。所以,沟通并不是片面地"我说给你听"。

越来越多的人,喜欢说话给别人听,有的人了不得,有话藏着不说;有的人不得了,没有话也能说个没完。对付有话不说的人,固然要费点功夫,才能让他把话说出来。对于那些抓住话筒不放,没有话也乱说的人,恐怕更要费心了。因此,我说给你听,并不是沟通的有效方法,过分地表现自己抢着说话,只会给沟通带来害处。

2. 沟通不是只听别人说

"世事洞明皆学问",无论何时何地对何人都有学不完的东西,多听别人的话,可以学到许多书本上没有的东西,对自己有很大的助益。然而仅仅你说我听,也不算有效的沟通。因为仅仅你说我听,我以为听懂了,其实没有听懂,就照着去做,结果却证明"原来我听错了"等于没有沟通,甚至带来了危害。听所有人说的话,或者听同一个人的所有的话,也就可能什么话也没听进去。我们听到一句话,赶紧问:"谁说的?"便是以谁说的来做选择,有的人的话可以听,有的人的话可以不听;同一个人也是这样,有的话可以听,有的话可以不听。一味地听别人说话,不能算沟通,一味地听某些人的某些话更糟糕。

3. 沟通是"通"彼此之"理"

沟通是人与人之间传达思想、观念或交换情报、讯息的过程。等于"你说给我听"加上"我说给你听"以求得相互了解并且彼此达成某种程度的理解。沟通他人,"理"是基础,但"通"理首先要寻求共鸣,常言说,"酒逢知己千杯少,话不投机半句多"。寻求共鸣便可使你成为对方的知己,避免话不投机。所谓"共鸣"是沟通双方思想感情上达到一致的体验,产生共鸣意味着沟通双方的情绪已经融洽,从而为共识达成奠定基础。

二、语言沟通的常见方式

1. 口头沟通

口头沟通是指借助于口头语言实现的信息交流,它是日常生活中最常用的沟通形式,主要包括口头汇报、交谈、讨论、会议、演讲以及电话联系等。

口头沟通的优点是:有亲切感,可以用表情、语调等增加沟通的效果;可以马上获得对方的反应,并有机会补充阐述及举例说明;具有双向沟通的好处,且富有弹性,可以随机应变。

但是,口头沟通也有缺陷。首先,信息在传送的过程中,存在着严重失真的可能性。每个人都以自己的喜好增删信息,以自己的方式诠释信息,因此信息到达最终的目的地,其内容往往与最初的含义存在极大的偏差。其次,如果传达者口齿不清或不能掌握要点做简洁的表达,则无法使接受者了解其真意。再次,信息是即时性的,不易保留。沟通时如果接受者不专心、不注意或心里有困扰,则信息转瞬即逝,无法回头再追认。第四,口头沟通带有随机性,随沟通内容而发生变化,没有仔细斟酌的功夫,因而容易失误。最后,口头沟通方式比较啰嗦,效率较低。

鉴于以上不足,我们在进行口头沟通时,必须遵循以下几个原则:

(1)要有一个良好的开端。简明扼要的开头尤为重要。首先,要了解听者,"知己知彼,百战不殆"。其次,要直接、诚恳、明确地说明你的动机和需求,扫除对方心头的疑虑。最后,要迅速切入主题,以免对方产生厌烦心理。

(2)要有诚恳的态度。诚恳的态度是取得对方信任的关键。如果你是发乎至诚地进行沟通,对方也比较容易听进你的话。首先,要真诚。真诚的态度才能取得听话者的好感,消除隔膜,缩短距离。当然,也不可以百无禁忌,应该尽量避免提及别人不愿谈及的事。其次,要尊重。尊重方能启发对方的自尊自爱,缩短彼此间的心理距离。最后,要同情和理解。强烈的同情心及满怀深情的言语,可以打开处于矛盾或困难之中人的心扉,可以激起心灵的火花,产生善良和容忍,产生信任和动力。

(3)要用简明扼要的语言。话不在于多而在于精,简洁精炼的言语最能吸引听话者的注意力。首先,抓住重点,理清思路。平时与人寒暄或做简短的交谈,可以随便或不顾及条理清晰。但在正式场合,如报告会、讲座、演讲中,则要求说话者对所说的内容有深刻的理解,并对整个说话过程做出周密的安排。其次,要言不烦,短小精悍。言简意赅,以少胜多,听话者感兴趣,也便于理解,容易记住。那种与主题无关的废话,言之无物的空话,装腔作势的假话,听者往往极为厌烦。

(4)要有动听而得体的声音。一般来说,得体的声音能够显示你的沉着和冷静,并吸引他人的注意力;可以让过于激动或正在生气的听者冷静下来;也能诱导他人支持你的观点,从而更有力地说服对方。

2. 书面沟通

书面沟通是以文字为媒体的信息传递,主要包括文件、信函、书面合同、广告和传真,还有现在用得很多的手机短信、电子邮件等。它是一种比较经济的沟通方式,沟通的时间一般不长,沟通成本也比较低。这种沟通方式一般不受场地的限制,因此被人们广泛采用。在计算机信息系统(EMAIL、QQ、微信等)普及应用的今天,人们已经很少采用纸质的方式进行沟通了。

书面沟通本质上是间接的沟通,这使得它具有许多优点。第一,书面沟通具有有形展示、长期保存、受法律保护等优点。如一般情况下,信息的发送者和接收者都有沟通记录,沟通的信息可以长期保存下去,便于事后查询。第二,书面沟通由于有一定的时间准备,可以使写作者从容地表达自己的意思,因此传达信息的准确性高。第三,书面文本可以通过复制,同时发送给许多人,传播面广。第四,它比口头表达更准确,可以供接受者慢慢阅读、细细领会。

但是,间接性的特点也给书面沟通带来了一些特殊障碍。首先,与口头沟通相比,书面沟通的效率低,耗费的时间长。其次,由于缺乏内在的反馈机制,发文者的语气、强调重点、表达特色,以及发文的目的经常被忽略而使理解有误。最后,对文字能力要求较高。书面沟通能力实际上就是写作能力。

在进行书面沟通时,应遵循以下四个原则:

(1)了解对方,有的放矢。与口语沟通一样,书面沟通也需要对沟通对象的情况,如知识水平、理解能力、个人喜好以及对现有问题所持的观点等有所了解。对沟通对象了解得越多,越能有的放矢,沟通成功的可能性就越大。

(2)简明扼要,通俗易懂。有些沟通主体觉得要把思想诉诸文字,必须在语言表达上多下功夫,于是就出现了生僻的词语、复杂的句子、晦涩的专业术语等。殊不知这在职场沟通中不仅有损信息本身,还会阻碍读者流利地阅读。所以在进行书面沟通时,文字的简练和通俗是至关重要的。具体的做法是:减少复杂的句型,把长句改成短句,要点清晰,便于读者把握;删除不必要的词语,减少重复,提高阅读的效率;少用生僻的词语,扫清文字障碍,便于读者理解。

(3)条理清晰,重点突出。根据沟通的目的,有效地组织信息和思想,然后按照人的认知规律,把它们有序地排列出来。例如,可以按照时间、空间、逻辑顺序等进行排列。选择哪一种方法,应综合考虑信息的内容、沟通的对象等因素,以突出重要的信息,实现有效的沟通。

(4)格式规范,眉目清楚。内容固然是书面沟通的重点,但格式的规范和美观与否也会影响读者的阅读情绪。事实证明,规范的文字格式,会让读者有一种赏心悦目的感觉,提高阅读的兴趣。反之,会有一种抵触情绪,使沟通形成障碍。同时,合理的排版,也能起到强调、激发兴趣和刺激的作用,如字号、字体、行间距的选择等,这些手法都可作为"路标"使读者更易于寻找。

三、语言沟通中的说服技巧

说服他人是语言沟通中最主要、最常见、最基本的沟通目的。下面是语言沟通中说服他人的基本技巧。

1. 抓住最佳时机

要抓住最佳时机,就要善于在人的思想、情绪容易发生变化或可能出现问题的关口及时进行说服。一般来说,人们在面临工作调动、毕业分配、入党入团、家庭事件、婚恋受挫、提职加薪、意外事故、住房分配、子女就业、请假探家、负伤患病等这些情况时,容易产生思想波动,这也正是进行说服的好时机,在这种时刻要及时劝导提醒,防患于未然。个别说服的时机是否恰当,可以通过观察对方的情绪表现进行判断。如果对方心平气和,或者表现出情绪超乎平静的迹象,这一般说明时机较为合适。此外,说服别人时,如果条件不具备就急于求成,不考虑清楚,总是急于求成,其结果往往事倍功半,"成"效甚微,甚至把矛盾激化。如果发现对方表现出反感和对立情绪,我们除应检查谈话方式、方法或自己的观点、态度是否正确外,还应考虑谈话的时机是否成熟,及时中止谈话,以免造成不利的后果。这时,我们应积极观察,耐心等待;或者采取恰当措施,创造有利的时机,使说服一举奏效。

2. 说服他人时忌官腔官调

官腔官调会给人一种高高在上、唯我独尊、主观武断的官僚作风和指手画脚、发号施令的作用,这对于说服是十分不利的。所以,在说服时还必须注意坚持实事求是的态度,慎用套话和官话,加强语言表达能力的培养。

3. 从对方最得意的事情说起

生活中每个人都有自己认为得意的事情,这些事情的本身究竟有多大价值,是另一问题,而在他本人看来,却认为是一件值得重视、肯定和纪念的事。你如果能预先打听清楚,在有意无意之间,很自然地讲到他得意的事情,在情绪正常的情况下,他一定会高兴地听你说,当然此时说服他就容易多了。当然,对方得意的事情要从哪里去探听,就需要另谋途径,你可以试着在你的朋友之中找一下是否有与对方交往的人,如果有,向他探听当然是最容易的。如能留心报纸上的新闻或其他刊物,记牢关于对方的得意事情,到时便可以应用。此外,随时留心交际场中的谈话,在这些场合谈到对方得意的事情,也是很平常的。但是必须注意,对方得意的事情,是否曾遭到某种打击而消灭,如有这种情形,千万别再提起,以免引起对方不快,反而对你不利。因为对方在高兴的时候易于接受你的建议或请求;在对方不高兴的时候,虽是极平常的请求,也会遭到拒绝。如对方最近做成了一笔生意,你称赞他目光精准,手腕灵活,引得他眉飞色舞,乘机稍示来意,也是好机会。诸如此类的例子很多,全在于你随时留心,善于利用。

4. 避开正面,迂回劝导

在人际关系中,当遇到难以正面说服的人或难以拒绝的人时,我们就要考虑改变一下策略,避开正面,绕绕远路,迂回出击对付说服的对象,在他们的头脑中总会抱有一定的观点、立场乃至成见,这些观点、立场乃至成见又不是随意产生的,而是经过生活的点滴积累和思考分析后形成的,所以它的根基牢固,不容易改变。说服者如果只知道单刀直入,直截了当地针对对方的观点、立场、成见展开辩论,肯定难以奏效。倘若从旁门、侧面入手,通过迂回的方式劝导就会自然而然地创立一种和谐的环境和气氛,进而借机转入正题,展开说服,这就是迂回劝导的说服方法。

5. 先接受对方的想法

当你感觉到对方仍对他原来的想法保持不舍的态度,其原因是尚有可取之处,所以他反对你的新提议。此时最好的办法,就是先接受他的想法,甚至先站在对方的立场发言,"我也觉得过去的做法还是有可取之处,确实令人难以舍弃"。先接受对方的立场,说出对方想讲的话。为什么要这样做呢?因为当一个人的想法遭到别人完全否决时,极可能为了维持尊严或咽不下这口气,反而变得更倔强地坚持己见,抗拒反对者的新建议。若是说服别人沦落到这地步,成功的希望就不大了。

某家庭电器公司的推销员挨家挨户推销洗衣机,当他到一户人家里,看见这户人家的太太正在用洗衣机洗衣服,就忙说:"哎呀!这台洗衣机太旧了,用旧洗衣机是很费时间的,太太,该换新的啦……"结果,不等这位推销员说完,这位太太马上产生反感,驳斥道:"你在说什么啊!这台洗衣机很耐用的,到现在都没有出过故障,新的也不见得好到哪儿去,我才不换新的呢!"过了几天,又有一名推销员来拜访,他说:"这是令人怀念的旧洗衣机,因为很耐用,所以对您有很大的帮助。"这位推销员先站在太太的立场上说出她心里想说的话,使得这位太太非常高兴。于是,她说:"是啊!这倒是真的!我家这部洗衣机确实已经用了很久,是太旧了点,我倒想换台新的洗衣机!"于是推销员马上拿出洗衣机的宣传小册子,提供给她做参考。这种推销说服技巧,确实大有帮助,因为这位太太已动摇并产生购买新洗衣机的决心,至于推销员能否说服成功,答案无疑是肯定的,只不过是时间长短的问题了。

6. 先"捧"再说服

为了说服他人,我们不妨"捧"他几下。所谓"捧",并不是"虚捧",也不是"乱捧",要根据对方的实际情形来"捧",因为每个人各有所短,也各有所长。

战国时期,韩国修筑新城的城墙,规定期限15天完工,大臣段乔负责主管此事。

有一个县拖延了两天,段乔就逮捕了这个县的主管官员,将其囚禁起来。这个官员的儿子设法解救父亲,就找到管理疆界的官员子高,让子高去替父亲求情。子高答应了这件事。

一天,见了段乔后,子高并不直接提及释人的事,而是和段乔共同登上城墙,故意左右张望,然后说:"这墙修得太漂亮了,真算得上是一件了不起的功劳。功劳这样大,并且整个工程结束后又未曾处罚过一个人,这确实让人敬佩不已。不过,我听说大人将一个县里主管工程的官员叫来审查,我看大可不必,整个工程修建得这样好,出现一点小小的纰漏是不足为奇,又何必为一点小事影响您的功劳呢?"

段乔见子高如此评价他的工作,心中甚是高兴,然后又听子高的见解也在情理之中,于是便把那个官员放了。

那个官员之所以能够获免,原因在于子高的求情。子高把一顶高帽子给段乔带上,然后就事论题,深得要领,不能不令人拍案叫绝。

其实,一般人都存在顺承心理和斥异心理,对那些合自己心意的就容易接受。因此,顺应事物的发展规律,巧言游说,便容易成功。当然,"捧"不等于奉承,不等于谄媚。普通人对于别人,只见其短处,不见其长处,且把短处看得很重大,把长处看得很平凡,所以往往觉得"欲捧但无可捧"之感,其实只要你先存着"人无完人"的思想,原谅他的短处,看重他的长处,可捧的地方多着呢!所以,要说服别人,不妨找准他的痒处,加以适当吹捧,让他在舒服的同时又无法拒绝你的要求,从而达到你的目的。

7. 巧用悬念,说服固执之人

在生活中,再随和的人有时也有固执的一面,人在固执时其心理往往处于一种紧张封闭状态。直言相劝恐怕会碰钉子,巧妙地制造悬念,通过卖关子来吊对方的胃口,松弛对方的紧张抗拒情绪,转移其注意力,然后再进行劝说,则比较容易达到目的。

某建筑公司的李工程师,有一次说服了一个刚愎自用的人。有一个工头,他常常坚持反对一切改进的计划。李工想换装一个新式的指数表,但他想到那个工头必定要反对的。李工去找他,腋下挟着一个新式的指数表,手里拿着一些要征求他的意见的文件。当大家讨论着关于这些文件的事情的时候,李工把那指数表从左腋下移动了好几次,工头终于先开口了:"你拿着什么东西?"李工漠然地说"哦!这个吗?这不过是一个指数表。"工头说:"让我看一看。"李工说:"哦!你不要看的!"并假装要走的样子,并说:"这是给别的部门用的,你们部门用不到这东西。"但是,工头又说:"我很想看一看。"当他审视的时候,李工就随便但又非常详尽地把这东西的效用讲给他听。他终于喊起来说:"我们部门用不到这东西吗?它正是我想要的东西呢!"李工故意这样做,果然很巧妙地把工头说动了。

对于自以为是的人,要说服他,最忌正面交锋、针锋相对,这样不但不能达到预期的目的,反而会激怒被说服者,使其更加坚守自己的观点。要说服这种人,应该先巧妙地制造悬念,把他的好奇心诱发出来,在解释悬念的过程中,可用简单的事理或推论证明对方观点的错误性,从而让其改变观点。那么,怎样才能很好地运用制造悬念这一方法呢?有两点需要注意:一是悬念要具有新奇性;二是悬念和劝说的主题要具有关联性。紧紧把握住这两点,你便能巧妙地说服对方。

8. 肯定性的问答更容易说服对方

我们在说服他人时,对方能不能被说服,关键是你能否牵着对方的思维跟着你的话题走。这种行为就是"诱导"。诱导别人的一个技巧就是从一开始你就要对方回答"是",而千万不要让他说出"不"来。心理学家说,当一个人对某件事说出了"不"字,无论在心理上还是生理上,比他往常说其他字要来得紧张,他全身组织——分泌腺、神经和肌肉——都聚集起来,成为一种抗拒的状态,整个神经组织都准备拒绝接受。反过来看,一个人说"是"的时候,没有收缩作用的产生,反而放开,准备接受,所以在开头我们获得"是"的反应越多,才能越容易得到对方对我们最终提议的认同。而且,每个人都坚持他的人格尊严,他开头用了"不"字,即使后来他知道这"不"字是用错了,但为了自尊,他所说的每句话,他都会坚持到底,所以我们要绝对避免对方一开头就说"不"字。可见,学会循序渐进,一点一点引别人接受,一点一点诱别人"上钩"(当然不是哄骗人家上当),既是说服他人的小技巧,也是嫁接成功的大原则。

9. 站在对方的立场进行说服

说服时,不考虑对方的立场,或是找些莫名其妙的解释来搪塞,都会使事情更难处理。如果你想改变人们的看法,说服别人,而不伤害感情或引起憎恨,最好的方法就是试着诚实地从他人的角度来看事情。你想让他人接受你的建议,就应该设身处地地想一想他们的处境、他们的感受。唯有如此,你才能取得说服的成功。

沟通大师卡耐基曾经租用某家饭店的大礼堂来讲课。有一天,他突然接到通知,租金要增加三倍。卡耐基去与经理交涉,他说:"我接到通知,有点儿震惊,不过这不怪你。如果我是你,我也会那样做。因为你是饭店的经理,你的职责是尽可能使饭店获利。"紧接着,卡耐基为他算了一笔账:"将礼堂用于办舞会、晚会,当然会获大利。但你撵走了我,也等于撵走了成千上万有文化的中层管理人员,而他们光顾贵饭店,是你花五千元也买不到的活广告。那么哪样更有利呢?"经理被他说服了。

卡耐基之所以成功,在于当他说"如果我是你,我也会这样做"时,他已经完全站到了经理的角度。接着,他站在经理的角度上算了一笔账,抓住了经理的诉求:赢利,使经理心甘情愿地把天平砝码加到卡耐基这边。试着去了解别人,从别人的观点来看待事情,就能赢得别人的信任,在说服别人的同时还能减少人际交往的摩擦,使你获得友谊。设身处地替别人着想,了解别人的态度和观点。你不但能得到与对方的沟通和谅解,而且能更清楚地了解对方的思想轨迹及其中的要害点,瞄准目标,击中要害,就能使你的说服力大大提高。

10. 避免激化矛盾

大量的说服事例表明,因说服而使矛盾更加激化了的情况,主要有两类:第一类是强化了对方本来就不该有的消极情绪,从而火上浇油,扩大了事态;第二类是"惹火烧身",因说服方法不当,激怒了对方,使对方把全部的不满和怨恨情绪都转移到你身上,你成了他的对立面和"出气筒"。所以要想做说服者,就要有涵养,有博大的胸怀和宽厚仁义的气质。遇到上述情况,绝不可为了顾全自己的面子而反唇相讥,以牙还牙,使玉帛变干戈。

11. 由别人去做结论

平庸的说服者会急于切中他的主题,抢先做出结论,而优秀的说服者则首先创造一个互相信任和心心相印的气氛,然后再提供自己的看法,而且仅仅是提供看法,而由别人做结论。

天锐公司需要添购一套自动化电镀设备,许多厂商闻讯纷纷前来介绍产品,负责电镀车间的老王因而不胜其扰。但是,有一家制造厂商就别出心裁,写来这样的一封信:"我们工厂最近完成了一套自动化电镀设备,前不久才运到公司来。由于这套设备并非尽善尽美,为了能进一步改良,我们诚恳地请您拨冗前来指教。为了不耽误您的宝贵时间,请随时与我们联系,我们会马上开车接您。""接到这封信真使我惊讶。"老王说,"以前从没有厂商询问过我的意见,所以这封信让我觉得自己重要。"看了这套设备之后,没有人向他推销,而是老王自己向公司建议买下那套设备。

所以,要说服成功,就不要把自己的意见强加于别人身上,而是由别人自己做出结论。

四、语言沟通中的表达技巧

所谓表达就是向你的听众阐述你的思想、主张、要求、建议,意在推销你的观念,发表你的见解,提出你的要求。沟通不是简单地用逻辑分析来说服对方,而是要用沟通对象自己所提供的事实,以及对方不能否认的事实,与对方个人的利益建立起直接的联系,以诱导对方。在这里要绝对避免的问题是,把自己的观点以雄辩的方式强加给对方,让对方感到自己弱智或者输理。因此,沟通中表达的基本技巧是艺术性。此外,还要注意在沟通中适当赞美,让对方感受到受尊重。

1. 语言沟通的艺术表达技巧

沟通的一个主要作用,就是向沟通对象传达自己的想法和情感。这就决定了表达是沟通的最重要环节,因而表达方式的选择就显得极度重要。没有艺术的表达方式,要达到良好有效的沟通结果也是不可能的。

艺术表达的要求如下:

从对方感兴趣的话题入手;

从对方可以认同的话开场;

紧紧围绕对方的利益来展开话题;

多提问,诱出对方的想法和态度;

以商讨的口吻向对方传达自己的主张和意见;

以求教、征求对方意见的方式来提出自己的建议;

注意力高度集中,尽可能多地与对方进行目光对接交流;

运用动作适中的身体语言辅助传达信息;

借助情节的表达,比如讲故事,来阐述自己的观点;

避免过多地使用专业术语;

适当地重复以强调沟通要点;

说话时,请注视着听众;

一定要明白和清楚你所说的内容,如果你不知道自己要说什么,就根本不必站起来,更不要开口;

该说的话说完后,就马上坐下。没有人会因为你讲得少而批评你,废话讲得多的人,人人都讨厌他,千万记住,见好就收;

不要试图演讲,自然地说话就可以了,保持自己的本色,这恰好也是你要发言的原因;

与别人交谈时他们最感兴趣的话题是他们自己,尽量使用这些词——"您"或"您的"而不是"我""我自己""我的",要学会引导别人谈论他们自己。

2. 沟通中赞同的技巧

某城市有个著名的厨师,他的拿手好菜是烤鸭,深受顾客的喜爱,特别是他的老板,更是对其倍加赏识。不过这个老板从来没有给过厨师任何鼓励,这使得厨师整天闷闷不乐。

有一天,老板有客从远方来,在家设宴招待贵宾,点了数道菜,其中一道是老板最喜欢吃的烤鸭。厨师奉命行事。然而,当老板夹了一只鸭腿给客人时,却找不到另一只鸭腿,他便问身后的厨师说:"另一条腿到哪里去了?"

厨师说:"老板,我们家里养的鸭子都只有一条腿!"老板感到诧异,但碍于客人在场,不便问个究竟。

饭后,老板便跟着厨师到鸭笼去查个究竟。时值夜晚,鸭子正在睡觉,每只鸭子都只露出一条腿。

厨师指着鸭子说:"老板,你看,我们家的鸭子不是全都只有一条腿吗?"

老板听后,便大声拍掌,吵醒鸭子,鸭子当场被惊醒,都站了起来。老板说:"鸭子不全是两条腿吗?"

厨师说:"对!对!不过,只有鼓掌拍手,才会有两条腿呀!"

这个案例的启示具有普遍性:激励奖赏是非常重要的。要经常在公众场所表扬佳绩者或赠送一些礼物给表现特佳者,以资鼓励,激励他们继续奋斗。一点小投资便可换来数倍的业绩,何乐而不为呢?此外,下面的技巧能提高赞同的效果:

赞许和恭维他们,关心他们的家人;

学会赞同和认可;

当你赞同别人时,一定要说出来,有力地点头并说"是的""对"或注视着对方眼睛说:"我同意你的看法。""你的观点很好。"

当你不赞同别人时,万万不可告诉他们,除非万不得已。

3. 要令别人觉得重要

在回答他们的话之前,请稍加停顿,表现出专注倾听并认真思考他说话的样子。

肯定那些等待见你的人们,"对不起,让您久等了"。

沟通中的肯定,即肯定对方所讲的内容,而不仅仅是说一些敷衍的话。这可以通过重复对方沟通中的关键词,甚至能把对方的关键词语经过自己语言的修饰后,回馈给对方。这会让对方觉得他的沟通得到你的认可与肯定。

4. 有效地直接告诉对方

一位知名的沟通谈判专家分享他的成功经验时说道:"我在各个国际商谈场合中,时常会以'我觉得'(说出自己的感受)、'我希望'(说出自己的要求或期望)为开端,结果常会令人极为满意。"其实,这种行为就是直言不讳地告诉对方你的要求与感受,若能有效地直接告诉你所想要表达的对象,将会有效帮助你建立良好的人际网络。但要切记"三不谈":时间不恰当不谈;气氛不恰当不谈;对象不恰当不谈。

第二节　非语言沟通及其基本技巧

名人名言

信息的全部表达=7%语调+38%声音+55%肢体语言。

——艾伯特·梅拉比安

精神应该通过姿势和四肢的运动来表现。

——达芬·奇

太阳能比北风更快地脱下你的大衣;仁厚、友善的方式比任何暴力更容易改变别人的心意。

——佚名

沉默是一种处世哲学,用得好时,又是一种艺术。

——朱自清

谈古论今

某公司业务员小李的口头表达能力不错,对公司产品的介绍也得体,人既朴实又勤快,性格很开朗,在业务人员中学历又最高,领导对他抱有很大期望。可工作半年多了,业绩总上不去。问题出在哪儿呢?原来,发现他是个不拘小节、不修边幅的人,不管什么场合都是一身T恤装,脖子上的衣领经常是酱黑色,双手留着长指甲,里面经常藏着很多"东西";有时候手上还记着电话号码;他喜欢吃大饼卷大葱,吃完后,也不去除异味;与人谈话时喜欢凑到人跟前套近乎。有客户反映小李说话太快,经常没听懂或没听完客户的意见就着急发表看法,说话时总爱看表,风风火火的,好像每天都忙忙碌碌的,少有停下来的时候。

人的衣着、体态、表情、态度等都会在沟通中起到重要作用。除了语言沟通之外,非语言沟通也是沟通的重要方式。非语言沟通方式运用得好,会达到很好的沟通效果,运用不当则会起到相反作用;在沟通中可以将语言和非语言沟通结合使用,以使沟通更加有效。

知识课堂

一、非语言沟通的概念、特点和意义

1. 非语言沟通的概念

非语言沟通(Nonverbal Communication)是指有意或无意地通过语言之外的方式(如动作、手势、眼神、表情等)传递信息或表达感情。人们在日常交往中发现,有时非语言

沟通可以起到语言文字所不能替代的作用。大多数人生活在视觉信息充斥的世界里，而且愿意接收视觉信息。

非语言沟通的信息主要来自两个渠道，一是身体语言沟通，二是次语言沟通。身体语言沟通包括面部表情、眨眼睛、眼神交流、凝视、点头、微笑、改变姿势、改变站立位置等。次语言沟通则与讲话本身有关系，如尖声说话、停顿、变化音调、抑扬顿挫、提高音量等。此外，非语言沟通的信息还可能来自于沟通的具体环境。

人们用非语言方式沟通经常会与正在说的话相矛盾。非语言信息往往是在不经意间发送出去的，这就使他人觉得通过非语言信息能获得比语言信息更多的真实情况。研究表明，大多数人宁愿相信非语言传递的信息，而不愿意相信别人嘴里说的话。如果说话者的声音、姿势、面部表情传递出来的信息与嘴里说的话不一致，那么人们宁愿相信前者。

正因为非语言信息在沟通中的重要性，所以在面对面交流时如果你仅仅用言语去传递思想，那就忽略了十分重要的沟通工具。只要持续地传递非语言信息（如眼神的交流、声调适中、身体挺直等），那么非语言沟通就会有效地加强语言信息，发挥它应有的作用。首先，要明白如何传递非语言信息；其次，了解如何捕捉他人传递的非语言信息。不同文化背景的人有着不同的非语言沟通方式。例如，丹麦人握手时喜欢握一下就松开，而意大利人却喜欢握手的时间长一些。

沟通过程远远不只是说几句话这么简单，关键在于说的话要与我们的非语言信号相得益彰，我们的非语言信号是加强了信息，还是有悖于我们的初衷使信息接收者疑惑不解？例如，你的上司嘴里说喜欢你的想法，眼珠却犹豫不决地乱转，这会让你觉得他对你的建议缺乏信心。非语言沟通有很多方式。通过不断地加强自己应用非语言沟通的意识，同时注意体会他人的非语言信息的含义，你能够更有信心地进行有效的沟通。

2. 非语言沟通的特点

（1）普遍性。每个人在成长过程中，都自觉或不自觉地学会了非语言沟通的能力。如婴儿在不会说话前，就可通过脸上的表情、肢体的活动来表达自己的情感和需要。非语言交际手段一部分是人类的本能，一部分是后天习得的。各国、各民族的语言有所不同，但非语言沟通却具有很强的共享性。美国心理学家爱斯曼做了一个实验，他在美国、巴西、智利、阿根廷、日本等五个国家选择被试者。他拿一些分别表现喜悦、厌恶、惊异、悲惨、愤怒和惧怕六种情绪的照片让这五国的被试者辨认。结果，绝大多数被试者"认同"趋于一致。实验证明，人的面部表情是内在的，有较一致的表达方式。因此，面部表情多被人们视为是一种"世界语"。在现代社会里，国际社会为了便于交流而广泛使用一些约定俗成的非语言符号，这些都是具有普遍意义的交际手段。这些非语言符号所传递的信息为不同文化、不同民族的人们所理解，越来越多的符号已为国际所公认。例如，红灯表示"禁止通行"；红色的十字代表医疗卫生机构。

（2）民族性。非语言有着一定程度的共享性，同时它受文化环境的制约，又具有民族性。不同的民族有不同的文化和风俗习惯，这种不同的文化传统和风俗习惯决定了其特有的非语言沟通符号。例如，比较典型的人际沟通例子是人们会通过握手、拥抱和亲吻来表达自己对他人的欢迎和爱抚。在欧洲一些国家，亲吻、亲鼻是一种礼节，是一种友好热情的表示，尤其是对女性而言。但中国人往往更习惯以握手的方式来表达同样的感情。美国人经常用拇指和食指做圆圈表示"OK"，而这在巴西、新加坡、俄罗斯和巴拉圭却是一种粗俗的举动。

（3）社会性。人与人之间的关系是一种社会关系。年龄、性别、文化程度、伦理道德、价值取向、生活环境、宗教信仰等社会因素都会对非语言沟通产生影响。社会中的不同职业角色，不同阶层都对非语言行为有着不同的规定性，如年轻人喜欢相互用手拍肩膀以示友好。然而，如果用同等方式去向年龄较大的长辈来表达友好就显得缺乏礼貌了。

（4）情境性。无论是语言交际还是非语言交际，都要在一定的场景中进行。非语言沟通一般不能够单独使用，不能脱离当时、当地的条件、环境背景、相应语言情境的配合。例如，在我们日常生活中送亲友或客人时挥挥手，这种手势多半是伴随着"再见"以及一种"祝福"（如表达祝愿一路平安、万事如意等）；有时在回答对方时也只是摆摆手，这种手势显然是表达一种"否定""拒绝"等语义。

（5）真实性。一般认为，非语言行为比语言行为更真实。语言交际可以有意识地控制和掩饰，而非语言行为往往是无意识的，是对外界刺激的直接反应。尤其是那些由生理本能所产生的反应。弗洛伊德说过："除非圣灵能够秘而不宣，常人的双唇即使缄默不语，他抖动的双手也在喋喋不休，他的每一个毛孔都在叙说着心中的秘密。"非语言行为除经过特殊训练的人以外，一般最不能有意识地控制，有时甚至完全处于无意识之中，如害羞时满脸通红，害怕时脸色苍白、手脚发抖等。所以非语言行为相对来说更真实，传递的信息也更可靠。在某种情况下，语言信息和非语言信息会传递不同的甚至矛盾的信息，如到别人家做客吃饭，有时饭菜并不合口，却往往会说上一句"今天的菜做得真好"，但紧皱的双眉和难于下咽的表情，更能准确地反映出说话者的真实感受。

（6）持续性。语言交际在讲话的时候进行，在停止讲话的时候中断，它是非连续性的，而非语言信息的传递却是连续不断的。双方谈话时，传递着语言信息，也传递着这种非语言信息，聊天间隔中不语时，仍在传递着这种非语言信息。例如，两个好朋友坐在一张长沙发上聊天，双方的距离、表情即是一种非语言符号，传递着一种"亲密""友好"的非语言信息，这种非语言信息一直伴随着他们的整个传播行为。

3. 非语言沟通的作用

长期以来，非语言符号可用来传递信息、沟通思想、交流感情，这些已被人们所熟悉。据估计，人的脸部能表现出约25万种不同的信息，教室内可以有7000多种课堂手势，这些非语言符号都有着丰富的含义。在特定的场合，非语言符号都可起到特有的作用，具体有以下几种：

（1）表情达意作用。日常生活中人们进行交际的方式是多种多样的，通常人们谈到交际交流时，首先想到的是应用有声语言，但有声语言只是人们交际中的一个手段，除了语言这一重要工具，人们还使用其他手段表达自己的思想、感情及传递信息。例如，国家领导人通过与艾滋病患者握手这一方式，表达政府对艾滋病患者的关怀，消除人们对艾滋病患者的歧视，透过握手传递出来的信息，胜过了千言万语。

(2)补充与加强作用。在人际沟通中,人们之间的相互交往都是综合运用语言和非语言进行沟通的。不可能只有声音的传播,而无语气、表情的显露。只有融入非语言符号才能使人际沟通达到声情并茂,同时也可以用来填补、增加、充实语言符号在传递信息时的某些不足、损失和欠缺。如在给人指路时,我们为了让传递的信息更明确,就会自然地用手指着某一个方向,此时手指指的体态语就补充了言语的不足,并使言语交流更加直观立体。一个男人对他的未婚妻说"我爱你"时把右手放在左胸上并给她一个深深的吻,这一系列的肢体语言使"爱"的信息更加饱满。当老板问你工作做完了没,你回答完成的同时用手做一个"OK"的手势,这种补充的信息会使老板更加确信你完成了工作。当非言语信息和语言信息能互相补充完整的时候,信息的内容就得到了加强。

(3)替代作用。替代作用是指以非语言符号的替代功能来完成信息的交流和传递。当某件事不便用语言表达,或特定环境阻碍了语言交流,这时便会用非语言符号替代。如教师课堂教学,学生有疑问或要回答问题时,只需举起右手,这样既不干扰教学,又能使教师明白学生的意图和所在的位置。

(4)调整作用。调整作用是指非语言行为对语言行为有一个调控的作用。人们在用语言沟通的过程中,常常会有意无意地伴随着非语言的沟通。例如,护士在询问病人的病情时,往往会微笑、点头,鼓励病人继续说下去。如果护士东张西望、频看手表,则说明护士对病人的说话不感兴趣,暗示护患间的交流该停止了。

(5)重复作用。非语言符号常常可以用来重复语言的表达。我们有时候用语言表达了某种含意,如果想第二次表达这种含义时,就往往不使用语言,而是借助于非语言把刚才的话重复一遍。例如,护士告诉病人每天服用药物的次数,病人听不清楚或想确认而向你询问时,护士会伸出手指来表示。可见,辅以非语言符号会使信息传递更加准确。

综上所述,某些状态下,非语言行为可以更直观、形象地表达语言行为所表达的意思,比语言行为更接近事实,更能表达一个人的真实情感。由于非语言符号弥补了语言符号的不足,使它得到更广泛和更普遍的使用。交流双方恰到好处地应用非语言行为,能促进双方沟通,提高交流质量。

二、非语言沟通的常见方式

1. 面部表情

面部表情是指颈部以上包括眼、耳、鼻、下巴各部位情感体验的反应,是非语言沟通中最丰富的形式,其他的身体语言是无法与之相比的。在人际沟通中,面部表情常清楚地表达人的"喜、怒、哀、乐",容易为人们所理解和察觉,是人们理解对方情绪状态最有效的一种途径。面部表情一般是随意的,但又受自我意识调节控制,所以,沟通者要善于识别与解读对方的面部表情,也要善于控制自己的面部表情。

在沟通中,常用面部表情有以下几种:

(1)微笑。

①微笑的沟通作用。有人说:微笑如阳光,可以驱散阴云;如春风,可以驱散寒意。微笑虽无声,但它却可以表达出许多信息。微笑是一种最常用、最容易被对方接受的面

部表情,是人们内心世界的反应,是礼貌与关怀的象征。所以,微笑是人间最美好的语言,是一种令人愉悦的表情,自然而真诚的微笑具有多方面的魅力,能使人消除陌生感,增加人际的信任感、安全感。有魅力的笑能够拨动人的心弦,架起友谊的桥梁。我们应以微笑面对人生,以微笑面对大家,在微笑中为沟通创造出一种愉快、安全和可信赖的氛围。

②沟通中的微笑技巧。在人际交往中,微笑是最有吸引力、最有价值的面部表情。发自内心的微笑应该做到以下四点:

真诚:微笑应发自内心,展现真诚,体现关爱。微笑首先应该是内心情感的真实流露,真诚、温暖的微笑表达了对对方的接纳和友好,并能打动对方。

自然:发自内心的微笑应该是心情、语言、神情与笑容的和谐统一,"皮笑肉不笑"不仅不能带给对方感动,反而引起对方的厌烦,职业性的做作、刻板、僵硬的微笑同样不能深入人的内心并温暖对方。

适度:微笑应该适度,并根据不同的交往情境、交往对象和交往目的而恰当使用。

适宜:尽管微笑是社交场合中最通用的交际工具。但是,这并不是说,任何时候、任何场合都可以以微笑应对。

微笑可以和有声语言及行动互相配合,起到互补作用,在交际中表达深刻的内涵。微笑与举止应当协调,以姿助笑,以笑促姿,形成完整、统一、和谐的美,使人感受到愉悦、安详、融洽和温暖。

(2)目光接触。

①目光的沟通作用。目光是人际沟通中重要的沟通方式之一。目光接触是沟通心灵的桥梁,人们常说,眼睛是心灵的窗口。当双方眼睛相互注视时,通过不同的眼神、视线的方向以及注视时间的长短就可以识别出双方内心的信息。人们可以有意识地控制自己的语言,但往往很难控制自己的目光。因此,我们在交流过程中应该善用目光来维系与对方的情感交流。在人际的交往中,不同的眼神可以起到不同的作用,如关爱的眼神可使人感到愉快,鼓励的眼神可使人感到振奋,责备、批评的眼神可使人产生内疚的感觉等。热情的目光可消除人的紧张、焦虑、孤独感,镇定自若的眼神可使恐慌的人有安全感,凝视的眼神可使人感到时刻在受到关注。因此,沟通者要学会善于运用眼神,达到有效交流的目的。

②沟通中的目光交流技巧。进行沟通时,要学会使用目光表达不同的信息、情感和态度。目光交流应注意以下几点:

注视的角度:应该平视以表达对对方的尊重和平等。

注视的时间:在沟通时,注视对方的时间应不少于全部谈话时间的30%,但也不要超过全部谈话时间的60%。如果对方是异性,则每次目光对视的时间不要超过10秒。要注意,长时间目不转睛地盯着对方是一种不礼貌的行为。

注视部位:应该把目光停留在对方两眼到唇心一个倒三角形区域,这是人们在社交场合常用的凝视区域。

2. 体态语

体态语包括肢体动作、手势和姿势,如身体前倾和肢体摆放的位置。体态在人际沟通中被视为一种无声的语言,又称第二语言或副语言。体态语是个人内在品质和情感的真实流露。许多举止是在无意间世代流传下来的。在体态语的使用、接受和理解上,在不同的文化背景下会或多或少地存在差异,如前文所述,了解你的听众是很重要的。

体态语包括身体的运动、姿势及手势。

(1)身体运动。身体运动是最容易为人发现的一种体态语。在人际的交流与沟通中,被广泛运用。不同的身体运动在人际交流中表达不同的含义,有些是和情境相符合的,有些则是被普遍认可的。常见到的身体运动形式及其含义,如摆手表示制止或否定;双手外摊表示无可奈何;双臂外展表示阻挡;摇头或摇颈表示困惑;搓手表示紧张;拍头表示自责;耸肩表示不以为然或无可奈何等。

(2)身体姿势。身体姿势是个体运用身体或肢体的动作表达情感及态度的体态语言。所谓"站有站相、坐有坐相",是对身体姿势的一般要求。在人际交往中,优雅的身体姿势是有教养、充满自信的体现。良好的身体姿势可以使人看起来富有气质,既可以反映自己的感觉,也可以影响他人对自己的印象。表6-1列举了西方发达国家一些常见的非语言沟通中的体态语。体态语信息往往给人以模棱两可的感觉,有时需要用语言去澄清。在理解非语言信息之前,要先提问澄清,获得语言的回应,才能确保正确地理解其含义。

表6-1 西方发达国家中常用的非语言行为(体态语)和相应的理解

非语言行为	一般的理解
眼睛来回打转	说谎、厌烦、分心、不感兴趣
双臂交叉抱于胸前	不接受他人意见、保守
手指敲桌子	不耐烦、紧张
身体前倾	感兴趣、表示关注
搓动双手	愿意参与
摩挲下巴	不相信
双手卡在臀部	生气、尴尬
双手合拢做尖塔状	有权威、高傲
摸鼻子	说谎、怀疑
轻声说话	不确定、害羞、害怕
抬眉毛	惊讶、不相信

(3)手势。手势是会说话的工具,包括握手、招手、摇手和手指的动作等。手势在人际沟通中具有非常丰富的表现力和吸引力,能够很好地反映沟通者的思想、意图和情感。人们在讲话时,常以手势配合来表情达意。如高兴时,手舞足蹈;愤怒时,双拳紧

握或砸桌、拍案等。在社会生活中,人们常常用一些约定俗成的手势来代替语言行为。如招手表示让对方过来;挥手表示再见或致意;鼓掌表示赞同或欢迎;竖起大拇指表示称赞;翘起小指表示鄙视或厌恶等。不同的人在人际交流中,有自己习惯的手势动作。手势不仅有个体的差异,而且由于社会文化、传统习俗的影响,又有民族的差异。同一种手势,在不同的民族和国家可以用来表达不同的意思。如同样是竖起大拇指,在有的国家是表示赞扬,而在有的民族则被视为猥亵。因此,在使用手势时,要注意到这些文化的差异,以免误会。

(4)体态语的综合运用。在有效沟通中,要综合运用自己的身体语言。

①模仿:适度仿效对方。专家建议,如果要博得对方的好感,就尝试去模仿对方的表情或姿态,假如他向后仰了仰,那么你也不妨向后仰仰。这种模仿的依据是适度地仿效对方的某些动作,不仅是对对方的一种积极回应,而且会让你的身体语言在无形中生动起来。

②触碰:身体的接触。初次见面的人都会握手,如果对方是同性,除了握手,还可以拍拍对方的肩膀。人们都喜欢用这种轻微的身体接触来表示友好,但要注意的是,这种方式的使用要因人而异,千万不要让对方觉得你是在对他进行身体侵犯。

③倾斜:身体自然前倾。身体的前倾会展现出你的尊重,头部微倾可以充分证明你在认真地关注着对方……这些倾斜虽然看起来动作变化幅度不大,但带来的生动效果却并不比大幅度的身体语言差。

④交错:身体语言变化。变化的信息总是能够吸引人更多的注意力。身体语言的变化往往会让你显得更加生动,微笑、点头等常用的身体语言如果得以很好的交错运用,将会收到意想不到的效果。有意识地按照上述方法进行身体语言训练,你生动的身体语言将可以传递出很多正面信息,让别人更愿意靠近你,从而取得更好的沟通效果。

3. 人际距离

人际距离是交往双方之间的距离,也叫空间关系,在沟通中指的是如何把握与对话者之间的空间距离来发出沟通信号。人们都是用空间语言来表明对他人的态度和与他人的关系的。美国人类学家爱德华·霍尔博士在"人际空间理论"中指出了空间距离与人际关系的一个比较标准。

(1)私人距离(约0.5m以内,近范围为0.15m之内,远范围为0.15~0.5m)。私人距离即我们常说的"亲密无间",身体上的接触可以表现为挽臂执手或促膝谈心,彼此间可以肌肤相触,以至于相互能感受到对方的体温、气味和气息。这是人际交往中的最小的间隔甚至是无间隔,一般只有夫妻、伴侣或关系极亲密的双方才会允许彼此进入这个距离。

(2)朋友距离(0.5~1.2m,近范围为0.5~0.76m,远范围为0.76~1.2m)。这是与熟人交往的空间,朋友和熟人可以自由地进入这个空间,但陌生人进入这个距离会构成对别人的侵犯。这是人际间隔上稍有分寸感的距离,正好能相互亲切握手,友好交谈,又少有直接的身体接触。以这种距离与人交往,既能体现友好而亲切的气氛,又能使人感到友好的分寸。适用于亲朋好友之间的交谈。

(3) 社交距离(1.2~3.5m,近范围为1.2~2.1m,远范围为2.1~3.7m)。这是社交的正常距离,在这种距离内交往,表明双方的关系不是私人性的,而是一种公开性的。这种距离已经超出了朋友式的人际关系,更多体现出一种社交性或礼节上的较正式关系。一般在工作环境和社交聚会上,人们都保持这种程度的距离,显示着一种更加正式的交往关系,象征着一种庄重的气氛。如小型会议、交接班、会诊等,多采用这种距离。

(4) 公众距离(约3.5m以上,近范围为3.5~7.6m,远范围为7.6m之外)。这是陌生人之间或是演说者与听众之间所保持的距离,是一个几乎能容纳一切人的"门户开放"的空间,人们完全可以对处于空间的其他人"视而不见",不予交往,因为相互之间未必发生一定联系。从严格意义上来讲,处于公共距离之间的两个人之间并不存在着人际关系的交集。这种交往距离一般适于公众场合,如健康教育、演讲、开大会等。这种距离讲话声音很高,非语言行为如姿态、手势等常比较夸张,一般情况下,公共距离不适合个人交谈。

在现实生活中,这些距离范围并不是固定的,尤其是个人距离,主要取决于双方的文化背景、亲密及了解程度、社会地位及性别差异等。当和好友交谈时,就站得很近——只有0.3m的距离,甚至更近。相反,如果你在海滩,就会和别人保持3m或更远的距离。我们在与人交流时站得远还是近,很大程度上影响着我们对别人的重视程度和关注程度。例如,美国人与人谈话时,喜欢保持一个大约0.6m多的"安全区"。可是在拉丁美洲的许多国家,人们却站得非常近并经常相互抚摩。不仅私人交往如此,商务交谈有时也是如此。所以,沟通中的距离应根据双方的关系和具体情况来掌握。根据不同的情况选择不同的空间距离,有着不同的效果。正常谈话时,双方要有适当的距离,一般以0.75cm为宜,以避免面对面的直视,这种位置使双方的目光可以自由地接触和分离,而不致尴尬和有压迫感。如果关系发展到一定程度,进入情感交流的境界,也不妨并肩齐坐,或肩并肩地行走,这样交谈与劝导,双方都会感到亲密。

4. 辅助语言与类语言

辅助语言与类语言也叫超语言现象,指说话的音调、音量、尖锐程度和语速等。辅助语言包括音质、音量、声调、语速、节奏等。类语言则是指那些虽然有声,但无固定意义的声音,如哭声、笑声、呻吟声、叹息声等。

辅助语言和类语言在沟通过程中起着十分重要的作用,因为它们能强化信息的语意、分量,能表达一些言语本身所不能表达的含义和心理活动。而同样的语言信息,往往因为其语调、音高或语速的不同,使表达的意义和情感迥然不同。一句话的含义不仅取决于其字面意思,还取决于它的弦外之音。语音表达方式的变化,尤其是语调的变化,可以使字面相同的一句话具有完全不同的含义。听者会关注说话者宣布信息的声音是坚定而大声的,还是轻声羞怯的。同一条信息,说的时候强调的词语不同,也会意思迥异。例如,"你妈妈在哪里?"这句话发生在如下三种不同的情境中会有截然不同的语音:

这很可能是一个大人在帮一个孩子找他的妈妈;

这可能是在五一节大游行活动中,一个孩子的同学在问他;

一位愤怒的邻居一边看着自己家刚被打碎的窗户玻璃,一边瞪着一个带着棒球手套的孩子。

我们要善于运用声音的效果加强自己所表述内容的意义和情感,注意以一种适当的语音来确保听者能理解我们发出的信息的初衷。

5. 沉默

在沟通中,人们想到的往往是语言和身体姿势,它们使交流源源不断地进行,而把沉默认为是交流的中断,然而,交流中如果没有沉默,就不能调节说话和听讲的节奏,交流将无法进行。所以,恰当地使用沉默,可以让交流更理性、更深入,即所谓的此处无声胜有声,中国有句话叫:沉默是金。沉默可以传递某种重要的信息,在不同场合沉默可能具有不同的含义,但是必须有效使用。否则,无论是在平时的日常生活还是职场沟通中,很容易使另外一个沟通者无法判定行为者的真实意图而产生惧怕心理,从而不能达到有效的沟通。

适时、适当的沉默是一种重要的沟通技巧,以温和的态度表示沉默会给人十分舒适的感觉,它给人以思考、调整的机会,使人感到你是真正用心在听他的讲述,有时也是给对方表达或宣泄自己的感情的时间。

6. 体触

体触是人体各部位之间或人与人之间通过接触抚摸的动作来表达情感和传递信息的一种行为语言。触摸可以发出强烈的非语言信号。心理学研究表明,人在触摸和身体接触时情感体验最为深刻。人们会触摸那些自己喜欢的或联系紧密的人,如朋友之间会把胳膊搭在对方肩上以示亲密和鼓励。还有的触摸可以代表不同程度的进攻性,如用手指戳对方或击打对方的手。由于人际关系不同,触摸沟通也不一样,有工作方面的(牙科检查、理发),有社会和政治方面的(握手),有表达友谊和热情的(轻拍后背),还有爱情和亲密的(接吻和拥抱)。因此,日常生活中,身体接触是表达某些强烈情感的方式。体触的常见形式包括抚摸、握手、偎依、搀扶、拥抱等。在人际沟通中,可以表达关心、体贴、理解、安慰和支持等。但是,使用体触的沟通方式需要注意的是,体触受家庭、性别、年龄、文化等多方面因素的影响,不同的人对体触的理解、适应和运用是有差异的。因此,在人际交往中需审慎使用。

在沟通中,如使用体触的方式,需要注意的是,首先,应根据沟通的情境选择体触的方式。只有与具体的沟通场合相一致的体触才能有良好的沟通效果。其次,要根据沟通对象选择体触方式。在中国传统的文化习俗中,同性之间比较容易接受体触的方式,而异性之间,则要谨慎使用。最后,要根据交往双方的文化背景选择体触方式。如在东南亚一带,不论大人或小孩,都不允许别人随便触摸自己的头部,因为他们认为这会给对方带来晦气;在西方,男女之间常用拥抱的方式表示友好,而在我国,异性之间很少通过拥抱的方式表示友好。

7. 仪表

仪表在人们的人际交往中,是一种无声的语言。它以一种直观的方式传达出一个人的内在文化素养和审美情趣,以及其身份、地位、经济实力等信息。两个人见面时,一个人的仪表往往首先被人们所关注。人们往往通过穿衣戴帽、装饰仪容来了解他人，表现自我。

在人际沟通中，首先，仪表具有表达功能。人们选择什么样的穿着打扮，至少可以部分地透露其"非语言信息"，它其实在静态地描述一个人的社会地位、文化、个性、习惯、爱好乃至身心健康状况。其次，仪表具有角色区别功能。在医院里，我们只要通过彼此所穿的衣服，就能直观地辨识出哪个是医生，哪个是护士，哪个是患者。医生的白大衣、护士的护士服、患者的病号服，就是很好的例子。这些特殊的服饰表明了着装人的社会角色。再次，仪表具有印象形成功能。同样一个人，穿着打扮不同，给人留下的印象也完全不同，对交往对象产生的影响也不相同。第一印象的产生，80%以上是基于对方的外表。可见，仪表对印象的形成具有重要的意义。最后，仪表还具有改变自我概念的功能。心理学的研究表明，如果一个人的仪表端庄，穿着讲究，优越于周围的人，则这个人的自尊感会上升，他会更相信自己的能力；相反，如果一个人衣着寒酸，仪表邋遢，则自尊感会明显下降，他对自己的认知和判断会趋向消极。

8. 环境

环境指的是房间或空间的布置、照明、配色方案、噪声大小、装饰情况等。通常，办公室的布置风格可以使下属有一种亲和力的感觉，也可以有一种格格不入的感觉。例如，你背对着门而坐还是面朝着门坐，会给人截然不同的感觉。同样，你在办公桌的对面放置椅子，让同事们与你对坐，这就好像在你们之间设置了一道沟通的障碍。如果你想让员工感到公平的待遇，可以把椅子都摆在桌子的一边或者大家围着圆桌而坐来进行交流。

9. 时间安排

时间安排指的是如何规划和利用时间。经常迟到、早到，还是刚好按时到？这在传递什么样的信息？你的上司、同事和下属又会有怎样的感觉？如果你总是开会迟到，别人会怎么看待你的这种行为？相反，如果你总是早到呢？你的所作所为发出的信号是你想要传达的吗？当然这里又一次要提到文化差异问题，不同的文化会对行为做出不同的解释，要注意这些差别，才能保证相互理解。

第三节　有效沟通的聆听、提问与反馈

名人名言

倾听对方的任何一种意见或议论就是尊重，因为这说明我们认为对方有卓见、口才好和聪明机智，反之，打瞌睡、走开或乱扯就是轻视。

——托马斯·霍布斯

如果希望成为一个善于谈话的人，那就先做一个致意倾听的人。做一个好听众，鼓励别人说说他们自己。

——戴尔·卡耐基

谈话的艺术是听和被听的艺术。

——威廉·赫兹里特

就是在最好的、最友善的、最单纯的人生关系中，称赞和推许也是必要的，正如滑油对轮子的必要性，可以使轮子转得快。

——战争与和平

谈古论今

曾经有个小国使臣到中国来，进贡了三个一模一样的金人，金碧辉煌，把皇帝高兴坏了。可是这小国使臣，同时出了一道题目：这三个金人哪个最有价值？

皇帝想了许多的办法，请来珠宝匠检查，称重量，看做工，都是一模一样的。怎么办？使臣还等着回去汇报呢。泱泱大国，不会连这个小事都不懂吧？

最后，有一位退位的老大臣说他有办法。

皇帝将使者请到大殿，老臣胸有成竹地拿着三根稻草，插入第一个金人的耳朵里，这稻草从另一边耳朵出来了；第二个金人的稻草从嘴巴里直接掉出来；而第三个金人，稻草进去后掉进了肚子，什么响动也没有。老臣说：第三个金人最有价值！使臣默默无语，答案正确。

这个故事告诉我们，最有价值的人，不一定是最能说的人。老天给我们两只耳朵一个嘴巴，本来就是让我们多听少说的。善于倾听和反馈是有效沟通的基本技巧。

知识课堂

一、沟通中倾听的技巧

所谓倾听就是要充分给沟通对象以阐述自己的意见和想法的机会，并设身处地地依照沟通对象的特点与思路来思考，找出对方说话的合理性，以充分了解沟通对象，收集自己所不知道的信息，并把沟通对象引导到所要沟通讨论的议题上来，使沟通对象感到自身的价值和所受到的尊重。

大多数人都有一种表达欲望，希望有机会阐述自己的意见、观点和情感。所以，如果你给他一个机会，让他尽情地说出自己想说的话，他们会立即觉得你和蔼可亲、值得依赖。很多人在沟通中不能给人留下一个良好的印象，不是因为口才不好，表达不够，而是由于不会倾听，没有耐心地听别人讲话。他们在别人讲话的时候，或者四处环顾，心不在焉，或者强行插话，打断对方的讲话，让对方感到忍无可忍。

倾听的行为，是用来控制自己，不要为了维护个人权势与面子而侵犯他人。倾听能鼓励他人倾吐他们的状况与问题，而这种方法能协助他们找出解决问题的方法。倾听技巧是有效影响力的关键，沟通中的聆听不是简单地听就可以了，它需要相当的耐心与全神贯注，需要把对方沟通的内容、意思全面把握，这才能使自己在回馈给对方的内容上，与对方的真实想法一致。例如，有很多人属于视觉型的人，在沟通中有时会不等对方把话说完，就急于表达自己的想法，结果可能无法达到深层次的共情。倾听技巧由四个个体技巧所组成,分别是鼓励、询问、反应与复述。鼓励:促进对方表达的意愿。询问:以探索方式获得更多对方的信息资料。反应:告诉对方你在听,同时确定完全了解对方的意思。复述:用于讨论结束时,确定没有误解对方的意思。

沟通中用心倾听的基本要求如下:

不断向沟通对象传递接纳、信任与尊重信号,或者偶尔复述沟通对象讲的话,或者用鼓励、请求的语言激发对方,例如,"您说得非常有价值。""很好!""请接着讲。""你能讲得详细一些吗?""假如没有这个前提,结果会是什么情况?""您说的……很有意思。"一方面使沟通对象感觉到被重视;另一方面又让对方把话说透彻。

努力推测沟通对象可能想说的话,有助于更好地理解和体会沟通对象的感情。但不能对沟通对象的话进行假设之后,就把假设当真,不再认真倾听。尤其要克服自己的偏见,不要受先入为主的心理影响。

保持与沟通对象的眼神接触,但又要避免长时间地盯着沟通对象,否则会使沟通对象感到不安。

端正坐姿,并让身体稍稍前倾,面对沟通对象,在他讲话时,不时地做一些笔记,尤其要注意不要给对方一种无精打采的感觉。

即使突然有电话打进来,可明确告诉对方过一会儿再打过来。如果电话内容紧急而重要,必须接听时,也要向沟通对象说明原因,表示歉意。

不要东张西望,若有所思。避免跷着二郎腿、双手抱胸、双目仰视天花板,或者斜目睨视,这样容易使沟通对象误以为是不耐烦、抗拒或高傲。

在倾听过程中,如果没有听清楚,没有理解;或是想得到更多的信息,澄清一些问题,希望沟通对象重复;或者希望使用其他的表述方法,以便于理解;或者想告诉沟通对象你已经理解了他所讲的问题,希望他谈一些其他问题。你可以在适当的情况下,直接把自己的想法告知沟通对象。

以热诚、友善的态度倾听,避免任何冷漠、自我优越、吹毛求疵的行为。

要有心理准备听取不同意见,即使沟通对象所说的话伤害了你,也绝不要马上在脸色上、语调上表现出来,至少要让人把话说完。

二、沟通中提问的技巧

运用提问技巧的一个理想模式就是像漏斗一样来筛选有用的信息。用漏斗来筛选是指首先提出一些非常宽广和开放的问题,不要有具体指向的限制,之后再逐步地缩小问题涉及的范围,提出一些相对具体的问题。这样员工的回答会越来越接近真实的情况,就好比是经过了从漏斗的大口一直流到下面的小口这样一个过程。漏斗式的筛选包括了四个步骤:

1. 收集信息的概括性问题

建议用"请告诉我……"这个问题来开始整个谈话的过程。"请告诉我……"这样的措辞既是一个邀请,也是一个命令。

"请告诉我今天早上你为什么会迟到?"

"请告诉我你和客户之间的关系怎么样?"

"请告诉我那以后你碰上了什么事情?"

这类问题是非常概括的,人们可能会从任何一个角度来告诉你他们所知道的事情中的任何一部分。上司应该仔细地听清楚员工的回答,因为员工开始回答问题的方式本身就包含了一些很值得认真考虑的东西,这对于理解他们的思维过程是十分有用的。

从这个意义上说,经理就像是在对员工说:"请给我画一幅画。"就像一个画家既会从背景的花草树木、云彩开始画,也会从前景的一些人物开始画一样,在一个员工与经理交流的过程中,有的人会直接去谈前景中的人物,而另一些人会去谈远景中的树林。不应该批评那些从边缘处入手的人,这只是说明他们不能,至少是不能立刻去把握图画中那些更核心的主题或者更具体的因素。

"请告诉我……"这种问题是一种邀请,而这个邀请也直接传递了这样的信号:"我希望能听到这个问题的答案。""我想让你告诉我发生了什么事情。""请告诉我……"就是漏斗上面的那个大口,是漏斗最宽的部分。谈话的发起者能给员工最大的自由空间,让他们畅所欲言。

2. 开放结果式问题

英语中最基本的疑问词,是什么(What)、哪里(Where)、为什么(Why)、何时(When)、怎么(How)以及谁(Who)。英国作家罗德亚德·吉卜林的一首诗把这些词都囊括了进来:

我有六个忠诚的仆人,

他们可以告诉我这世间的一切。

是什么,为什么,何时,何地,怎么样,那是谁。

这就是他们的名字。

学习的最好办法就是提问。这六个忠诚的仆人能告诉每一位经理需要了解的绝大多数信息。要注意,相比"请你谈一谈……"的那种邀请,这六个疑问词具有更大的指导意义。它们更具体、更集中,不是那么宽泛。所以,主管们就应该多问一些"W"和"H"的问题,以便获取足够多的信息。虽然问这样的问题花的时间很少,但是却需要很多的时间来回答。通过这些问题,员工在经理的指引和帮助下,逐渐勾勒出了图画的大体轮廓。当员工根据发生在他身上的事情来作画的时候,作为上司,你可以指导他在画布上不同的地方下笔。"后来发生了什么?""还有谁也被卷进来了?""这是什么时候发生的事情?""那个时候你在哪里?"这些提问都属于开放结果式问题。开放结果式问题不能简单地用是或者不是来回答,必须要做一些描述,才能回答开放结果式问题。

与开放结果式问题不同,一个封闭结果式的问题是那些只能回答是或者不是的问题。这种封闭结果问题的一个最大缺陷就是它不能鼓励员工提供任何额外的信息。经理就必须一个接一个地问,才能引导下属继续谈话。如"你每天都迟到吗?""你想改正你的错误吗?""我应该惩罚你吗?"

封闭结果式问题的另一个缺点是回答问题时会出现严重的逻辑错误。如"你还没有停止贩卖毒品吗?"这样一个问题,无论你怎么回答,结果都是一样的:你完了!

在与员工谈话的时候,我们要做到以下几个要点:

首先,因为问题员工往往会闹情绪,上司应该给他们一个放下思想包袱、倾诉问题的机会。在这种特殊的情况下,经理要做的就是尽量少说话,应该保证有80%~90%的时间是你的下属在说话。

其次,对于影响员工工作表现的因素以及员工自己所给出的解释,管理者需要加深自己的理解。出于这个原因,主管人员应该把谈话过程作为验证自己对局势的判断正确与否的一个机会。

最后,无论是为了表明自己对问题的关注,还是为了最终做出判断,管理者都要运用提问和聆听的技巧。比较简单的策略就是让员工自己来克服自己与上司之间的交流障碍。可以通过简化交流的过程,或者畅通交流的渠道来很好地做到这一点。向员工提出的每一个问题都是在向他们传递"我想知道"的信号。提出问题和聆听回答可以让员工融入交流的氛围,缩短他们与上级之间的距离。同时这也是对员工的人格表示尊重,哪怕经理并不认同员工的行为。

3. 具体问题

这一类问题进一步追问那些最初的提问没有澄清的要点,可能包括了一些是或者不是的问题以及其他的可以推导出更多信息的问题。例如,"这是在小王推你之前还是推你之后发生的?""你到这里的时间是8点15分还是8点25分?"

要注意到随着提问范围的不断缩小,问题也就相应变得更具体。如果已经到了漏斗底部的那个小口,那么我们所要画的这幅画的草图差不多也就完成了,只不过是画还是黑白的。为了给图画染上颜色,我们还需要第四种问题。

4. 自我评价问题

感情是生活的色彩。当我们非常激动的时候,红色可以代表我们的心情;当我们感到沮丧时,蓝色会成为心情的符号;当我们精力充沛、积极乐观时,绿色就可以用来描述自己内心的感受。随着用这种漏斗式方法对信息的不断筛选,我们描绘的图画被逐渐涂上了色彩。现在经理就需要再问一问员工如何评价自己所叙述的情况。"正如你所说的,小李,这些都意味着什么呢?"或者"当张三对你那么说的时候,你是怎么想的?"此时,员工对自己的情感、感觉以及情绪反应都是非常有用的线索。正是在这个时候,图画被赋予了色彩。

要注意,只有当漏斗式的筛选过程结束之后,才能提出有关情绪的问题。一旦经理们愿意花时间来倾听员工的谈话,那么员工的回应也就会更积极。上下级之间的相互信任也就随之建立了起来。现在,当经理询问员工对自己情绪的评价,要求员工对自己的经历进行客观的描述时,员工对上司会有一种信赖感。但是,如果上级在谈话开始时,一上来就直接询问员工的感情状态,那么员工是不太可能开口的。

三、沟通中反馈的技巧

所谓反馈就是在沟通过程中,对沟通对象所表述的观念、想法和要求给予态度上的回应,让对方明白自己的态度和想法。这种反馈既可以主动寻求,也可以主动给予。在现实中,有些管理人员总是想到要把自己的观点、想法灌输给对方,让对方无条件地接受,往往不寻求对方的反馈,也不对对方的反馈进行分析,调整自己的想法和思路。其结果是沟通的时间花了不少,但却毫无沟通效果,总是沟而不通。

对于一个完整的、有效的沟通来说,仅仅有表达和倾听是不够的,还必须有反馈,即信息的接收者在接收信息后,及时地回应沟通对象,向沟通对象告知自己的理解和意见、态度,以便澄清"表达"和"倾听"过程中可能出现的误解和失真。

1. 重复对方的话

这种技巧也被称为"镜子倾听"。你用自己的语言把听到的东西对别人再说一遍。

"我看看我是否理解了你所说的……"

"换句话说,你觉得事情就是这样发生的?"

"也就是说,你感到难过是因为你做的工作没有得到承认,而不是报酬的原因?"

当你在重述员工的话时,你其实是在从他所处的角度来看问题。你说道:"这就是你想对我表达的意思?我的理解正确吗?"员工会回应道:"是的,你已经理解我的意思了。"或是"这就是我的意思,问题的关键就在于他们好像很关心这事,但实际上他们并没有去做。"

这种语言上的技巧能让别人确认或者更正你所理解的谈话内容。它也在向别人传递这样一个信息:我在想方设法弄明白你说的话。虽然重述在谈话的任何时段都会有用,但是它特别适合在员工对整幅画的主要部分描述完成之后来使用,此时经理有机会来总结到目前为止他听到的所有东西。

2. 鼓励回应

在员工说话时,你需要利用一些手段对他进行刺激或鼓励。当然这些手段不是要打断员工说话。下面的这些脱口而出的话会对你有所帮助:"啊哈""继续""再说两句""我了解""接下来发生了什么?""真的吗?""我能理解"等。这些简短的话都表示了一种理解。它们并不表示你赞同员工的话,而是出于一种基本的礼貌,让员工感到你在鼓励他讲下去。

在别人开口回应你之前,你说话的时间不应该太长。最好把时间控制在有限的几分钟之内。如果没有鼓励、刺激、接着往下说的提醒,大部分员工就不会再说下去了。上司们就不得不开始说话。而此时,谈话的一些重要目标——倾诉问题和判断局势也就无法实现了。上司使用这些鼓励的话是在表明:"我明白,我理解你。虽然刚才我插了一些简短的评论,但是我要你接着刚才的话继续说下去。"记住沟通专家的建议:一定要让员工掌握主动权,让他把球控制在自己的脚下。

3. 保持沉默

有人说,我们同时有一张嘴巴和两个耳朵,其中蕴涵的道理就是我们要多听少说。如果我们想让员工继续往下说,沉默就是最好的方法。并且,沉默也让员工感到上司对他的话深有感触,所以沉默是最有力的倾听技巧。但员工把话说完之后,上司可以点点头,流露出充满兴趣的眼神,用这些默不作声的举动来作为回答。而在员工讲述了一些非常重要的事情或是表现得情绪激动时,这种意味深长的沉默会非常管用。在这一时刻,沉默就是一种对人的尊重。"我对你的话深有感触,我都不知道该再从何谈起",或者"我十分理解你表达的意思,我不想打断你的思路"。

沉默制造了一个真空,随着时间的流逝,它能逼着对方继续说下去。根据谢尔曼法则:"无论我说了什么,其实还不止如此。"员工往往会回到他故事中最关键的部分。如果上司能在适当的时候保持沉默,以一种大方、尊重的态度来看待员工所说的东西,那么就能得到一个让员工再开口的机会。有必要的话,保持沉默的时间会长达15秒钟。但是通常情况下用不了那么久,谈话就会重新开始。

除了上述的三点,沟通中积极反馈的基本要求还有:

避免在对方情绪激动时反馈自己的意见,尤其当要做一个与对方所寻求的意见不一致的反馈时。

避免全盘否定性的评价,或者向沟通对象泼冷水,即使要批评下属,也必须先赞扬下属工作中积极的一面,再针对需要改进的地方提出建设性的建议,以让下属能心悦诚服地接受。

使用描述性而不是评价性的语言进行反馈,尤其强调要对事不对人,避免把对事的分析处理变成对人的褒贬。既要使沟通对象明白自己的意见和态度,又要有助于对方行为的改变。

向沟通对象明确表示你将考虑如何采取行动,让对方感觉到这种沟通有立竿见影的效果,以增加沟通对象对你的信任。

站在沟通对象的立场上,针对沟通对象所需要的信息进行反馈。

反馈要表达明确、具体,若有不同意见,要提供实例说明,避免发生正面冲突。

针对沟通对象可以改变的行为进行反馈。

要把反馈的重点放在最重要的问题上,以确保沟通对象的接受和理解。

技能实训

一、掌握有效沟通的四个关键点

(1)提问。提问题要有诀窍。问题分为两种,一种是封闭式的问题;另一种是开放式的问题。封闭式问题的答案只能是是或否,封闭式的问题只应用于准确信息的传递。例如,我们开不开会?只能答开或不开,信息非常明了,而不能问下午开会的情况怎么样。开放性的问题,应用于想了解对方的心态,以及对方对事情的阐述或描述。例如,我们的旅游计划怎么安排?你对近一段工作有哪些看法?在这种氛围下工作你有什么感觉?每个人都有强烈的倾诉欲望,通过开放式的问题,可让对方敞开心扉、畅所欲言,让他感觉你在关心他,这也是关怀的一种艺术,就是要问寒、问暖、问感受、问困难……

(2)倾听。在对方倾诉的时候,尽量不要打断对方说话,大脑思维紧紧跟着他的诉说走,要用脑而不是用耳听。要学会理性的善感。理性的善感就是忧他而忧,乐他而乐,急他所需。这种时候往往要配合眼神和肢体语言,轻柔地看着对方的鼻尖,如果明白了对方诉说的内容,要不时地点头示意。必要的时候,用自己的语言,重复对方所说的内容。如"你刚才所说的孤独,是指心灵上的孤独,所以你在人越多的时候,越感到孤独,不知道我对你理解的是否正确"(要鼓励对方继续说下去)。

(3)欣赏。在倾听中找出对方的优点,显示出发自内心的赞叹,给予总结性的高度评价。欣赏使沟通变得轻松愉快,它是良性沟通不可缺少的润滑剂。

(4)建议。沟通的目的是达成意见或行为的共识。而建议没有任何强加的味道,仅仅是比较两种或多种行为所带来的结果,哪个更加完善而优良,供对方自由选择。提出意见时,最忌讳的用语就是"你应该……""你必须……"不论你的建议多么好,与你沟通的对方只要听到这两个词,顿时生厌,产生逆反心理,大多不会采纳你的意见。因为每个人都不愿被别人当成孩子或低能儿,他们也不是"军人",随时等着接受"将军"的命令。大多数人听到这两个词时往往会这么想:"我要怎么做,还要你来告诉我吗……你以为你是谁……"

二、实施有效沟通的四步法

第一步,对以前成绩的肯定(赞扬)。

第二步,这次事情如果这样做会有更好的结果(良性改进意见)。

第三步,我相信你如果多加思考,肯定能把这件事做得非常出色(期望与鼓励及暗中地施加压力)。

第四步,需要我的帮助随时告诉我(告诉他你对他的所作所为是善意的、为他着想的)。

三、传话与倾听的技能训练

完成这项练习,要请出5位志愿者担任倾听者,其中4位先离开房间,剩下的人留在房间里进行观察,记录有效的和无效的倾听行为(即复述、眼神交流、插话等)。一开始先由老师告诉留在房间的第一个志愿者A一段小故事或给他读一段文章。另一个志愿者B回到房间里,A把故事重复给B听,这样两者就进行了一次对话。然后C再进来,B再把故事讲给C听。这样传话直到5个人传完一遍。最后,由E把自己听到的故事写在黑板上。志愿者们比较自己的记录,会发现前后两个故事版本相差甚大!

问题:

(1)故事还保留了多少本来面目?这一练习可以给我们哪些关于有效沟通的启示?

(2)哪一类信息最容易记住,为什么?

(3)为了帮助吸收信息,我们都采用了哪些主动倾听的技巧?

(4)还有哪些有助于信息记忆的技巧没有被用到?请举例说明。

(5)为了更好地吸引听者倾听,说话的人还应该怎样做呢?

(6)为了适合自己的记忆习惯和个性需要,听者是如何改变信息的上下文顺序的?

四、主动倾听技能训练

完成这个练习,要把学员分成3人一组。大家数:1,2,3;1,2,3……进行分组,在第一轮分组中,所有数到1的人作为小组中的正方,数到2的人作为反方,数到3的人作为观察记录人员。讲师给出话题后,正方和反方各有1分钟准备时间,然后要求双方利用5~7分钟时间就该话题达成共识。其间,观察者要利用表6-2记录行为,也就是正反双方所说的和所做的,哪些是主动倾听的表现,哪些不是。时间终了,正反两方先后总结自己刚才在倾听过程中哪些行为表现得好,哪些行为需要改进。最后,由观察记录者发言,列举实例,评价双方总结的情况。如果有机会多练习几轮,就轮换角色,尽量保证人人都做一次讲话者,最好人人还都能做一次观察记录者。

表6-2 倾听反馈表

主动倾听行为	正 方	反 方
(1)提问以澄清内容		
(2)向对方复述对方的观点以澄清内容		
(3)回应非语言线索(如姿态、音调)		
(4)表现出达成共识的愿望		
(5)没等对方说完就打断对方		
非主动倾听行为	正 方	反 方
(6)固守自己的观点		
(7)表现出主导本次对话的愿望		
(8)忽视非语言信息		

参考话题:体育成为大学录取的标准之一;工作场合应该态度圆滑还是态度坚定;网络文学等。

问题:

(1)你们组最后达成共识了吗?是什么帮助你们达成了共识?

(2)阻碍你们达成共识的因素有哪些?

(3)为给定你的观点进行争辩时,你感觉舒服吗?这种感觉对你主动倾听的能力有什么影响?

(4)如果争辩之前,给定你的观点与你自己的价值观或信仰格格不入,那么经过辩论,现在是否对这一话题有了不同的认识?

(5)你可以采取哪些步骤来提高自己主动倾听的能力,尤其是当你不同意朋友或下属的观点时?

五、提高学员肢体语言表达能力的培训游戏

没有肢体语言的帮助,一个人说话会变得很拘谨,但是过多或不合适的肢体语言也会让你这个人让人望而生厌,自然、自信的身体语言会帮助我们的沟通更加自如。

参与人数：2人一组
时间：10分钟
场地：不限
道具：无

培训游戏规则和程序：

(1)将学员们分为2人一组,让他们进行2~3分钟的交流,交谈的内容不限。

(2)当大家停下以后,请学员们彼此说一下对方有什么非语言表现,包括肢体语言或者表情,比如有人老爱眨眼,有人会不时地撩一下自己的头发。问这些做出无意识动作的人是否注意到了这些行为。

(3)让大家继续讨论2~3分钟,但这次注意不要有任何肢体语言,看看与前次有什么不同。

相关讨论：

(1)在第一次交谈中,有多少人注意到了自己的肢体语言？

(2)对方有没有什么动作或表情让你觉得极不舒服,你是否告诉了他你的这种情绪？

(3)当你不能用你的动作或表情辅助你的谈话的时候,有什么样的感觉？是否会觉得很不舒服？

总结：

(1)人与人之间的交流是两个方面的：一方面是语言的；另一方面是非语言的。这两个方面互为补充,缺一不可。有时候非语言传达的信息比语言还要更加精确,例如,如果一个人不停地向你以外的其他地方看去,你就可以理解到他对你们的谈话缺乏兴趣,需要调动他的积极性了。

(2)同样,在日常的生活工作中,为了让别人对你有一个更好的印象,一定要注意戒除自己那些不招人喜欢的动作或表情,注意用一些良好的手势、表情帮助你的交流,因为好的肢体语言会帮助你的沟通,坏的肢体语言会阻碍你的社交。

思考题

(1)语言沟通与非语言沟通各有哪些特点？

(2)作为一名管理者应具备哪些语言沟通与非语言沟通技巧？如何在经营管理实践中应用这些技巧？

(3)如何在日常的生活和工作中培养自己的非语言沟通能力？

(4)某公司张经理在实践中深深体会到,只有运用各种现代科学的管理手段,充分与员工沟通,才能调动员工的积极性,才能使企业充满活力、在竞争中立于不败之地。首先,张经理直接与员工沟通,避免了中间环节。他告诉员工自己的电子信箱,要求员工尤其是外地员工大胆反映实际问题,积极参与企业管理,多提建议和意见。经理本人则每天上班后先认真阅读来信,并进行处理。其次,为了建立与员工的沟通机制,公司又建立了经理公开见面会制度。见面会定期召开,也可因重大事情临时召开。参加会议的有员工代表、特邀代表和自愿参加的员工。每次会议前,员工代表都广泛征求群众意见,请经理在见面会上解答。如调资晋级和分房两项工作刚开始时,员工中议论较多。公司及时召开了会议,张经理就调资和分房的原则、方法和步骤等做了解答,使部分员工的疑虑得以澄清和消除,保证了这两项工作的顺利进行。请你分析张经理与员工沟通时在沟通方式上所做的选择,这些方式有何特点与效果?

(5) 公司质管部经理老吕在质量管理的总体目标、步骤、措施等方面与公司主要领导人有不同看法。老吕认为,质量管理的重要性在公司上下并未得到充分重视;公司领导则认为,他们是十分重视产品质量问题的,只是老吕的质量控制方案成本太高且效果不好。最近一段时间,这种矛盾呈现激化现象。一天上午,老吕接到公司周副总的电话,通知他去北京参加一个为期10天的管理培训班,而老吕则认为自己主持的质改推进计划正在紧要关头,一时脱不开身,公司领导应该是知道这个情况的,他们做出这样的安排显然是不支持甚至是阻挠自己的工作。因此,老吕不仅拒绝了领导的安排,还发了一通脾气;而公司周副总也十分恼火,认为老吕太刚愎自用,双方不欢而散。你认为这里出现的沟通失败的最主要原因是什么?

(6) 一项研究结果表明,一线管理者将80%的工作时间用于沟通,而在其所有的沟通活动中,有45%的时间用于"听",30%的时间用于"说",16%的时间用于"读",9%的时间用于"写"。请根据这一研究结果来检讨你自己或者熟悉的一位一线管理者的沟通时间分配,反思其合理性。

第七章 沟通障碍及其克服

第一节 有效沟通的障碍

名人名言

谈话,和作文一样,有主题,有腹稿,有层次,有头尾,不可语无伦次。

——梁实秋

管理者的最基本功能是发展与维系一个畅通的沟通管道。

——巴纳德

谈古论今

一个美国记者在采访周总理时在他的办公桌上发现了一支美国产的派克笔,于是便用讽刺的口吻说:"你作为一个大国总理,为什么还要用我们美国生产的钢笔?"周总理风趣地说:"这是一位朝鲜朋友的战利品,是他作为礼物送给我的。"还有一个美国记者不怀好意地问道:"为什么我们美国人走路都是头朝上,而你们中国人走路都是头朝下?"周总理说:"因为中国人走的是上坡路,而你们美国人走的是下坡路。"

从案例中,我们可以看到对信息的态度不同所造成的沟通障碍。这又可分为不同的层次来考虑。一是认识差异。在管理活动中,不少员工和管理者忽视信息的作用的现象还很普遍,这就为正常的信息沟通造成了很大的障碍。二是利益观念。在团体中,不同的成员对信息有不同的看法,所选择的侧重点也不相同。很多员工只关心与他们的物质利益有关的信息,而不关心组织目标、管理决策等方面的信息,这也成了信息沟通的障碍。

知识课堂

一、美国式沟通

美国式沟通术是属于恐吓、威胁、警告、压力等的强硬型沟通方式。这种沟通方式不但超越亚洲人的理解范围,连欧洲人也无法接受。

英国评论家汤普生曾经这样批评美式沟通：

"美国总统的幕僚们极具危险性，他们拥有核弹似的爆炸性精神，却完全缺乏对方的相关知识，总是匆匆浏览一两页备忘录，便使足干劲地往返于各地的会议之间。"

正如汤普生所言，美国人不但崇拜力量，并且深信这套美国式的思考理论可以通用于世界各地。他们的观念就像西部片中典型的牛仔，认为只有自己的决定才是正确的，没有心情去聆听对方的意见。

人常常由于生性怯懦，总是以"是的"两个字来解决一切。而美国人恰好相反，是"不"字的爱好者。凡遇到犹豫不决之事，必定先说声"不"。美式式作风是万一对方说的话不合己意，正如西部片中常见的情景，动不动掏枪解决。这种蛮干的处事方法连欧洲人见了也会为之皱眉。

1. 威胁、虚张声势和强硬手段

美国人在沟通时最常运用的三种方式分别是：威胁、虚张声势和强硬手段。

纵观所有美国讨论沟通方法的书籍，我们不难发现，它们的共同主张总是离不开虚张声势。万一上述三种方式失灵，就采取拒绝交易、抵制或诉讼等强硬手段。

但是我们必须说，这种做法实在是愚昧透顶，因为大家都知道，皮球拍得愈重，反而弹得愈高，没有一位沟通对手会默默忍受对方的欺凌压迫，否则便不能称之为"沟通"。一旦起了反感，沟通自然会陷于泥坑中，你威胁我，我也还以颜色，结果只会造成两败俱伤。

美国人素来擅长在沟通中表现出强硬手段，从一面猛捶桌子，一面滔滔不绝地大吼大叫、乱扔文件的小伎俩，到对簿公堂、通知沟通破裂以及发出最后通牒之类的手段，无一不是只会触怒对方的做法，若是幸运地碰上胆小怯懦的对手，或许真会被逮住而吓得俯首认输。但经验丰富的沟通者遇到这种场合，只会抱着"又来了一名乡巴佬"的心情泰然处之，不为所动。

2. 容易造成误解、偏见、心结的后遗症

美国的电子机械制造商（假设是华格内公司），向台湾的中小企业（假设是五友公司）提议双方共同研究半导体。

虽然五友公司规模不大，仅有200名员工，但是它在这项专业领域中却开发出世界上最先进的技术。华格内公司极欲得到这项技术，便以典型的美式做法向五友公司提出技术合作的要求。

华格内公司的高级主管鼓起三寸不烂之舌，向五友公司的董事长游说这项研究的发展前景。五友公司董事长考虑周详，一来担心技术合作会消减自己技术开发的独立性，从而造成依赖华格内公司的局面；二来忧虑将来若是达到生产阶段，势必得由资金雄厚的华格内公司来发号施令。

除此以外，五友公司董事长也慎重考虑到是否有技术合作的必要性。双方沟通了将近10个月，彼此互访对方的总部，但是五友公司董事长仍然犹豫不决。而华格内公司恰好在此时犯下致命性错误。

华格内公司的副总裁是毕业于哥伦比亚大学的高材生,对于沟通迟迟未获进展感到焦躁不满。

"事实上,本公司拥有足够买下五友公司的雄厚财力。"

他在会议上说出这句带威胁性质的话,实在不够高明。因为五友公司的董事长一手创建这家公司,发明了数百种产品,不但深深引以为傲,更具有一份浓厚的感情,他听到这句话之后便不再迟疑。

"很遗憾,我决定不与贵公司技术合作。"

以金钱利诱不遂,便企图采用威胁手段,却不幸招到反效果。五友公司董事长认为美国人做事鲁莽蛮横,没有一点风度,实在不能作为长期技术合作的伙伴。

实际上,五友公司董事长若是能够对美国式沟通法多了解一点,或许会产生不同的想法,他对于美国式作风多少有些误解和偏见。但是我们也不能否认,华格内公司的做法的确容易让五友公司董事长感到不舒坦,心中留下芥蒂。这正是美式强硬沟通法的严重缺陷,换句话说,强硬沟通法成功则已,若不成功的话,必然会造成误解、偏见、心结的后遗症。

即使成功了,也会留下心结。力量薄弱的一方虽然不得不屈服于对方的胁迫,但是心中自然是愤恨难平,甚至伺机报复,对于长期性的合作关系而言,实际上是一大隐患。胜利的一方纵然能够得到眼前的小利益,却会因此失去更重要的稳定性和安全感。

3. 强烈的个人主义

美国社会呈现出强烈的个人主义,以自我为中心,不择手段地利用他人以实现自己的理想。旁人的想法无关轻重,为了提高成绩,必须拼命地表现自己。同事之间也是竞争胜于一切,唯有如此,方能往上攀登,而失败者怪不了谁,只能怨恨自己比不上别人。当然,失败者的能力或技术不见得输给胜利者,但是问题在于他能否调整自己,适应周围的环境。总之,"物竞天择"的道理在美国社会发挥得淋漓尽致。

严格地说,在美国的个人主义中,旁人只分两种:一种是明确的敌人,另一种是潜在的敌人。除此之外,别无第三者。

4. 美式沟通的特点

美式沟通反映了美国人的性格特点。他们性格爽朗,能直接地向对方表露真诚、热烈的情感,他们充满了自信,随时能与别人进行滔滔不绝的长谈。他们总是十分自信地进入沟通大厅,不断地发表意见。美国人的这些特点,很多都和他们取得的经济成就有密切的关系。他们有一种独立行动的传统,并把实际物质利益上的成功作为获胜的标志。

他们总是兴致勃勃地开始沟通,并以这种态度谋求经济利益。在磋商阶段,他们精力充沛,能迅速地把沟通引导至实质阶段。他们十分赞赏那些精于讨价还价,为取得经济利益而施展手法的人。他们自己就精于使用策略去谋得利益。同时,他们也希望别人具有这种才能。

美式沟通中的特点,可归纳为以下三个方面:

①热情奔放；
②颇有讨价还价的能力；
③对一系列交易感兴趣。

这些特点,在某种意义上可以从美国历史上找到原因。在美国历史上,开拓者曾经冒极大的危险,扩大疆域,开辟并建立了新的生活方式。

二、北欧式沟通

在沟通中,北欧人比美国人显得平静得多。在沟通开始的寒暄阶段,常常呈现出沉默寡言,他们从不激动,讲话慢条斯理。所以在沟通的初始阶段,容易被对方征服。

他们在开场陈述时十分坦率,愿意向对方表明有关他的立场的一切情况。

他们很擅长提出建设性意见,并做十分积极的决定。

芬兰人和挪威人都有这种特点,瑞典人也这样行事,但他们受美国人的影响很深,并具有瑞典人特有的官僚主义。丹麦人如果来自沿海地区,则按斯堪的纳维亚人的风格沟通;如果来自尼德兰半岛,则具有德国人的风格。

斯堪的纳维亚人的这种特点,不难看出其文化渊源。他们严守基督教的道德规范,保持政治上的稳定,直到目前,他们还保存着农业经济和渔业经济。北欧人的长处在于他们在最终阶段很坦诚和直率,在沟通中他们能提出富有建设性的意见。他们不像美国人那样,在出价阶段谈得很出色,也不像美国人那样擅于讨价还价,他们是比较固执的。

与北欧人沟通时,应该对他们坦诚相待,采取灵活和积极的态度。

三、阿拉伯式沟通

来自中东地区的沟通人员,具有沙漠民族的传统风格。他们喜欢结成紧密和稳定的部落。他们主要的特点是:好客、没时间观念,在他们眼里名誉最为重要,来访者必须首先赢得他们的信任。

由此可知,他们特别重视沟通的开端,往往会在交际阶段(即广义上的制造气氛和寒暄阶段)花费很多时间。经过长时间的、广泛的友好往来增进彼此的敬意,也许会出现双方共同接受的成交可能性,于是,似乎是在一般的社交场合,一笔生意竟然做成了。

和中东地区的人做生意,首先要防止对方拖延时间和打断沟通。沟通大厅的门总是开着的,甚至当沟通进入到最后的关键时刻,突然有第三者进来找他们讨论与沟通无关的问题时,他们也仍要按阿拉伯的传统热情招待。缺乏经验的人很可能为丧失成交的宝贵机会而感到懊恼,他应该适应这种情况,习惯漫长沟通的做法,同时也应学会在洽谈的时候把讨论重新引入正轨,创造新的成交机会。

与中东地区的人沟通,必须把重点放在制造沟通气氛和试探阶段的工作上。传统阿拉伯式沟通的最大长处是可以大大缩短讨价还价和交涉阶段,尽快达成协议。

但是,由于石油革命,他们的传统文化习惯受到了挑战,日益增多的阿拉伯人到美国接受教育,他们已开始学习美国人的讨价还价的沟通方法了。

技能实训

参与沟通,要有双方当事人:发讯人——传送方、受讯人——接收方。你要让对方确定你真正了解沟通的内容,才算达到沟通的目的。

一、口头沟通

一个人口头沟通能力的好坏,决定了他在工作、社交和个人生活中的品质和效益。

1. 口头沟通,提升表达力的方法

①先过滤:把要表达的资料过滤,浓缩成几个要点。
②一次一个:一次表达一个想法、讯息,讲完一个才讲第二个。
③观念相同:使用双方都能了解的特定字眼、用语。
④长话短说:要简明、中庸、不多也不少。
⑤要确认:要确定对方了解你真正的意思。

2. 无往不胜的说服法

①举出具体的实例。
②提出证据。
③以数字来说明。
④运用专家或证人的供词。
⑤诉诸对方的视、听、触、嗅、味五种感觉。
⑥示范。

3. 进行口头沟通时,要注意用语

①少讲些讥笑的话,多讲些赞美的话。
②少讲些批评的话,多讲些鼓励的话。

③少讲些带情绪性的话,多讲些就事论事的话。
④少讲些模棱两可的话,多讲些语意明确的话。
⑤少讲些破坏性的话,多讲些建议性的话。

二、倾听

沟通的四大媒介(听、说、读、写)中,花费时间最多的是听别人说话。有人统计:工作中每天有3/4的时间花在言语沟通上,其中有一半以上的时间是用来倾听的。绝大多数人天生就有听力(听得见声音的能力),但听得懂别人说话的能力,则是需要后天学习才会具备。

沟通的双向性使得双方能够互相理解,这一点常常被忽略。聆听本身就在向对方传递着信息,它有助于交流获得成功。因此,聆听技巧显得格外重要。

1. 表示专注

在寻求信息、达成共识或建立工作关系的过程中,你在聆听时表现得越投入越好。为得到回答,你可能需要发言,但要表明你不想控制谈话。问些开放性问题以引导展开讨论,回答问题时要注意言简意赅。听到关键词时默默重复一下,这可以帮助你记住对方的话。

2. 运用聆听技巧

各种聆听类型及运用技巧见表7-1。

表7-1 各种聆听类型及运用技巧

聆听类型	作 用	运用技巧
共鸣	鼓励并支持对方开口,以获取信息	设身处地为他人着想;理解他人的想法;尽量让他们感到无拘无束。还可以联系他们的感情经历,以向对方表示有同感。把注意力集中于他们讲话的内容,少说话,多使用鼓励性的言语和点头的动作
分析	寻求具体信息,努力从情感中理出事实	当你需要知道一系列的事实和想法时,运用分析性问题寻找说话者讲话背后的动因。仔细询问,以便从回答中找出线索,并根据对方的回答提出其他问题
综合	主动地把交流引向一个目标	若想达到预期效果,你的发言要促使他人提出自己的想法。注意聆听,回应他人的话语时可指出哪种想法可行,应该如何实施。你也可以在下一次发问时提供新的解决方案

要点:

你的专心聆听可以帮助说话者树立信心。

应该始终相信别人说的话,直到有证据表明那是谎言。

误解是由选择性聆听,即只听到你想听的内容引起的。

经常插话会使人因表达受阻而感到不悦。

3. 诠释对话

领悟话语的字面意思,而不要在其隐含意义上做文章。根据你的理解重组语句,并说给对方听,以检验你的理解是否正确。这样,你就可以确定你们双方是否已相互理解,否则对方会纠正你并澄清他们所说的话。不管怎样,要注意一些身体信号和语言信号,如闪避的目光和犹豫不决、自相矛盾的言辞。它们可以帮你探查信息的真实性。切忌只听进那些你想听到的话而对其他内容置之不理。

4. 运用神经语言程式

神经语言程式(NLP)的基本理论是人们的说话习惯反映其思维方式。思维习惯可以根据词语选择分类。具体类型包括视觉的,如"我看出你从哪儿来";听觉的,如"我听得出,这是个问题"。仔细倾听后,你可通过模仿对方使谈话更和谐。也就是说,你可以用视觉语言回应视觉语言,用听觉语言回应听觉语言,依此类推。这些都有助于你同对方建立起融洽的关系。在专注地聆听与模仿对方思维习惯的同时,你还可以在姿势方面模仿对方。采取与对方相似的姿势并运用相同的手势能创造共鸣的效果。

5. 聆听与模仿

运用神经天方夜谭程式可以帮助缓解紧张局面,例如,当你与坐在对面的人意见相左时,注意倾听他们的讲话,你讲话时采用与对方相似的比喻与措辞。如果他们防卫性地坐着,微妙地模仿他们的坐姿,然后慢慢改为那种大方的坐姿,以缓和他们的防卫心理。例如,双手放松相握,目光直接接触,笑不露齿,坐姿显得专注等。

6. 识别成见

当你对视听信息的选择被自己的期望所左右时,你可能已形成了一种僵化的思维模式。大多数人身上都存在这个问题,他们经常无意中受到定型看法的限制。我们还经常受他人影响,不假思索地接受他人的观点。成见阻碍了良好的沟通。如果你清楚自己有哪些成见,就能更好地倾听别人讲的话。

7. 克服成见

个人成见扎根于头脑中,不因他人的行为或个性轻易改变,因而很难根除。一个常见的错误是自以为知道别人将要说什么,而不去听对方实际所说的话。事实上,人们并不总是依据你的刻板模式或期望行事。要注意聆听,不要为成见所阻。

8. 检查你的理解

当你需要对方澄清所说的话,或者你认为自己的话可能已被误解时,可使用下列语句,然后注意聆听对方的回答:

"恐怕我没有完全领会您的意思。请您重复一下可以吗?"

"我知道这不在您的工作范围之内,可我仍想听听您的意见。"

"我没说清楚。我的意思是要建立……"

9. 回应他人

要对所听到的话做出回应,第一步就是注意聆听。聆听的时候,如果你在准备如何答复或考虑接下来该说什么,那你就没有集中全部注意力听对方讲话。回答时,先概述你目前的理解。如果需要对方进行重复、做进一步解释或提供更多信息,请直接提出要求,不必迟疑。

10. 倾听不良的原因

(1)外来的干扰。
(2)以为自己知道对方要说的是什么。
(3)没有养成良好的倾听习惯。
(4)听者的生理状况。
(5)听者的心理状况。
(6)听者先入为主的观念。

11. 培养主动倾听的技巧

(1)深呼吸,从一数到二十。
(2)找一个让自己一定要注意听的理由。
(3)在脑中把对方的话转换成自己能理解的话。
(4)保持目光接触,眼睛所在,耳朵会相随。

三、提问

提问方式对于建立良好的沟通基础十分重要。"为什么""什么""怎样""什么时候"等词是很有力的。凭借这些词你可以从自身或他人那里探寻进行有效管理的途径。

1. 该问什么

恰当的提问往往可以打开知识和理解之门。提问的艺术在于知道什么时候该问什么问题。第一个问题应问你自己:如果按一下神奇的按钮,你就能得到任何你想得到的信息,那么你想了解什么呢?对这一问题的回答会帮你迅速组织一个恰当的提问。如果你计划召开会议,那么请准备一页纸,列出你想问的所有问题。开会时,在已得到回答的问题旁边打钩。别人讲话时你若想起了新问题,先把它们记下来,过一会儿再问。

2. 选择问题

事先准备问题时,时时注意哪种类型的问题有助于你实现自己的目标。也许你想组织一次讨论,或了解具体信息,或达到一定的目的,或者以提问的形式下达命令。这时候,要知道事先准备好的问题是远远不够的——他人对这些问题的回答未必完整,这些问题本身也会引发出一些新的问题。你要一直问下去,直到得到满意的回答为止。在提预先准备好的问题时,注意回答中的蛛丝马迹,以便稍后根据它们提出一些新问题。

3. 为得到不同回答而选择问题

可选择的问题类型见表7-2。

表 7-2 问题类型及举例

问题类型	描述	举例
开放性问题	这种问题并不能促使对方做出特定回答,但能引起讨论	问:若为全体员工开设一个餐厅,你认为如何? 答:从多方面考虑,我认为这是个好主意。
封闭性问题	具体的问题,一般用"是"或"不是"来回答,也可辅之以适当细节	问:你读过公司的内部杂志或简讯吗? 答:没有。
探查事实	提问的目的是获取关于某一特定主题的信息	问:交回"员工意见调查表"的员工比率是多少? 答:发出 2000 份问卷,收到 1400 份答复,即回复率是 70%。
追踪问询	旨在获取更多信息或引出新观点	问:同上一次相比,这次调查的结果怎么样? 答:2/3 处于平均水平,这表明员工士气尚可。
反馈	这类提问旨在获取某种类型的信息	问:你认为公司内的沟通状况是否有所改进? 答:我认为有所改进。在最近两周一次的会议上,通过同我的经理交谈,我受益匪浅。

4. 控制语气

你的语气本身就是沟通的一个组成部分。例如,说话粗声大气可以表示愤怒,轻声细语可以表示同情。语气不当可能会起反作用。因此,你应努力控制自己的语气。用录音机放出自己的声音,听一听你的声音中有无意中流露出的嘲讽吗?你的声音听起来是不是太低声下气?多多练习,直到你对自己的声音满意为止。你往往可以通过乐观自信的语气使大家达成一致意见。

第二节　克服沟通障碍的方法

名人名言

最理想的朋友,是气质上互相倾慕,心灵上互相沟通,世界观上互相合拍,事业上目标一致的人。

——周汉晖

与人交谈一次,往往比多年闭门劳作更能启发心智。思想必定是在与人交往中产生,而在孤独中进行加工和表达。

——列夫·托尔斯泰

谈古论今

春秋战国时期,耕柱是一代宗师墨子的得意门生,不过,他老是挨墨子的责骂。有一次,墨子又责备了耕柱,耕柱觉得自己真是非常委屈,因为在许多门生之中,大家都认为耕柱是最优秀的人,但又偏偏常遭到墨子指责,让他没面子。一天,耕柱愤愤不平地问墨子:"老师,难道在这么多学生当中,我竟是如此差劲,以至于要时常遭您老人家责骂吗?"墨子听后,毫不动肝火:"假设我现在要上太行山,依你看,我应该要用良马来拉车,还是用老牛来拖车?"耕柱回答说:"再笨的人也知道要用良马来拉车。"墨子又问:"那么,为什么不用老牛呢?"耕柱回答说:"理由非常简单,因为良马足以担负重任,值得驱遣。"墨子说:"你答得一点也没有错,我之所以时常责骂你,也只因为你能够担负重任,值得我一再地教导与匡正你。"

虽然这只是一个很简单的故事,不过从这个故事中,可以给沟通管理一些有益的启示,但愿每一个人都能够从这个故事中获益。

启示一:员工应该主动与管理者沟通。

一般来说,管理者要考虑的事情很多很杂,许多时间并不能为自己主动控制,因此经常会忽视与部属的沟通。更重要的一点,管理者对许多工作在下达命令让员工去执行后,自己并没有亲自参与到具体工作中去,因此没有切实考虑到员工所会遇到的具体问题,总认为不会出现什么差错,导致缺少主动与员工沟通的精神。作为员工应该有主动与领导沟通的精神,这样可以弥补主管因为工作繁忙和没有具体参与执行工作而忽视的沟通。试想,故事中的墨子因为要教很多的学生,一则因为繁忙没有心思找耕柱沟通;二则没有感受到耕柱心中的愤恨,如果耕柱没有主动找墨子的行动,那么结果会怎样呢?不言而喻!

启示二:管理者应该积极和部属沟通。

优秀管理者必备的技能之一就是高效沟通技巧,一方面,管理者要善于向更上一级沟通;另一方面,管理者还必须重视与部属沟通。许多管理者喜欢高高在上,缺乏主动与部属沟通的意识,凡事喜欢下命令,忽视沟通管理。试想,故事中的墨子作为一代宗师差点就犯下大错,如果耕柱在深感不平的情况下没有主动与墨子沟通,而是采取消极抗拒,甚至远走他乡的话,一则墨子会失去一个优秀的可塑之材;二则耕柱不可能再从墨子身上学到什么,也不能得到更多的知识了。对于管理者来说,"挑毛病"尽管在人力资源管理中有着独特的作用,但是必须讲求方式方法,切不可走极端,"鸡蛋里挑骨头",无事找事就会适得其反,挑毛病必须实事求是,在责备的过程中要告知员工改进的方法及奋斗的目标,在"鞭打快马"的过程中又不致挫伤人才开拓进取的锐气。从这个故事中,管理者首先要学到的就是身为主管有权利也有义务主动和部属沟通,而不能只是高高在上简单布置任务!

启示三:沟通是双向的,不必要的误会都可以在沟通中消除。

沟通是双方的事情,如果任何一方积极主动,而另一方消极应对,那么沟通也是不会成功的。试想故事中的墨子和耕柱,他们忽视沟通的双向性,结果会怎样呢?在耕柱主动找墨子沟通的时候,墨子要么推诿很忙没有时间沟通,要么不积极地配合耕柱的沟通,结果耕柱就会恨上加恨,双方不欢而散,甚至最终出走。如果故事中的墨子在耕柱没有来找自己沟通的情况下,主动与耕柱沟通,然而耕柱却不积极配合,也不说出自己心中真实的想法,结果会怎样呢?双方也会消除不了误会,甚至可能使误会加深,最终分道扬镳。

知识课堂

一、改进沟通[①]

良好的沟通之于机构犹如血液之于生命。虽然沟通的最终目的是把信息传递给接收者,但它却有着诸如说、写、听等多种表达方式。沟通旨在处理信息和改善关系。

小提示1:鼓励你的同事改进各种类型的沟通。

小提示2:善于沟通的人更善于管理。

1. 讲求效率

能否成功地沟通并做成生意,取决于他人是否理解你的意思,是否能用促进交流(使它朝你所希望的方向发展)的语言加以回应。沟通总是一个双向过程。在管理中,通过沟通可以处理事务、传递和获取信息、制定决策、促进相互理解并发展关系。

2. 识别障碍

任何沟通都至少有两方参加。各方可能有着不同的愿望、需求和态度。如果一方的愿望和需求与另一方相冲突,就会形成障碍,这可能导致你不能正确地表达或接收信息。任何沟通若要成功,都须克服这些障碍。克服障碍的第一步就是正视它们的存在。

3. 积极沟通

实现良好沟通的第一步是消除障碍。保持目光接触,聆听他人讲话并模仿其身体语言,这一切都将有助于你成功地沟通。

面向对方以表明你对他(她)的话并不觉得害怕。

微微侧头,表明你在聆听。

正视对方的眼睛。

采用与对方相似的姿态和动作以消除障碍。

4. 力求明晰

促成良好沟通的三条原则均与明晰相关。

对想表达的内容了然于心。

简洁地表达信息。

确认信息已被清楚、正确地理解。

良好的沟通意味着说出你心中之所想,并充分理解所有的反馈。

小提示:在努力克服与他人之间的障碍时,要力求客观。

[①]注:该部分的解释参考网络专业术语的解释,经编者重新编辑而成。

5. 选择沟通方式

慎重选择沟通媒介是信息沟通的基础。对许多人而言,这种选择不外乎口头语言和书面语言。如果你追求的是快速和便利,不妨选择口头语言;如果你追求的是像打印的文件那样持久和有序,不妨选择书面语言,它将使对方经反复思考后做出答复。

电子媒介创造了一种介于口头语言与书面语言之间的沟通方式,为信息沟通提供了新的选择。电子邮件既有电话交谈时的那种即时和非正式的特点,又能以信件的形式存在并存档。沟通方式的选择决定于信息沟通的目的。请你先确定要沟通的信息,然后选择最适当的沟通方式,前提是要确保你已掌握了运用这种方式的技巧。

小提示:尽量使沟通媒介与信息内容相配。

6. 文化差异

正如不同民族有不同的烹饪方式一样,不同的沟通风格在语言和手势上也有很大差异。比起欧洲人来,日本人和其他亚洲人更爱保持沉默;德国人、北欧人和英国人不像拉丁语国家的人那样善于辞令,他们的手势也趋于保守;英国人不愿直接道明自己的用意;澳大利亚人的实话实说往往使别人感到不习惯;美国人则喜欢通过集会或视觉效果强烈的标语进行沟通。

7. 各种方式相结合

沟通方式可分为五种:书面语言、口头语言、身体语言、图像语言以及各种方式的结合。尽管前四种方式独立运用效果也不错,但两种或多种方式结合使用可以增加趣味性、促进理解并且具有更持久的效果。因此,多种方式结合使用,沟通效果更佳。

通过商业传媒与电子技术相结合,如多媒体、电视会议,进行沟通,是多种方式结合使用的实例。多媒体的使用使我们能更好地利用视像材料。当与许多人,尤其是与大型组织的员工进行沟通时,多媒体越来越受青睐。

小提示:尽可能利用影像材料进行沟通。

二、文字沟通[①]

1. 目的

(1)通过对目前的和期望的文字沟通效果,确认改善的领域。

(2)通过掌握有效的文字沟通技能,获取更好的结果。

(3)培养和发展文字沟通技能。

2. 文字沟通分析单

阅读下面的各项内容和要求,完成后面的分析表(表7-3)。

(1)在分析表的第一栏,根据你的工作填写那些你经常要写给他们文字材料的人(或一类人)的姓名(或职务)。

(2)我们将文字沟通材料分为三类:

①"肯定"的文字沟通;

[①]注:该部分的内容源自网络专业解释,经编者重新编辑而成。

②"否定"的文字沟通;
③指示做什么的文字沟通。

在分析中,我们要把精力集中在最常用的文字沟通材料上——信件,包括备忘录、便条和各种类型的信。现在,开始填写第一栏,然后确定写给每个人的文字沟通材料类型(即"肯定"型、"否定"型和指示做什么类型),并把它们填写在第二栏里。

(3)在第三栏中确定这些信件属于下面两种情况的哪一种:
①由你直接写给他们的;
②对他们的文字沟通材料的回复。

(4)在第四栏,根据对你工作的重要程度,将第一栏填写的受信人进行排序。

(5)在第五栏,根据你写给第一栏人的困难程度进行排序。如果需要,可做补充说明。

(6)检视已填写的所有内容,确定应对哪类文字沟通材料加以重视,并把你的决定记在第六栏中。

表7-3 分析表

主要受信人	"肯定""否定""指示"	直接回复	受信人的重要程度	写给受信人的困难程度	是否应加以注意	备注

3. 文字沟通

(1)有效的文字沟通。
①传达必要的、精确的信息;
②发信者的表述对特定的情境应是恰如其分的。

(2)提高文字沟通水平应注意三个阶段。
①写作准备阶段。
思考:写给谁?写什么?为什么?
提纲:主要点。使用索引卡。
整理:按逻辑排列各要点的位置。去掉无关的和重复的内容。
②写作过程。文字沟通有三种主要类型:
● 肯定型:
直接给出好的消息。
解释好消息。
用好的祝愿结束。
● 否定型:
用"缓冲"式的自然叙述开头。
在给出坏消息之前加以解释。
告诉坏消息。
如果可能,建议某些可能的选择。
用好的祝愿结尾。

- 指示型：

以一种具有吸引受信人注意力的叙述开始。

表述建议或要求,及可能的利益。

清楚地指示受信人应如何去做。

鼓励克服困难,尽早完成工作。

③检查。

- 是否表述准确。
- 是否有不适当的描述。
- 是否有文法、文字上的错误。

4. 文字沟通技法概要

要想通过文字的沟通达到预期的结果,表达的准确性是至关重要的。在工作中,人们经常要用文书的形式来转达信息,因而文字沟通的有效性是管理者必须熟练掌握的一种基本管理技能。

文字沟通的内容千差万别,但其写作可归结为三个阶段：

(1)写作前的准备阶段。

①思考：

- 写给谁——你是写给谁看的。
- 写什么——确认你所要发送出去的信息。如果你是回复一个信函,就要分析弄清回复的关键点。
- 为什么——为什么需要写？达到的目的是什么？

②提纲。把你准备写的关键点全都列出来,这对以后的写作及修改都有帮助。

③整理。根据提纲,把你所要表达的要点按逻辑顺序编排,去掉那些无关的和重复的内容。

完成上述三步,就可以着手写了。

(2)写作过程阶段。有人曾经说过,在写作过程中,写作的目的要绝对清楚地牢记心中。在信件写作方面,虽然内容千差万别,但大致可以分为三类：转达肯定的信息；转达否定的信息；转达指示的信息。

①转达肯定信息信件的写作方式。这类信件可能是同意某种请求、提供一个机会,或者是一些好的消息。在写这类信件的时候,可按下列格式进行：

- 直截了当地给受信者好消息,使之高兴。
- 然后解释这个好消息,目的是解除受信人可能产生的一些疑问。
- 用好祝愿来结束信件,目的是使受信人知道,你在与他分享愉快的感觉。

②转达否定信息信件的写作方式。这种信件可能是对要求的一种否定,或者是一个坏消息。下面几点是写这类信件时的格式：

- 信的开始以一种自然的、渐进的方式叙述,为受信人接受坏消息做先行铺垫。
- 在给出坏消息之前给出一些背景方面的信息,对受信人进行暗示,使之有进一步的思想准备。

- 给出坏的消息,要清楚、准确。不能使受信人产生误解。
- 如果有可能的话,建议选择其他方式,这样做能减缓受信人的心理压力,使之易于接近现实。
- 用良好的祝愿结束信件。不要为坏消息辩解,以免引起反感。

③转达指示的信件写作方式。这类信件一般是指示他人进行某项工作、开展某些活动、同意你的见解或提供你的信息等。下列几点是写作这类信件时应注意的:

- 信件的开头对受信人应具有吸引力,使其有兴趣读下去。吸引受信人的方法可以用直接的提问(例如,你想获得……),也可以是直接的叙述(例如,这是你……),或者是一种命令式的语气。
- 表述事实、要求或建议。当这些与某种利益有关时,受信人会屈从。
- 清楚地指示受信人如何去做。
- 鼓励受信人克服困难,尽快完成任务。

(3)写作后的检查阶段。信件完成以后,应检查:是否有不准确的地方,如错误的描述、夸大的事实、忽略的问题或错误的数字、日期等;是否有文法、文字上的错误。

技能实训

一、头部姿势

(1)挺得笔直(抬头姿势)——说明对谈判和对话持中立态度,如图7-1(a)所示。
(2)侧向一旁——说明对谈话有兴趣,如图7-1(b)所示。
(3)低头——说明对对方的谈话不感兴趣或持否定态度,如图7-1(c)所示。

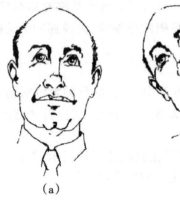

(a)　　　　　　　　(b)　　　　　　　　(c)

图7-1　头部姿势

二、手部姿势

(1)谈话对方在耳朵部位搔痒或轻揉耳朵——说明对方已不想再听你说下去。
(2)谈话对方用手指轻轻触摸脖子——说明对方对你说的持怀疑或不同意态度。
(3)谈话对方把手放在脑袋后边——说明对方有意辩论。
(4)谈话对方用手挡住嘴或稍稍触及嘴唇或鼻子——说明对方想隐藏内心的真实想法。

(5)谈话对方用手指敲击桌子——说明对方无聊或不耐烦(用脚敲击地板同此理)。
(6)谈话对方用手托腮,直指顶住太阳穴——说明人家在仔细斟酌你说的话。
(7)谈话对方就是一般用手托腮——说明对方觉得无聊,想放松放松。
(8)谈话对方轻轻抚摸下巴——说明对方在考虑做决定。
(9)谈话对方手指握成拳头——说明对方小心谨慎,情绪有些不佳。
(10)谈话对方手放在腰上——说明对方怀有敌意,随时准备投入行动。
(11)谈话对方在仔细清除衣服上看不见的尘土——说明内心里不同意你说的,但因某种原因不说出来。

1. 手掌的力量(图7-2)

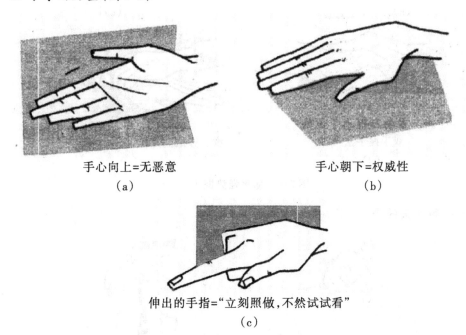

手心向上=无恶意　　　　　手心朝下=权威性
　　　(a)　　　　　　　　　　(b)

伸出的手指="立刻照做,不然试试看"
(c)

图7-2　手掌姿式[①]

2. 握手(图7-3)

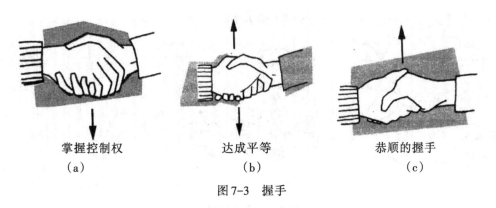

掌握控制权　　　　达成平等　　　　恭顺的握手
　(a)　　　　　　　(b)　　　　　　　(c)

图7-3　握手

[①]注:关于本书中的图片来源于网络课件,经编者重新编辑而成(以下同)。

瓦解强势握手的方法如下（图7-4）：

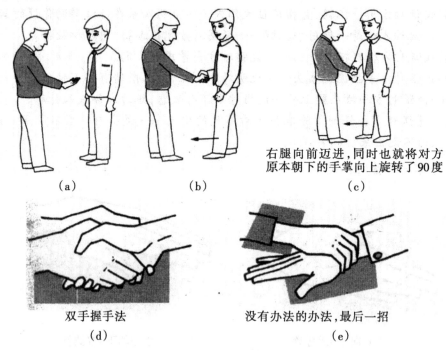

右腿向前迈进，同时也就将对方原本朝下的手掌向上旋转了90度

(a)　　　　　(b)　　　　　(c)

双手握手法
(d)

没有办法的办法，最后一招
(e)

图7-4　瓦解强势握手

3. 拍头和抓头的手势（图7-5、图7-6）

图7-5　拍头

图7-6　抓头

4. 手臂交叉——防御、增加安全感（图7-7）

(a)　　　(b)　　　(c)　　　(d)　　　(e)　　　(f)

图7-7　手臂交叉

三、眼部姿势

1. 凝视

（1）业务性的凝视：如图7-8(a)所示，当进行业务性讨论时，可以设想对方的前额上有一个三角。你的视线要盯住这个地区，这样就可以造成一种严肃的气氛，使对方感到你是认真的。如果你的视线保持在对方眼睛的水平线以上，你就能够控制互动的局面。

（2）社交性的凝视：如图7-8(b)所示，当你的视线落在对方眼睛水平线以下的时候，就形成了一种社交气氛。对凝视进行的实验表明，在社交性见面的时候，你也应当注视对方脸上的三角区域，不过，这个三角区域介于双眼和嘴之间。

（3）亲密的凝视：如图7-8(c)所示，这种凝视从对方的双眼开始，越过下巴，直至身体的其他部分。在亲密的会见中，这个三角在双眼和胸部或乳房之间，如果从较远的距离凝视，这个三角在双眼和胯部之间。男性和女性都用这种凝视来表达对对方感兴趣，如果对方有意，就会回报以同样的凝视。

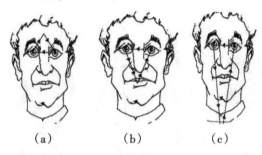

图7-8 凝视
(a)业务性的凝视 (b)社交的凝视 (c)亲密的凝视

2. 眼球

通常情况下，如果一个人在回忆某件事情的时候，他的眼睛会自然地向左移动，如果一个人在酝酿、策划或编造一件事情时，他的眼球会不自觉地向右侧移动（图7-9）。

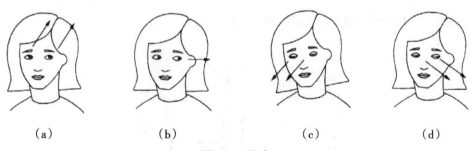

图7-9 眼球
(a)正在回忆某个画面 (b)正在回忆某个声音 (c)正在回味某种感觉 (d)在心里跟自己自言自语

3. 控制对方的视线

向头脑传达的信息中，87%通过眼睛，9%通过耳朵，4%通过其他器官（图7-10）。

(a)　　　　　　　　　　　　(b)

图 7-10　控制对方的视线

四、正确理解肢体语言的原则

(1)连贯地理解,不要把每个动作或表情分开来孤立、片面地理解。
(2)注意语言渠道和非语言渠道的一致性。
(3)综合文化、所处环境、年龄、性别、地位、个人习惯等情境来理解姿势。

1. 模仿(图 7-11)

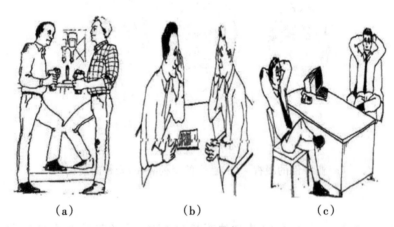

(a)　　　　　　(b)　　　　　　(c)

图 7-11　模仿

(a)想法相似的姿势　(b)模仿对方的姿势,以获得对方的认可　(c)非语言的挑战

2. 身体高度的升降与社会地位(图 7-12)

(a)　　　　(b)

图 7-12　身体高度的升降与社会地位

五、指向信号（图7-13）

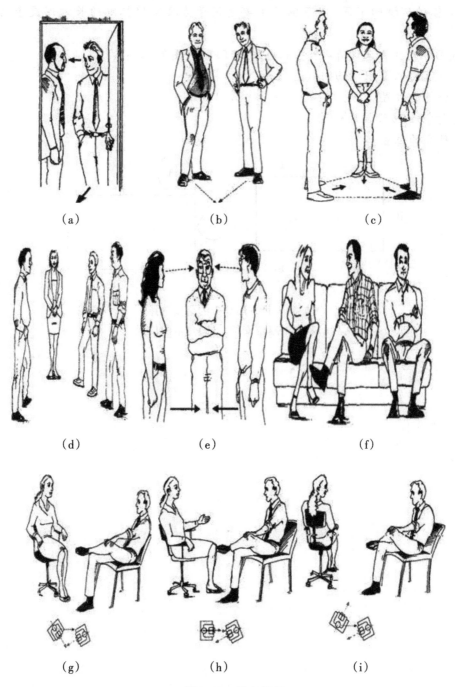

图7-13　指向信号
(a)身体的指向表明他想去的地方　(b)开放式三角形格局　(c)三角形格局表明互相间均接受
(d)脚的指向表明主人的意念　(e)第三个人不被原来的两个人接受
(f)左边两个人身体指向对方是为了将右边的人排除在外　(g)开放式三角形格局
(h)直接将身体指向对方　(i)恰当的角度位置

六、写字台、桌子和座位的安排

由于各种环境的不同,以下例子主要适用于办公室里标准的长方形桌子的座位安排。

人员B相对于A来说有4个基本的位置可以坐(图7-14):

B1:角落的位置,如图7-14(b)所示。

B2:合作的位置。

B3:竞争性/防御性的位置。

B4:独立的位置。

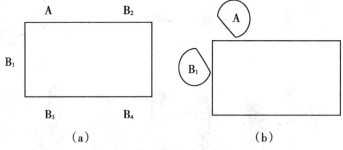

图7-14 长方形桌子的落座选择
(a)基本的座位安排 (b)角落的位置

第八章 沟通方向

第一节 沟通渠道

名人名言

有效的沟通取决于沟通者对议题的充分掌握,而非措辞的甜美。

——葛洛夫

当我面对一群人,或是大众传媒谈话时,我总是假想自己是和"一个人"进行推心置腹的谈话。

——巴伯

谈古论今

迪士尼公司是一家拥有12000余名员工的大公司,它早在20年前就认识到员工意见沟通的重要性,并且不断地加以实践。现在,公司的员工意见沟通系统已经相当成熟和完善。特别是在20世纪80年代,面临全球的经济不景气,这一系统对提高公司劳动生产率发挥了巨大的作用。公司的员工意见沟通系统是建立在这样一个基本原则之上的:个人或机构一旦购买了迪士尼公司的股票,他就有权知道公司完成的财务资料,并得到有关资料的定期报告。本公司的员工,也有权知道并得到这些财务资料和一些更详尽的管理资料。

迪士尼公司的员工意见沟通系统主要分为两个部分:一是每月举行的员工协调会议。在开会之前,员工可事先将建议或怨言反映给参加会议的员工代表,代表们将在协调会议上把意见传递给管理部门,管理部门也可以利用这个机会,同时将公司政策和计划讲解给代表们听,相互之间进行广泛的讨论;二是每年举办的主管汇报和员工大会。对员工来说,迪士尼公司主管汇报、员工大会的性质,与每年的股东财务报告、股东大会相类似。公司员工每人可以接到一份详细的公司年终报告。这份主管汇报有20多页,包括公司发展情况、财务报表分析、员工福利改善、公司面临的挑战以及对协调会议所提出的主要问题的解答等。公司各部门接到主管汇报后,就开始召开员工大会。员工大会都是利用上班时间召开的,每次人数不超过250人,时间大约3小时,大多在规模比较大的部门里召开,由总公司委派代表主持会议,各部门负责人参加。会议先由主席报告公司的财务状况和员工的薪金、福利、分红等与员工有切身关系的问题,然后便开始问答式的讨论。这里有关个人的问题是禁止提出的。员工大会不同于员工协调会议,提出来的问题一定要具有一般性、客观性,只要不是个人问题,总公司代表一律尽可能予以迅速解答。员工大会比较欢迎预先提出问题的这种方式,因为这样可以事先充分准备,不过大会也接受临时性的提议。

知识课堂

一、正式沟通与非正式沟通渠道

1. 正式沟通

正式沟通是指在组织系统内,依据一定的组织原则所进行的信息传递与交流。例如,组织与组织之间的公函来往,组织内部的文件传达、召开会议,上下级之间定期的情报交换等。另外,团体所组织的参观访问、技术交流、市场调查等也在此列。

正式沟通的优点是,沟通效果好,比较严肃,约束力强,易于保密,可以使信息沟通保持权威性。重要的信息和文件的传达、组织的决策等,一般都采取这种方式。其缺点是由于依靠组织系统层层传递,所以较刻板,沟通速度慢。

2. 非正式沟通

非正式沟通渠道指的是正式沟通渠道以外的信息交流和传递,它不受组织监督,自由选择沟通渠道。例如,团体成员私下交换看法,朋友聚会,传播谣言和小道消息等都属于非正式沟通。非正式沟通是正式沟通的有机补充。在许多组织中,决策时利用的情报大部分是由非正式信息系统传递的。同正式沟通相比,非正式沟通往往能更灵活迅速地适应事态的变化,省略许多烦琐的程序;并且常常能提供大量的通过正式沟通渠道难以获得的信息,真实地反映员工的思想、态度和动机。因此,这种动机往往能够对管理决策起重要作用。

非正式沟通的优点是,沟通形式不拘一格,直接明了,速度很快,容易及时了解到正式沟通难以提供的"内幕新闻"。非正式沟通能够发挥作用的基础,是团体中良好的人际关系。其缺点表现在,非正式沟通难以控制,传递的信息不确切,易于失真、曲解,而且,它可能导致小集团、小圈子,影响人心稳定和团体的凝聚力。

此外,非正式沟通还有一种可以事先预知的模型。心理学研究表明,非正式沟通的内容和形式往往是能够事先被人知道的。它具有以下几个特点:第一,消息越新鲜,人们谈论的就越多;第二,对人们工作有影响者,最容易招致人们谈论;第三,最为人们所熟悉者,最多被人们谈论;第四,在工作中有关系的人,往往容易被牵扯到同一传闻中去;第五,在工作上接触多的人,最可能被牵扯到同一传闻中去。对于非正式沟通这些特点,管理者应该予以充分注意,以杜绝"小道消息"起消极作用,利用非正式沟通为组织目标服务。

现代管理理论提出了一个新概念,称为"高度的非正式沟通"。它指的是利用各种场合,通过各种方式,排除各种干扰,来保持他们之间经常不断的信息交流,从而在一个团体、一个企业中形成一个巨大的、不拘形式的、开放的信息沟通系统。实践证明，高度的非正式沟通可以节省很多时间，避免正式场合的拘束感和谨慎感，使许多长年累月难以解决的问题在轻松的气氛下得到解决，减少了团体内人际关系的摩擦。

二、向上沟通渠道

向上沟通渠道主要是指团体成员和基层管理人员通过一定的渠道与管理决策层所进行的信息交流。它有两种表达形式：一是层层传递，即依据一定的组织原则和组织程序逐级向上反映；二是越级反映。这指的是减少中间层次，让决策者和团体成员直接对话。

向上沟通的优点是：员工可以直接把自己的意见向领导反映，获得一定程度的心理满足；管理者也可以利用这种方式了解企业的经营状况，与下属形成良好的关系，提高管理水平。

向上沟通的缺点是：在沟通过程中，下属因级别不同造成心理距离，形成一些心理障碍；害怕"穿小鞋"，受打击报复，不愿反映意见。同时，向上沟通常常效率不佳。有时，由于特殊的心理因素，经过层层过滤，导致信息曲解，出现适得其反的结果。

就比较而言，向下沟通比较容易，居高临下，甚至可以利用广播、电视等通信设施；向上沟通则困难一些，它要求基层领导深入实际，及时反映情况，做细致的工作。一般来说，传统的管理方式偏重于向下沟通，管理风格趋于专制；而现代管理方式则是向下沟通与向上沟通并用，强调信息反馈，增加员工参与管理的机会。

三、向下沟通渠道

管理者通过向下沟通的方式传送各种指令及政策给组织的下层，其中的信息一般包括：

①有关工作的指示；
②工作内容的描述；
③员工应该遵循的政策、程序、规章等；
④有关员工绩效的反馈；
⑤希望员工自愿参加的各种活动。

向下沟通渠道的优点是：它可以使下级主管部门和团体成员及时了解组织的目标和领导意图，增加员工对所在团体的向心力与归属感；它也可以协调组织内部各个层次的活动，加强组织原则和纪律性，使组织机器正常地运转下去。

向下沟通渠道的缺点是：如果这种渠道使用过多，会在下属中造成高高在上、独裁专横的印象，使下属产生心理抵触情绪，影响团体的士气。此外，由于来自最高决策层的信息需要经过层层传递，容易被耽误、搁置，有可能出现事后信息曲解、失真的情况。

四、水平沟通渠道

水平沟通渠道指的是在组织系统中层次相当的个人及团体之间所进行的信息传递和交流。在企业管理中，水平沟通又可具体地划分为四种类型：一是企业决策阶层与工会系统之间的信息沟通；二是高层管理人员之间的信息沟通；三是企业内各部门之间的信息沟通与中层管理人员之间的信息沟通;四是一般员工在工作和思想上的信息沟通。水平沟通可以采取正式沟通的形式,也可以采取非正式沟通的形式,通常是以后一种方式居多,尤其是在正式的或事先拟定的信息沟通计划难以实现时,非正式沟通往往是一种极为有效的补救方式。

水平沟通具有很多优点:第一,它可以使办事程序、手续简化,节省时间,提高工作效率;第二,它可以使企业各个部门之间相互了解,有助于培养整体观念和合作精神,克服本位主义倾向;第三,它可以增加职工之间的互谅互让,培养员工之间的友谊,满足职工的社会需要,使职工提高工作兴趣,改善工作态度。

其缺点表现在:水平沟通头绪过多,信息量大,易于造成混乱。此外,水平沟通尤其是个体之间的沟通也可能成为职工发牢骚、传播小道消息的一条途径,造成涣散团体士气的消极影响。

优秀的沟通者无论在个人还是在大庭广众面前,都能成功地传达书面和口头信息,使各方都能理解信息内容。

技能实训

一、向上沟通渠道的实训

执行决定技能训练

目的:
(1)了解决定的执行过程。
(2)分析推动决定执行的因素(积极因素)和阻碍决定执行的因素(消极因素)。
(3)寻求增加积极因素和减少消极因素的方法。
(4)制订具体的执行计划。

三种类型的管理人员:
(1)"促进"事情发生的管理人员。
(2)知道发生了什么事情的管理人员。
(3)不知道发生了什么事情的管理人员。
一个有效的管理人员应该是"促使"事情发生的管理人员。

成功的管理人员:
(1)十分清楚自己要做哪些事情。
(2)为下属的工作制定目标和规划。
(3)帮助下属实现其确立的目标。
(4)有主见。
(5)热情。
(6)办事果断。
(7)敢于冒险。
(8)工作努力,尽职尽责,并要求下属员工也尽职尽责。
(9)积极改进自己工作中的不足,并帮助下属员工改进工作,提高绩效。
对比一下,你自己也是如此吗?

如何执行决定：

正如前文提到过的,一个成功的管理人员应当是"促使"事情发生的,我们日常做决定也就是"促使"事情发生,但如果决定不能得以贯彻执行,不能落到实处,那么做得再好的决定也是没有实际意义的。因此,决定的执行非常重要。

执行决定是所有管理人员的首要职责,提高管理人员执行决定的能力是非常必要的。

若要提高执行决定的能力,需要:

(1)总结自己过去的经验教训。

(2)学习别人在执行决定方面的长处。

决定执行过程中的积极因素和消极因素分析：

举一个近期工作中你负责执行决定的例子(最好是整个决定执行过程已经结束)。

你是否参与了这项决定的做出,对本部分的训练倒无关紧要。

先单独完成第一部分。

第一部分:

(1)想一想你在这次决定执行过程中都做了哪些推动决定执行的工作,把你能回忆起来的都写出来:

①
②
③
④
⑤
⑥
⑦

(2)现在再回想一下与这项决定执行有关的其他人士(如你的下属、你的上司、你的同事或其他"旁观者"等),都做了哪些推动决定执行的工作。同样,能想起多少就写多少:

①
②
③
④
⑤
⑥
⑦

(3)再回顾一下你做过的工作。想一想哪些工作事实上反而阻碍了该决定的执行。请你如实地把它们写出来:

①
②
③

④
⑤
⑥
⑦

(4)其他人士又做过哪些事实上阻碍了决定执行的事情：
①
②
③
④
⑤
⑥
⑦

把受训人员分成若干3~4人组成的小组，然后大家以小组的形式完成下面的第二部分训练。

第二部分：

(1)综合分析小组每个成员在A部分中列出的推动决定执行的行为和阻碍决定执行的行为，并在下面小组分析表中做出如实填写。每个小组成员都要注意思考自己列出的行为与别人列出的行为在哪些地方类似，在哪些地方不同。

小组分析表

推动小组决定执行的行为：
①
②
③
④
⑤

阻碍小组决定执行的行为：
①
②
③
④
⑤

(2)通过上面的活动，你明白了推动你们小组成员决定执行的行为和阻碍决定执行的行为。作为一个理性的管理人员，你当然希望尽量增加推动决定执行的行为，尽量减少阻碍决定执行的行为。

下面就以小组的形式，分析一下在(1)中列出的每一种推动决定执行的行为。考虑一下这些行为还有哪些值得改进的地方以及还有哪些与之相联系的也能推动决定执行的行为。把它们写出来，越具体越好。

然后，照此办法分析一下每一种阻碍决定执行的行为。

(3)回顾一下小组的讨论活动,然后挑出你们小组认为对决定的执行过程影响最大的两个问题,以便在接下来所有受训人员都参加的讨论活动中与大家进行交流。

具体执行计划:

举出需要你和你的组员近期必须完成的一项工作任务(如果没有这样一项任务,请举出近期你想做但还没有做的一件事情)。

先单独完成第一部分。

第一部分:

(1)思考你要完成的这项工作任务,它都有哪些具体的目标和要求(为了记录本题和下面其他题目的答案,你需准备一张白纸)。

(2)为达到工作任务的多项目标要求,你需要做哪些"事情"?

(3)写出为了完成上面的每一件"事",你须采取的具体措施。

(4)在这一步,你思考一下,若采取了上述你提出的各项措施,原定的工作任务是否能顺利完成?目标能否达到?你是不是还需要采取其他措施?如果真需要,请在下面补出来。

(5)现在再综合权衡一下你列出的多项措施,若要完成原定的任务和目标,应当先做哪些或后做哪些?

第二部分:

这部分的训练任务要求参与人员分组完成(你最好与一个自己不太熟悉的人组成一个小组)。你们可以把时间"一分为二",一半用于讨论你在第一部分中提出的"计划",另一半用于讨论"他"的计划。

(注意,在讨论过程中,你对同伴的"执行计划"提意见和建议时,最好要用"如果我是你的话,我会……"的口吻;当别人对你的"执行计划"发表看法时,你要认真倾听)。

(1)对"执行计划"的每一项具体措施,思考下面五个问题。

①若要推行之,需要由哪些人来完成?你的哪些下属需要参与?还需要其他什么人?

②需要收集哪些信息?

③需要哪些设备和材料?

④需要花多少钱?

⑤需要安排多少时间?

(2)拟定执行计划的时间表。

(3)为了使你的计划得以更顺利地推行,你还不能忽视以下两个问题。

①"我"需要就这一执行计划征求别人的意见吗?

"我"需要征求谁的意见?

"我"为什么要征求他的意见?——是为了征得他的同意?还是为了让他帮"我"收集有关信息?

②在计划的具体执行过程中,"我"需要使用哪些人?"我"怎样才能调动起他们执行计划的积极性?

二、向下沟通渠道的实训

A、指导下属技能训练

目的：
(1)掌握面对面指导下属的准则。
(2)应用指导准则来指导下属。
(3)思考并解决指导下属中的问题。
(4)确认计划在有效指导中的价值。

指导前的计划：
(1)你需要知道什么？
①有关下属工作的要求。
②有关下属的基本情况。
(2)你所期望的结果是什么？
(3)你需要多长的时间来指导？
(4)你在指导中需要什么资源？
(5)你应在什么时间和什么地点进行指导？

指导计划：
(1)如何使下属的工作简单化？
(2)下属做好工作的关键因素和程序是什么？
(3)下属的工作能否用简单的流程图或程序表来表达？
(4)你的指导存在什么问题？
①职责遗漏？
②重复？
③不必要的努力？

指导实施：
(1)你是否使你的下属不受拘束？
(2)你是否向下属解释工作的目的和有关工作的其他问题？
(3)你是否确信你的下属总是清楚地了解他们的工作？
(4)你是否鼓励你的下属，并对他们的反馈做解答？
(5)你是否容许下属对指导提建议？
(6)你是否允许你的下属在工作中学习如何胜任工作？

不断强化指导效果：
(1)你支持、鼓励和引导下属了吗？
(2)你检查、控制和监督下属的学习过程了吗？

面对面指导概要：
(1)指导前的计划。
①确定指导的目的——你所期望的结果是什么？

②确认工作的基本特征:
下属工作的职责及任务构成是什么?
需要什么样的技能?
该工作与其他工作有何联系?
③给予指导的时间长短:
下属工作的复杂程度如何?
下属对自己的工作已掌握了多少?
④在确定指导时间时,尽量避免指导被打断。
⑤选择适当的地点。
⑥确保指导时所用的设备和材料。
(2)制订指导计划。
①把指导工作分为几个阶段。
②根据下属的知识和已有的经验,反复思考每一指导阶段,以便掌握指导的详细程度。
③列出各个指导阶段的关键指导因素。
④反复检查是否有职责遗失、缺乏清楚说明或不必要的努力。
(3)指导实施。
①将下属置于不受拘束的情景中,激发他们的兴趣,使他们自己想学。
②向下属解释工作的目标、重要性和与其他工作的关系。
③了解下属对工作已掌握了什么,他们还需要学些什么?
④鼓励下属多提问题。
⑤为过一段时间再次进行指导做准备。
⑥允许下属在工作中学习,直至他们胜任工作。
⑦允许下属对指导提出建议。
(4)不断强化指导效果。
①鼓励下属在遇到困难时,寻求帮助。
②检查下属的学习情况。
③当下属需要的时候,提供鼓励和指导。

角色扮演:
(1)根据你的经验,选择一个你所熟悉的工作、系统或程序。
(2)设计一个10分钟的指导计划,作为你的指导结构。
(3)角色分配。
①经理或指导者。设计一个10分钟的指导课程,对下属进行指导。另有5分钟的反馈时间。反馈来自于观察者和其他人的评论。
②下属或接受指导者。对"经理"的指导采取适当方式的反应。
③观察者。观察指导过程,在观察表(表8-1)上适当的项目内做记录。指导结束以后,反馈你的评议,与其他学员分享观点和感受。

表 8-1　观察评议表

下属是否无拘束：

是否表现出学习的兴趣：

解释目标和工作的关系：

鼓励反馈：

表现出宽容和理解：

考察能力：

其他人的评议：

B、激励下属技能训练

目的：
(1)提高洞察人是如何被激励的能力。
(2)制订确认下属动机的方式。
(3)寻求管理者能影响下属动机的方式。
(4)确定提高下属激励水平的准则。
(5)为改善对下属的激励,制订一个行动计划。

激励下属：
为了使你的下属成功地达到目标,你要：
(1)懂得如何促进工作。
(2)了解激励下属的方式。
(3)确认在激励下属过程中你所扮演的角色。

如何激励下属：
(1)金钱作为一种激励手段是重要的,但是作用是有限的。
(2)管理者为下属创造有利的条件,会使激励更有效。
(3)必须确定个人目标,因而使他们：
①获得成功时的满足感。
②优秀的工作得到承认。
③改善和促进工作。
④参与决策。
⑤增强责任感。
⑥自主地计划和组织他们自己的工作。
⑦接受挑战和促进个人成长。

激励下属：
作为管理者,你在激励你的下属过程中扮演着一个关键的角色。你有这样一种职责,即劝说和激励你的下属,使他们的工作更有效。激励你的下属,使他们有效地达成目标,这是你的职责,因此要求你：

(1)懂得如何促进工作。
(2)了解激励下属的方式。
(3)确认自己在激励下属过程中所扮演的角色。

一、什么是动机

动机是一种对人们认定他们自己达成满足需求目标程度的尺度。但是,需求是复杂的,能通过各种工作以内或以外的方式获得满足。马斯洛把人的需求划分为五个层次。在一般情况下,当某个层次的需求获得满足后,就会产生更高层次的需求。通常需求不是静态的,它们根据经历和期望随时间和条件而发生变化。例如,在我们现在的条件下,大多数人认为生理和安全的需求是最基本的。但是,当一个人的工作和生活质量大大提高时,更高层次的需求就被认为是重要的。

二、如何激励下属

对于"人为什么要工作"这个问题,很多回答是为了钱。然而这种回答非常不完全,不能满意地解释人为什么要工作。钱对一个人动机的影响是重要的因素。因为钱不仅意味着可以满足各种物质需求,而且也是成功和被社会承认的标志。然而,过分地强调金钱在激励方面的作用,特别是金钱不直接地与工作执行和成就相联系的时候,是不适当的。在许多情况下,钱能使人工作,但却不是使人努力工作的充分条件。过分地强调并使用金钱作为激励手段,会使下属产生对金钱的更高期望,而这种期望在相当长的时间里是难以满足的。因此,你要发现、寻找那些能激励你的下属、改善他们工作绩效的手段。

就工作本身而言,它不是一个激励要素。一个有效的管理者,应能创造促使下属达成各自目标的条件。

这些目标包括:
(1)从成功中获得满足感。
(2)使优秀的工作得到承认。
(3)改善和促进工作。
(4)参与决策。
(5)增强责任感。
(6)自主地计划和组织自己的工作。
(7)接受挑战和促进个人成长。

然而,最重要的是,针对不同的人应采取不同的激励方式,对激励问题提供一个通用的答案是不可能的。因此,你必须了解和影响下属的动机。

三、确定下属的激励因素

这个练习设计的目的,是帮助你确认和弄清激励你下属的激励因素。你独立地完成第一部分,然后分小组讨论第二部分的内容。

第一部分:
(1)考虑一下,找出两个下属,一个处于最高激励水平的,一个是处于最低激励水平的。根据下列在工作中影响动机的因素,根据你的观点,各确定五个重要因素,并按重要程度排序。

①工作安全;②与同事的关系;③清楚的公司政策;④工作职责;⑤丰厚的养老金;⑥工作的紧张程度;⑦优秀的工作被承认;⑧改善与促进工作;⑨组织中的高职位;⑩获得成功的机会;⑪福利;⑫自由的工作时间;⑬参与决策;⑭高薪;⑮周到的管理;⑯清洁的工作环境。

(2)检查一下两列重要程度的顺序,它们是否存在差别?如果有,那是为什么?

(3)你是根据什么理由排序的?例如,根据对他们的印象、你与下属讨论的结果或是两者结合?

(4)在过去,你是怎样了解影响下属动机的激励因素的?

第二部分:

分成三人一组,比较你们排列的因素顺序。

(1)确定哪些要素是你们组一致同意的?

(2)你在确定影响激励你下属的因素时,采取了什么特别的方式或步骤?

激励——管理者的角色:

设置这部分内容的目的,是为了使你了解在激励下属过程中你的角色。第一部分是需要由你自己独立回答的问题,它是第二部分的基础。在第二部分,你同一个学员相互帮助,确认使激励更有效的方式。

第一部分:

下面一些问题是与在工作中获得满意的因素有关的。对每个问题仔细地考虑一下,然后在相应的选择上打"√"。

你的下属:

(1)是否了解他所从事工作的目标? 是( ) 否( ) 不知道( )

(2)是否知道衡量他们工作绩效的关键所在? 是( ) 否( ) 不知道( )

(3)对他们工作的计划和组织有否影响力? 是( ) 否( ) 不知道( )

(4)能否获得有关公司政策、运作方面变化和发展的信息? 是( ) 否( ) 不知道( )

(5)是否有机会反馈他们对其工作和与公司关系方面的感受? 是( ) 否( ) 不知道( )

(6)能否从他们的工作执行中得到反馈? 是( ) 否( ) 不知道( )

(7)是否因成功而受到赞扬、奖励,或获得鼓励? 是( ) 否( ) 不知道( )

第二部分:

分成两人一组,根据你第一部分的答案为提纲,讨论下述问题,并分享见解,相互帮助解决困难。

(1)为了使你的下属从工作的成功中获得满足,你在多大程度上创造并提供了机会?

(2)别人在这方面是怎样做的? 包括你的上司、人事部门等。

(3)你准备在哪方面(第一部分所列)为下属提供或创造更多的机会?

激励下属指南:

作为一名管理者,为更有效地激励下属你能做什么?

(1)了解和确认你下属的要求和目标,谨防你的假设误导和不真实。

(2)记住金钱不是唯一的动因。许多其他的东西比金钱能更有效地促使你的下属努力工作。

(3)制订你下属的目标,这目标不仅是客观且可达成,而且又不超过下属的能力。如果可能,与你的下属共同协商这一目标。

(4)用赞扬及其他奖酬方式对下属的成功予以承认。

(5)未经下属的同意,不要变更目标。如果必须改变,也要求得到下属的同意。

(6)利用群体的作用。群体压力能从正反两个方面影响激励。群体决策会加强对目标的认同。

(7)确保你的下属知道他们在做什么。

激励你的下属——行动计划:

应用"激励下属指南",制订一个提高下属激励水平的行动计划。这个计划包括以下各点:

(1)你打算为此目的而达到的结果是什么?

(2)你准备做什么?

(3)你需从他人那儿得到什么帮助?

(4)控制和检查程序是怎样的?

(5)达成结果的时间限制是怎样的?

C、协助下属解决问题技能训练

目的:

(1)分析目前处理下属问题的方法。

(2)掌握确认下属所存在问题的方式。

(3)掌握帮助下属了解和解决问题的方式。

(4)开发问题界定和解决问题的能力。

处理下属问题的检查表:

作为一名管理者,要花费很多时间来处理下属工作中出现的问题。同样,你的上级也同样花费许多时间来处理包括你在内的下属工作中所遇到的问题。

这个检查表是为了帮你弄清你处理下属问题时的行为类型及躲避处理下属问题而设计的。

(1)举出一些例子。这些例子包括两类:

当你去找领导讨论一个特殊的问题或因困难而寻求帮助时,你区分出两类情况。

①帮助你弄清或解决问题的例子。

②回避解决下属问题的例子。

(2)现在考虑你的上级在处理你的问题和对待你的行为时的表现。同时花一些时间想想你自己在处理下级问题时的行为类型。

①帮助下级弄清或解决问题的例子。

②回避解决下属问题的例子。

处理下属问题：

(1)有效的管理包括借他人之手完成工作。

(2)他人从事工作中回避的问题和困难。

(3)管理者应能：

①确定下属何时遇见问题。

②了解这些问题的关键所在。

③与下属共同解决问题。

确认问题：线索

(1)发现偏离常规的行为。

(2)做了什么或没做什么？

(3)提出了什么问题或没提出什么问题？

(4)人们如何看待问题？

(5)是否回避与他人接触？

(6)气愤。

(7)迟到。

(8)缺勤。

(9)呆想。

(10)烦躁。

(11)能够看到或感觉到他们的感受。

了解他人和他们的问题：

(1)了解来自于有效的沟通。

(2)缺乏有效沟通的表现。

①我们可能会感到不能真实地表达自己的意思。

②我们也许不能充分地了解我们自己。

③观念难以表达。

④同样的话对不同的人来说意思不同。

⑤我们只能听到我们自己想听的东西。

⑥为了组织自己的发言，在别人谈论时不去倾听。

调查问题的技术：

(1)开门见山式。

①你打算谈些什么？

②告诉我有关情况。

③如果可能的话，我会帮助你。

④我们随便聊聊也许会有帮助。

⑤我会尽量帮助你。

(2)被动倾听式。

(3)认同式。

①眼神接触。

②点头。

③如下表示：

嗯！

是！

对！

我想是！

我知道！

(4)主动倾听式。

①给予反馈。

②释意。例如：

下级：我不停地干，还有那么多的活儿要干。

上级：你是说工作太多了。

下级：这本说明书没用，根本无法了解怎么用。

上级：你觉得难以掌握是吧？

处理下属问题提要：

当你的下属在工作中或因个人原因遇到一些问题的时候，他们工作的有效性和你所领导的部门，就会蒙受损失。作为一个管理者，有能力确认下属的问题并帮助他们加以解决，使其恢复工作的有效性，是十分重要的。

有了问题向上反映，特别是向高层领导者反映，也许并不那么容易。因此，作为一名管理者，需要注意下述征兆：

(1)沟通上存在障碍。

(2)绷着脸或发脾气。

(3)回避你。

(4)缺勤。

(5)经常烦躁。

(6)走神。

(7)拖拖拉拉。

(8)萎靡不振或情绪低落。

(9)经常说怪话或讽刺人。

(10)工作比平常慢一些等。

当出现上述症状时，就等于告诉你出现了问题，而下属往往很少告诉你出了什么问题。

帮助你的下属清楚地确认问题，经常是件困难的工作。我们必须认识到，清楚地、准确地了解下属正遇到的问题是不可能的，而只能推测。要了解问题实质的所在，只有寻找和解释来自于他们的信息，包括语言的和非语言的。

你与下属间存在有效沟通的时候，你的感受和思想就会与你的下属相当一致，从而能够解释他们的行为。

真正了解下属的情况远比想象的要少,因为:

(1)人们并不总是毫无拘束地表达自己的真实想法。

(2)人们也并不总是了解自己的感情。

(3)感情时常难以用语言表达。

(4)同样的话对不同的人来说意思不同。

(5)我们时常只听到我们自己喜欢听的话。

(6)时常在别人表达自己的观点时,我们则思考自己的发言等。

你如何才能帮助下属解决问题呢?

你可能通过下面六个阶段帮助他们解决问题:

(1)确认并解释问题。

(2)形成解决问题的方案。

(3)评价解决问题的方案。

(4)制定决策。

(5)贯彻执行决策。

(6)对执行结果进行评价。

作为管理者,发现并解决问题是你的职责所在,为了有效地解决问题,应使用下列调查技巧:

(1)开门见山式。对下属存在的问题进行调查时,你需要邀请你的下属来共同解决问题。这时,你可以采用开门见山式的调查方法。

例如:

"能否给我谈谈那件事?"

"关于这个问题,我能帮你什么忙?"

"我们随便聊聊也许对解决问题有所帮助。"

"告诉我是怎么回事?"

"我会尽力帮助你。"

这时,你要表示出愿意倾听并帮助下属的意愿。你的下属或许不想为他们的事麻烦你或占用你的时间。

(2)被动式倾听加认可。这种方式即是你在倾听下属表达自己的思想时,采用语言或非语言的行为来表示你在很注意接收他们发出的信息。

例如:

①直视对方的眼睛。

②点头。

③用语言表示,如"我知道""的确"等。

(3)主动式倾听。采用这种方式时,你需要表明你了解下属所表达的含义。一般来说,常用的技法有以下几种:

①反馈。用你自己的话表述下属所表达的意思。

例如:

下属:"我想今天的会没有什么结果。"

上级:"你是说对这次会议非常失望?"

②肯定或否定。即是你对下属的表达给予肯定或否定的反馈。

例如：

肯定："对，是这样。"

否定："不，你的理解不正确。我是说……"

结论：

作为管理者，你要帮助你的下属自己动手解决自己的问题，这样会帮助他们：

（1）更少地依赖你。

（2）进行自我指导和获取更多的自我满足。

（3）更有效地解决自己的问题。

这样一来，你就能从仅凭一点点信息就试图寻找解决问题的答案中解脱出来，也会使你成为一名更有效的管理者。

最后，当你这样做了，你就能更清楚地了解下属的问题，并提供有效的指导。

角色扮演活动说明：

这部分练习的目的，是为了给你一个开发自己确认下属问题和解决下属问题技能的机会。不像你在正常工作中那样，因为在这个练习中，你会从你的同伴和观察者那里获得反馈信息。

在这个角色扮演练习中，共有三个角色：管理者、下属和观察者。每位组员都要担任一个角色。为发展自己的管理技能，扮演管理者的人显然得到一次学习机会。对于观察者来说，他所得到的训练在于提高观察技能并得到有益的启示。

（1）分成三个人一组，然后分派所要扮演的角色。每个人的角色20分钟一换，其中12分钟是管理者和下属的角色扮演时间，其他8分钟观察者进行反馈和讨论。

（2）扮演下属角色的人，要根据你以往的管理经验确定一个问题。这个问题应是一个典型的、真实的问题。在练习开始之前，不要告诉其他人是个什么问题。

管理者角色：

最近，根据一些线索，你认为你的下属遇到了问题。当你看见他一个人在办公室的时候，你想看看究竟发生了什么问题，以便解决它。用"开门见山式"开始谈话。你的目的是搞清到底发生了什么问题，确定问题的特征，并帮助下属寻找解决的方案。你试着采取被动式倾听和主动式倾听的方式。

下属角色：

你在最近的工作中遇到一个问题。你的上司看见你一人在屋，想跟你谈谈。或许你有能力解决自己的一部分问题。

观察者角色：

你是一名观察者，要观察管理者与他下属的一次谈话。然后给大家一些反馈，特别是管理者。

你要注意管理者是如何确定存在的问题，如何确认问题的特征和如何帮助下属寻找解决问题的方法的。观察被动式加认可方式和主动方式。下面的项目是为帮助你观察而设置的。

（1）管理者是如何开始谈话的？

(2)在下属说话的时候,管理者是如何保持沉默的?采用了哪些认可的方式?用了什么短语?

(3)管理者如何进行有效的倾听?是否给出确切的反馈?这对下属有否帮助?

(4)管理者是否有其他解释,是什么?

当你完成观察以后,你有机会给他们反馈。这也是在提高你自己在描述方面的技能。要记住,你是在帮助他们,而不是批评。

对工作中行为的反思:

现在用一点时间分析一下:

(1)你和你的上司是如何处理下属问题的?

(2)用什么方式确定和解决问题?

(3)在工作中,对解决下属的问题方面,你有哪些见解和经验?在这个训练中的收获是什么?

(4)考虑一下你处理下属问题所采取的方式。在解决下属问题中,你能采用什么有效的方式?

(5)现在,试着就一个问题确定你改善处理下属问题的方式所需采取的步骤。

(6)在改善和提高处理下属问题的技能方面,其他人能帮你什么?要尽可能实际。

三、水平沟通渠道的实训

A、决策技能训练

目的:

(1)探索影响决策的因素。

(2)分析最佳决策方法的内容要点。

(3)指出不同决策方法的优点和缺点。

(4)建立一套选择最佳决策方法的操作程序。

(5)研究在实际工作中如何灵活运用不同的决策方法。

作为管理人员,你要:

(1)做决策。

(2)执行决策。

你采用的决策方法将影响:

(1)你的决策本身质量的高低。

(2)决策的执行情况。

决策方法能够反映决策制定过程中员工参与程度的高低。

决策方法的不同类型:

(1)独裁式。

(2)部分民主式。

(3)完全民主式。

任何一种决策方法都不是万能的,不同的决策方法有着不同的适用对象。

如何做决策：选择合适的决策方法

作为一个管理人员，你既要做决策，又要执行决策，你所采用的决策方法不仅决定着决策质量的高低，而且影响决策执行的效果和效率。

在以前我们提过的多种决策方法中，都有不同的内涵和外延。如果你在进行决策时，完全依靠自己的判断，而不向其他任何人征求意见，那么这种决策方法就是"独裁式"的。而如果你能够让员工有一定程度的参与，听取他们的建议和对某些问题的看法，那么你所采用的就是"部分民主式"的决策方法。但是，在这种情况下，其他人的意见对你做决策不能产生任何决定性的影响，你既可接受也可不接受。还有一种"完全民主式"的决策方法。这时要求你与有关人员组成一个决策小组，由决策小组（而不是由你个人）做出最后的决策。

没有一种万能的决策方法，不过，在特定的决策环境下，使用某一种决策方法可能比其他方法更有效。

管理人员在进行决策时，首先要认真分析自己所处的决策环境，然后在明确不同决策方法的优缺点的基础上，灵活选用适宜的决策方法。

你的决策方法研究：

这项活动的目的是通过研究你所采用的决策方法，分析不同决策方法的优缺点。活动分成四个部分，第一部分要求你判断一下近期采用的决策方法类型。在第二、第三两部分中，你将进一步分析你之所以采用这种方法的具体原因，最后在第四部分中，你将对每一种决策方法本身的优缺点做分析。

第一部分：

首先看一看下面关于三种决策方法的五种描述，然后回顾一下你近期做过的三项决策，判断一下它们分别更接近于哪一种描述，并在相应的小方格中用"√"表示。第"Ⅰ""Ⅱ"种描述属于"独裁式"决策方法；第"Ⅲ""Ⅳ"种描述属于"部分民主式"；第"Ⅴ"种属于"完全民主式"。记住，只能选一种表述。

（Ⅰ）你是不是仅凭自己掌握的信息，完全依靠自己的判断做出决策？ 1□ 2□ 3□

（Ⅱ）你是不是听取有关意见后独立做出决策？ 1□ 2□ 3□

（Ⅲ）你在做出决策之前，是否与有关人员进行私下个别谈话，听取了他们的意见和建议？ 1□ 2□ 3□

（Ⅳ）你在做出决策之前，是否召集有关人员开会，集中听取了他们的意见和建议？ 1□ 2□ 3□

（Ⅴ）你是不是与有关人员组成一个决策小组，由决策小组最后做出决策？ 1□ 2□ 3□

第二部分：

通过填写"你的决策方法研究分析表"，按顺序分析研究你在第一部分列出的三项决策。

比如，你在分析第一项决策时，先在"Ⅰ"栏判断一下它所属的决策类型，是"独裁式"，还是"部分民主式"，或是"完全民主式"。然后按表8-2中要求，在"Ⅱ"栏、"Ⅲ"栏、"Ⅳ"栏、"Ⅴ"栏中分别填写你之所以这样进行决策的各方面原因。

表8-2　你的决策方法研究分析表

决策项目	决策方法的类型	之所以采用这种方法的原因			
		你本人方面的原因	你下属方面的原因	工作任务方面的原因	组织方面的原因
	（Ⅰ）	（Ⅱ）	（Ⅲ）	（Ⅳ）	（Ⅴ）

对后两项决策的分析照此办理。

下面的例子也许能为你填表提供一些参考：

1. 你本人方面的原因

(1)你的价值观、态度和需求。

(2)你对下属的信任程度。

(3)你对下属工作动机的判断。

2. 你下属方面的原因

(1)他们是否愿意承担责任。

(2)他们在参与决策方面的知识和经历。

(3)他们的期望。

(4)他们的职业发展愿望。

3. 工作任务方面的原因

(1)它的复杂性程度。

(2)它的专业特殊性。

(3)它的重要性。

4. 组织方面的原因

(1)相对于其他决策方法,这种方法的优越性。

(2)时间方面的要求。

第三部分：

对受训人员进行分组,每小组由3~4人组成。结合每个人在第二部分完成的"分析研究表",小组成员一起讨论之所以采用某种决策方法的原因。集中小组成员的智慧,分别列出采用三种决策方法的具体原因。

第四部分：

仍以小组形式,结合每个人在决策方面的体会和感受,讨论不同决策方法的优缺点。然后把它们一一列举出来。

其他小组成员是不是还有更好的决策方法呢？

如果有,这种方法是什么？它为什么"更好"呢？

决策方法选择：

对决策方法的选择是决策过程中非常重要但又常常被忽视的环节,而你选择的决策方法将影响：

(1)决策所需信息的质量和数量。

(2)决策被下属员工接受的程度。

(3)下属员工在执行决策过程中的积极主动性程度。

(4)决策执行的速度。

如何选择最有效的决策方法呢？问题得以解决的方法很多,你只需针对一系列的提问,回答"是"或者"否",你就会借助下面的"决策树",很快找到你需要的决策方法。

下面的(Ⅰ)~(Ⅴ)分别代表第一部分中提到的五种有关不同决策方法类型的描述。

(Ⅰ)决策是根据你自己掌握的信息,完全由你做出的。

(Ⅱ)决策是你听取有关下属意见后,由你独立做出的。

(Ⅲ)决策是在你与有关人员和下属个别谈话,听取他们的意见和建议后做出的。

(Ⅳ)决策是在你召集有关人员开会,集中听取了他们的意见后做出的。

(Ⅴ)决策是由你与其他有关人组成的决策小组集体做出的。

案例分析:他的决策方法对吗？

经过两周的管理技能训练后,重新回到工作岗位上的刘青松急切希望运用新学到的知识和技能。刘青松星期一早上上班时,上周末的决策训练课依然历历在目。"我们原来的决策方法确实需要改进一番！"他想。他离开工作岗位去参加训练之前,就遗留许多问题没有解决。而眼下,部门里又"冒"出许多问题亟待解决。

有一个问题老板催促了好几次,刘青松也觉得不能再拖下去了。他想："这又是我采用'完全民主式'决策方法的好机会。我想他们一定会同意我这样做的。事实上,他们对于自己所做的工作非常明了,由他们自己提出的新的工作任务标准一定比我打算制定的还高。这两天就让他们讨论决策去吧,我也可以抽出时间去处理一些其他事情。"

刘青松管理监督着五个人,他们的工作任务是安装和检测生产线上的电子计时器。虽然现在在电子计算机系统的帮助下,生产线上的检测循环时间已大大缩短,但他们仍然在按几年前制定的老工作标准完成工作。刘青松觉得这次是让员工参与决策的绝好机会。

刘青松很快就向那五个工人布置了这件事情,他告诉他们由于计算机的使用、工作任务标准需要重新制定。他要求他们讨论一下这件事,并把讨论结果在星期二下午5点钟之前告诉他。这五人对此非常感兴趣,专门在星期一晚上安排一小时进行讨论,甚至午餐和喝茶都在谈论这件事。

可第二天下午,他们的讨论结果却让刘青松大吃一惊。他们认为任务标准应当再降低20%。他们说："我们感谢计算机使得我们的检测工作变得似乎容易一些,但是生产线——相对而言却越来越复杂了,当你已经习惯了某种工作方式后,原定标准的改变会使得你的工作一切从头开始。"

刘青松知道,老板决不会接受他们提出的降低任务标准的要求。但是他既已让员工自己进行"决策",又怎能断然否定他们的决策结果呢?"我怎样才能摆脱这个尴尬的局面呢?"刘青松很痛苦。

问题:

(1)通读案例,运用"决策树"分析法,提出你觉得刘青松应当采用的最佳决策方法(案例中没提到的有关信息,你可以自行假设)。

(2)小组讨论(每小组由3~4人组成)。

①刘青松应采用哪种决策方法?

②刘青松在让下属参与决策问题上究竟犯了什么错误?

③如果你是刘青松,该如何摆脱眼下的困境?

B、自信训练

目的:

(1)区分自信、屈从和粗鲁的行为。

(2)认清自信的优点和不自信的缺点。

(3)回顾自己的自信场合。

(4)进行自信的实际训练。

自信和不自信的行为:

三种主要的行为类型:

(1)屈从的(不自信)。

(2)粗鲁的(不自信)。

(3)自信的。

屈从的行为:

(1)表现。

①对他人的要求让步。

②不敢提出自己的主张、观点和感受。

③受他人左右。

(2)原因。

①避免伤害或扰乱他人。

②试图获得他人的称赞。

(3)举例。

①语言表达。

"对不起,占用了你宝贵的时间,可是……"

"这仅是我的观点,但……"

"如果你这样说的话,我想也……"

②非语言的表达。

犹豫、轻声;短暂的目光接触;神经质的动作;扭手;耸起肩膀;双臂交叉以示防卫等。

粗鲁的行为:

(1)表现。

①提出自己的要求、感受和主张,而不顾或轻视他人的观点。

②因出现的问题或失误责怪他人。

③讽刺、不友善或持恩赐的态度。

(2)原因。

①只关心自己目标的达成,而不关心他人的目标。

②所关心的是"打败"他人。

(3)举例。

①语言表达。

"你干不干这件事?"

"那是个傻子才干的事?"

"你还有什么不相信的?"

②非语言的表达。

讲话的声调高而刺耳;讲话的速度快;眼睛使人不敢对视;谩骂;用手指指点点,拍桌子等。

自信的行为:

(1)表现。在表达自己的观点、要求和感受时,也尊重他人所拥有的同样权利。

(2)原因。

①信任他人并关心他人自信心的培养。

②在关心有效工作执行的同时,尊重他人的权利。

(3)举例。

①语言表达。

"我相信这件事……,你是怎么想的?"

"我用这种方式完成工作,不会给你带来什么影响吧?"

②非语言的行为。

坚定、适中的声音;口齿清楚、流畅;目光稳定注意,但不具有挑衅性;面部表情坦诚,身体姿态自由放松等。

自信与不自信的行为:

在我们的工作中,就如同在生活中的情况一样,不同的时间、不同的场合,我们的行为也不同。这是由于他人对我们行为方式的影响所造成的。

这些各种各样的行为,可以用自信或不自信来表达。不自信的行为又可以进一步分为屈从式的行为和粗鲁式的行为。这三种行为都会在我们身上体现出来,只是某种行为较其他行为更突出一些。

一、屈从的行为

屈从的行为产生的原因,主要是由于想得到他人的认同,避免伤害他人的感情或扰乱他人的心绪。他们不能坚持自己的观点,或者在表达他们的观点、见解时,用一种很谨慎、很胆怯的方式。采取屈从方式的人,在工作中通常让人牵着走,让他人居功于自己完成的工作。他们或许对此非常不满,但是他们太软弱。

屈从的行为可以通过语言和非语言的方式表现出来,例如：

"对不起,我占用了你宝贵的时间,但是……"

"如果我们……,你是否要反对？"

"这只是我的观点,但是……"

"行,如果你那样认为……"

至于非语言的表现包括犹豫、经常以一种非常低的声音说话,或者不敢正视那些正在谈论的人的眼睛,具有神经质的动作；或许扭着双手、耸起双肩,有时他们不论站着或坐着,总是把双臂交叉在胸前,表现一种保护自己的姿态。

二、粗鲁的行为

粗鲁的行为可以通过下述方式表现来：很少或根本不关心别人的观点、要求或感受；在表达自己的观点时,经常反驳别人的观点和主张。粗鲁的行为包括采用讽刺的语言、采取恩赐别人的态度、对出现的问题或失误采取责怪别人的态度,甚至对别人带有敌意或进行人身攻击。这些行为可以通过下述言行表现出来：

"你干还是不干！"

"那是傻子才干的事！"

"你凭什么不相信！"

"这都是你的错,与我无关！"

粗鲁的行为还可以从语言的行为表现出来。例如,讲话的声音高而刺耳,采用讽刺的语调,语言急促,时常具有挑衅性等。他们常有一种别人不敢对视的目光,手势激烈,指指点点,甚至拍桌子等。

三、自信的行为

自信的行为经常表现为：当表达自己的观点、要求、见解时,确信他人也拥有表达和建议的同等权利。

例如,在表述有关工作的某种变更时,也尊重下属所拥有的表达他们自己观点的权利。自信的人倾向于对自信心的关心和培养,对问题的出现采取适当的态度,对他人充满信任等。自信的行为可以通过以下一些语言和非语言的方式表达出来。

"我相信……,你是怎样认为的？"

"我打算……"

"对解决这个问题,看看我们能做些什么？"

作为自信的行为模式,可以从一些特殊的非语言形式中识别出来。一般地说,自信的行为通常表现为：坚定、适中的声音,口齿清楚、语言流畅,目光稳定注视而不具挑衅性,面部表情坦诚,身体自然放松而有控制等。

区分行为的举例：

面对一个工作中的问题,你同你的上司进行讨论。他认为：针对你工作的这个特殊问题,需要对你进行进一步的培训。这意味着你要离家一个月,到公司的一个外地机构去接受训练。你的家庭生活对你非常重要,你的孩子在这段时间要住院治疗。

面对这种情况,你要采取什么行为呢？是屈从、粗鲁,还是自信的行为？

屈从：

"噢,这可不是一个适当的时候。我对家人怎么交代……但是,你如果认为确有必要……那么……你知道,我不想让你和咱们部门为难……好吧!我下周就动身。"

粗鲁：

"不行!一个月的时间太长……不是因为工作负担大小,而是因为目前我家里有困难。部门的问题你自己去想办法,没必要把我也扯进去。"

自信：

"我知道你认为需要掌握一些现代化知识,但是,现在不行。由于我家里目前还离不开我,因此,我们能否考虑用别的方法解决这个问题。"

确认自信心：

下面是一些工作中常见的情况。作为一个管理者,你的下属是如何反映他们的态度呢?在每个例子中,我们都给出了具体情景和下属的反映,你来进行判断,看看这些行为是属于屈从、粗鲁还是自信,在相应的选择上打"√"。现在,你自己独立完成这个练习,并准备与你的同伴分享你的见解。

(1)现在是下午5:30,你的一个下属正穿上外套,向办公室门口走去。你叫他停留一下,以便同他谈一个与他有关的问题。

下属的回答:"我得走了……我们能不能明天一早再谈这件事?"

屈从( )　粗鲁( )　自信( )

(2)你在办公室里组织面试,要求你的一个下属向候选人介绍一下有关公司的情况。

下属的回答:"恐怕我也不完全了解公司的情况……但是,你如果真的要我带他们转转的话,我想大概可以。"

屈从( )　粗鲁( )　自信( )

(3)一个顾客因未能按时收到货物打来电话。你的一位下属拿起电话(这时办公室里只有他一个人)。

下属的回答:"你是什么意思?没有给你送去吗?你肯定?要知道,这事与我无关,它不属于我的工作!"

屈从( )　粗鲁( )　自信( )

(4)另一个顾客也因没有按时收到货物打来投诉电话。

另一个下属的回答:"我非常愿意帮助你,但是我不知道有关这件事的具体情况。如果我能找到经手这件事的人,几分钟后再打电话给你。"

屈从( )　粗鲁( )　自信( )

(5)你正召开一个会议,讨论一个有关调整你的部门的建议。除了三个人还没有表态外,其他人都同意调整。现在,你要求这三个人发表他们各自的看法。

下属A回答:"对不起,我还没有搞清这个问题的细节……但是我相信,如果你认为是个好主意,那么……我同意。"

屈从( )　粗鲁( )　自信( )

下属B回答:"我认为这个建议正好与我的看法相反。因此,我不能同意这个调整计划。"

屈从(　) 粗鲁(　) 自信(　)

下属C回答:"这真是一个无聊的建议! 不知又是哪个老板头脑发昏,根本就不切合实际。等着瞧吧!"

屈从(　) 粗鲁(　) 自信(　)

工作中的不自信：

阅读下面的材料,然后回答问题,并与你的同伴进行讨论。

如果你在工作中与人接触,你无疑能用各种方式来描述他们。例如,一个人比另一个人工作更努力;一个人比另一个人更聪明;一个人也比另一个人更遵守工作时间等。我们也有其他的描述方式,比如说自信、不自信。下面是一些我们今天组织中常见的不自信的表现(不是全部)。你看看他们都是谁? 或许你也在内。

(1)懦弱的人。

有这样一些人,他们似乎没有能力摆脱他们自己认识到的懦弱。虽然他们的工作执行是有效的,也得到大多数人的肯定,但是,他们得不到晋升或组织的应有重视。这些人或许在坐等他人赏识,但通常难以获得晋升的提名。他们或许也能表达向上提升的期望,但是往往不够明确,致使听不到他们的声音,或因此他们被更自信的人所淹没。

(2)幕后的人。

有一些人工作得很好,但他们却不倾向为他人所知,特别是那些拥有组织权力的管理者。他们或许被同事所发现,直接管理者或许把他们作为一种智慧的源泉来使用,然后把功劳据为己有。

(3)辛劳的人。

这些人工作得不错,然而不幸的是,他们有一种屈从的习惯。在与他人交往中,他们采取屈从的方式,而不是自信的行为,尽力回避周围的人,因而得不到他人的重视。

(4)困扰组织的人。

这些人似乎没有能力相信他们自己,换句话说,他们是建立和维持自我控制的失败者。纪律能使他们执行职责。他们或许总是拖延工作,或者经常忽略最后期限。虽然他们在短期内有能力胜任工作,然而由于他们在工作中的不自信,致使职业的目标和自己的抱负最终得不到实现。

(5)抱怨的人。

这些人在工作中总是有所抱怨,工作、条件、同事等总是不尽如他的意。然而他不相信自己能在这方面做些什么,其信条是"他人"。通常,这些人会发展到放弃自己职责的地步。不幸的是,由于他们的抱怨很少为他人重视,最后什么结果也没有。

(6)牺牲品。

这些人无力说也不愿说"不",其结果是他们经常负荷过重,承受各方面的压力。屈从的行为使他们像驴子一样承担着他人的工作,致使问题日益增多。

正如你所看到的,你会在组织中发现各种各样缺乏自信的人。这些人一般会被认为实际工作少于要求,其能力可能不会给组织带来多大的贡献。

讨论题：
(1)考虑一下上述六种不自信的类型,看看你们发现了什么人?
(2)依次考虑每种类型的人,看看他们给组织带来了什么问题?
(3)依次考虑每种类型的人,看看作为一个管理者应该怎样处理这些人?

提高自信心：
(1)人的工作执行和潜能是更值得重视与奖励的。
(2)增强人对自我价值的感受。
(3)重视人的自我行为、感受和思想。
(4)少责怪他人,少谅解自己。
(5)少花时间和精力去伤害或打击他人。

自信心的优点：
对于个人及其组织,提高人的自信心有什么优点呢?
(1)从一个职业的观点看,自信心可以帮助人充分认识自己的长处和潜能。
(2)从一个人的角度看,自信可以使人对自己的感受良好。这将减少在工作中变得飞扬跋扈或感到力不从心的机会。
(3)有助于确认对自己的行为、感情和思想所负的责任,减少对他人的责难,也防止为自己工作中的错误或不充分进行辩解和开脱责任。
(4)可节省时间和感情量的消耗,减少得罪他人的烦恼,从算计他人的利害关系中解脱出来。
你能确认他人从自信中所获得的利益吗?请写出你自己的经验。

我是如何自信的：
这个活动的目的,是帮助你确认在不同场合中(工作中及其他非工作的场合)的行为而设计的,它将有助于你评价你自信的程度及在什么样的情景中有自信心。

第一部分:请独立完成。
回想过去几天或几个星期,在工作或非工作的场合,试着确认:
(1)何时发生了一次屈从的行为方式?
(2)何时发生了一次粗鲁的行为方式?
(3)何时发生了一次自信的行为方式?
注意:不要匆匆忙忙,你能否仔细地确认这些场合是非常重要的!将上述行为分别记录于表8-3~表8-5中。

表8-3 屈从的行为

简要描述发生的场合,有谁在场,结果怎样?	
你采取了怎样的屈从方式? (例如,你是怎样说的?说了什么?使用了哪些非语言的方式?)	
事情过去后,你有什么感受?	
你能否更仔细地处理这个场合? (尽可能详细地写出来)	

表 8-4　粗鲁的行为

简要描述发生的场合,有谁在场,结果怎样?	
你采取了怎样的粗鲁方式? (例如,你是怎样说的?说了什么?使用了哪些非语言的方式?)	
事情过去后,你有什么感受?	
你能否更仔细地处理这个场合? (尽可能详细地写出来)	

表 8-5　自信的行为

简要描述发生的场合,有谁在场,结果怎样?	
你采取了怎样的自信方式? (例如,你是怎样说的?说了什么?使用了哪些非语言的方式?)	
事情过去后,你有什么感受?	
你能否更仔细地处理这个场合? (尽可能详细地写出来)	

第二部分:现在分成小组讨论。

(1)以你填写的表为基础,轮流讨论对屈从、粗鲁和自信行为的感受、思想和见解。

(2)试着从他人在不同场合的反应中学习。

(3)学习他人是如何提高自己自信的设想。

自信:角色扮演

这个练习将给你一个在安全环境中练习自信的机会。练习由两部分构成,每个部分单独处理。

第一部分:

分成三人一组,阅读角色扮演材料1和2。每个人在角色扮演中,选取一个角色,然后轮换所扮演的角色。

角色扮演材料1:

角色:愤愤不平的采购经理

你和你的公司从一个新成立的供应公司购买了一批材料,但由于交换期推延使你蒙受了损失。这件事使你心烦意乱,因为延误了公司的生产,增加了成本。你被委派同这家公司的销售经理会谈,你倾向于让对方削价10%作为补偿。你不想失望,特别是对一家小小的供应公司。

在与销售经理的会谈中,你要尽力表现得自信些。

角色:销售经理

你花了一个上午的时间处理愤怒的顾客投诉电话,现在你又得知,你的最大客户的采购经理来此见你。你和你的同事准备迅速供货,但不能承受降价。你确信采购经理想削价,你的公司承受不起这样的处理。在合同上也没有这样的条款,至少你这样认为。

角色扮演材料2：
角色：办公室职员

在办公室里，你有一位新来的同事。在他来此上班的第一天早上，你就明确告诉他希望这个办公室继续维持为一个无烟的办公室。你在公司里保持这块不受污染的净土已五年了，你的新同事说他尽力做到这一点。

两周以来，你为了准备报告，进行着非常复杂的计算。近几天，你的胸口痛得厉害，你相信一定是你的那位同事抽烟所造成的，尽管你一再提示他不要再抽烟了。更有甚者，他总是接到朋友的电话，而且很健谈。你发现，烟和电话时常分散你的注意力，有时图表在你眼前浮动。你决定要解决这个问题。

角色：新雇员

你刚刚来到这家公司，与一个同事在同一办公室工作。他似乎对吸烟和声音有所抱怨。以前，你总是独自在一间属于你的办公室里工作。现在，你试图记住不吸烟，但当有压力的时候，这是很困难的。你这个人很爱交往，以前公司的几个朋友常打电话问候你，询问你在做什么。在正常情况下，你接几个电话。

虽然你易于与人相处，但当你正确的时候，你也会维护自己。

角色：观察者

你要观察两个角色的相互作用，特别要注意那些在观察指导中列出来的重点。当角色扮演结束后，你要向你的同伴反馈观察结果。

观察者指南：

你要关心并帮助你的同伴完成自信练习。在你观察他们相互作用时，注意以下几个问题：

(1)语言表达。
①是否简洁？
②是否意思清楚？
③是否坚定？
④是否正直？
(2)目光接触时的表现。
(3)噪音。
①是否微弱和犹豫？
②是否高而尖锐？
③是否稳定而适中？
(4)身体语言：
①是否防御和紧张？
②是否粗鲁且紧张？
③是否放松而有控制？
(5)手势。
①是否神经质？

②是否友善?

③是否稳定的?

(6)其他观察到的问题。

在第一份角色扮演材料中,一个人扮演采购经理,一个人扮演销售经理,另一个人扮演观察者。在第二份材料中,一个人扮演办公室职员,一个扮演新雇员,另一个扮演观察者。作为观察者,他要使用专门为他准备的观察指南。

在第一次角色扮演后,允许观察员反馈观察结果,并做简要讨论。讨论的内容为如何处理这种场合及如何改善处理方式。

在你们完成全部角色扮演活动后,进入第二部分的练习。

第二部分:

每个人用几分钟的时间完成下列任务:

考虑一个工作场合,在那儿有一个你不十分熟悉的人,他向你提出了一个没有理由的要求(这个场合的假设应能代表你真实的经历)。然后,组里的所有成员按第一部分的方式设计并完成一个角色扮演。这次记住,要弄清那个提出要求的人的角色和环境,以及其他有关细节。

自信发展的个人计划:

用几分钟的时间思考一下在前面练习中所提出的各种问题和获得的体验。

(1)在工作中与人交往时,你能从何种自信的方式中获得益处?

(2)当这些情景发生时,你要做什么,怎样做?

(尽可能写详细)

第二节 具体措施

名人名言

子贡问曰:有一言而可以终生行之者乎? 子曰:其恕乎,己所不欲,勿施于人!

——论语

如果你是对的,就要试着温和而巧妙地让对方同意你;如果你错了,就要迅速而热诚地承认。这要比为自己争辩有效和有趣得多。

——戴尔·卡耐基

谈古论今

明朝开国皇帝朱元璋在地方官上任之前,总找他们谈一次话。他说,俸禄虽不丰,但像井底之泉,可以天天汲水,不会干涸,因而要老老实实地守着自己的薪俸过日子,不图非分之财。由朱元璋的"井底之泉",使人不禁想起前几年流行的高薪养廉之说。该理论的核心是要保住干部的廉洁就要大幅度地增加其工资收入,使之有优越的生活条件,不再有非分之想,这样才能有效地保住自己的廉洁。这主意不错,但问题是这一理论是否符合中国的国情。众所周知,中国人口多,吃"皇粮"的自然也多,要像发达国家那样用高薪来供养这么多的国家公职人员,对于我们这个发展中的国家来说,钱从何来?显然这是不现实的。其一,于事不符;其二,于情不通。看看那些下岗职工,想想那些尚未解决温饱的贫困山区的农民,如果视而不见,一味追求高薪,这对"先天下之忧而忧,后天下之乐而乐"的共产党员来说,从感情和道义上是难以接受的。不错,目前干部的工资像当年朱元璋描述的"井底之泉"那样,足以养家糊口,且每月工资照发不误,就像那源源不断的泉水,只要生命尚在,毫无后顾之忧。可总有那么一些人把它和大款的泉水相比,嫌之流速慢,流量少,于是利用手中之权,在井壁四周乱找"生财之源",或贪污,或受贿,最后终被那些"污泥浊水"所淹没,造成井塌人毁的结局。以"题字"为名巧收"润笔费"的胡长清如此,为他人牵线搭桥打电话的成克杰也是这样,他们为了寻找"钱源",最后不仅失去了高贵的官位,而且丢了宝贵的生命。许多人为此开除了公职,丢了饭碗,丧失了那源源不断的"井底之泉"。至此,他们才知那"井底之泉"的可贵,量虽不多,但水清质优,因为这是用自己的辛勤劳动换来的,喝来舒心、安心、放心,而那来路不清的贪泉之水,量虽多,但水混质杂,喝了容易"呛肺",弄不好还有生命之虞,使人憋心、愁心、担心,决非那清澈甘甜的"井底之泉"可比也。

知识课堂

一、有效地下达指示

在沟通过程中,一项基本活动是向他人解释委托给他们的任务,包括任务之目的、方法与范围。学会如何向顾客、同事或供应商介绍情况,这将助你踏上成功之路。

1. 选择指示的形式

指示有多种形式,可以是将来要采取的行动,也可以是解释事情原委的汇报。如果涉及顾客,它就兼有汇报与行动计划的性质。既要详述行动细节,又要阐明顾客需充当的角色。注意对方提供的反馈,以判断你是否已提供了足够信息。

2. 提供信息

如果你把一份书面介绍材料交给同事或顾客,同他(她)详谈以扩充或澄清有关要点,检查他(她)是否已完全理解。

介绍情况时,良好的目光接触有助于集中注意力。

3. 编写书面指示

介绍任务时,应商定你们中将由谁把谈话内容整理成书面材料。编写书面材料时应注意:开宗明义;指出哪些资源可供利用;规定时限;指明工作方式;如果该说明书需形成文件,应指出文件发给哪些人;即使你授权他人做的工作很简单,你的指示明确些仍可少出错。

4. 授权

大多数指示都涉及权力移交问题。如果一项任务由你负责，并由你指派他人具体执行，那么，你就要向该人授权。此时，在书面指示中，你一定要讲清受托人的责任范围，你希望他向你汇报些什么内容以及你是否会做出进一步指示。若这项工作历时较长，书面指示中应包括进行检查的时间。

二、单独沟通

同员工的会见可以是作为工作内容的一部分的正式会见，也可以是为解决任何一方所提出的个别问题而安排的非正式会见。可利用单独沟通检查员工的表现，并借此查明是否需对员工进行辅导或向他提供咨询。

1. 正式会见

非正式会见没有固定程序，正式的单独会见则与其他会见有相同的规则：迅速切入正题，严格遵守议事日程，最后做总结并确保对方对结论表示赞同。在单独会见中，经理与下属间的关系很容易陷入一方命令、一方遵从的模式。因此，若想使会见富有成效，你应聆听对方说话，争取展开理性的讨论，始终保持谦逊有礼。但有一点须牢记：一定程度的对抗不仅是有益的，也是不可避免的。

2. 要做的事

每月至少安排一次与员工的正式的单独会见。

遵守议事日程，并确保你们双方对最后制定的所有决策取得一致意见。

记住：要聆听员工讲话，不要操纵会议。

3. 要充分准备

对于常规会见而言，准备是否充分决定着结果是否会令人满意。有些公司每两周举行一次上级与下属之间的单独会见，共同讨论问题、制定目标并宣传考核意见。在会见的前几天，经理就已先发下了考核意见，以使员工有足够的时间准备他们的答复。

4. 辅导员工

优秀的管理人员就像优秀的教练员一样，他们了解员工的潜能，熟知应如何鼓励员工改进工作，如何提高员工的知识水平。辅导行为应贯穿于管理过程的始终，不应仅限于成绩考核及年度评估。作为经理，应主动帮助员工确立工作目标，不时鼓励员工向更高标准进发，并讨论员工的强项和弱项。当接受辅导的员工赢得了信心，并取得了一定成绩后，他们会自觉确立更高的个人目标，以求改进工作。

5. 向员工提供咨询服务

无论是工作上还是个人生活上的问题，均可通过咨询得到解决。如果你既未受过这方面的训练又无经验，则应把向员工提供咨询的工作留给专业人员去做，他们会帮助人们正视问题并解决问题。当员工因为某事而郁郁寡欢时，你应对其处境表示同情，并提出你可以为他安排一次会见，为他提供咨询。负责咨询的人员会帮助他找出问题的症结，尽可能给他实实在在的支持。例如，当一段假期有助于解决员工面临的问题时，你应当准假。

6. 探寻解决方案

向员工推荐专业咨询人员前，应核实员工是否的确有困难需要帮助，同时也愿意接受帮助。应保证会见不受他人和电话干扰。

三、成功地主持会议

许多经理认为，会议占用了他们太多的时间。实际上，成功的会议将极大地促进沟通。主持会议时，请注意控制会议进程，别让讨论失控。

1. 为开会做准备

为开会做准备时，有四个关键性问题需要问问自己：会议内容是什么？开这次会的目的是什么？会议开得成功的标志是什么？应该邀请哪些人参加？这些问题将帮助你判断这次会议有没有必要召开。每次会议都应有其最终目标。即使不能达成最后决议，至少应制订一个行动计划。只有少数重要人物参加的小型会议往往最富有成效。

2. 会议开场白

必要的介绍之后，应向与会人员讲清开会目的、预期效果与会议结束时间。如有应遵守的基本规则，应直接说清。核实是否每个人手中都有相关资料，还应确保会议议程能被全体与会者接受。如果以前曾经召开过一次有关会议，那么会议记录须提交大家讨论并通过，但不要讨论议事日程上已列出的内容。如果这是第一次会议，可以直接开始第一项议程。最好邀请另一与会者发起讨论。

3. 引导会议进程

在会议进行过程中，应在加快讨论进程和所有人都畅所欲言这两个极端之间保持一种平衡。在一个问题上争论不休的做法既浪费时间又可能造成关系紧张。为避免这种情况，应保证身边有一块表或一个钟，以便对讨论时间加以限定，这样，就可以按原计划结束会议。

4. 结束会议

为自己留出充裕时间来结束会议。会议结束前，要总结讨论结果，并检查他人是否赞同你所得出的结论；还应安排好未竟事宜（包括指定专门人员负责此事）；最后应安排实施所制定的决策的步骤，也就是会后应采取的行动。指派有关人员负责各项活动，并对完成时间做出限定。

5. 通过荧屏沟通

虽然电视会议不能代替面对面会议，但它却是后者的有益补充。开会时，与会者往往希望（有时也需要）看到正在发生什么事。因此，电视会议的效果往往要比电话会议好。如果你的分公司离总部较远，常规会议不易进行，电视会议将尽显其优势。

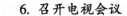

6. 召开电视会议

电视会议使每一个与会者都能观察到讲话人的身体语言和面部表情。这种开会方式可以节省用于旅行的时间和开支,十分有效。

四、与听众沟通

无论是在举行演讲活动、开研讨会、开大会,还是在进行培训,充分做好演讲准备并做好演讲都是大有裨益的。听众觉得,通过视觉接受信息要比通过听觉容易得多。因此,如有可能,应该使用视听(AV)设备。

1. 为演讲做准备

安排好写稿、试讲以及最后回顾的时间。做30分钟的演讲,讲稿大约4800字,写讲稿需用几小时。写提要式讲稿显然快得多,围绕相关主题安排这30分钟,对每一主题加以概括,并把有关材料以提要形式列于每一主题之下。如果使用视听设备,为每个主题安排3分钟(30分钟讲完十个主题),否则为每个主题安排1~2分钟。

2. 讲清要点

书面材料中,多次重复往往不妥,而在演说中,重复却是必不可少的。演讲就是在表演。如果你计划用提要式讲稿,应使提要简洁明确。这样,只要瞥见一个词,就会回忆起几个相关的想法。演讲时可以参考提要,但切忌原封不动地通读讲稿。听觉信息不便于大脑进行回忆,因此,尽可能使自己的演说容易被想起,演说时力求语言清晰、句式简短、语言流畅、要点之间过渡自然。另外,最后一个要点应与第一个要点遥相呼应。

3. 信息传递

信息传递过程中,有三个关键步骤:介绍大致要讲的内容;正式演说;重复所讲内容。即介绍信息,传递信息,重复信息。

4. 鼓励听众做出反应

演讲时,尽可能不看提要,并且自信地在讲台上走动,这样做可以消除讲台所带来的距离感,使你本人和你的演讲更容易被听众接受。讲话时,视线应落到听众的中心,大约在从末排起算的2/3处。听众的态度通常倾向于积极支持而不是敌对,因此,可以让他们的支持给你以更多自信。与听众保持目光接触,通过向个别听众或全体听众提问来鼓励他们参与,这些做法均会收到良好效果。另外,引听众发笑也可以活跃气氛。

5. 运用视听媒介

迄今为止,35mm幻灯机与投影仪仍是最常用的视觉媒介。若听众人数较少,也可以用挂图或书写板代替。而运用了色彩和图像(包括移动图像)的视听媒介则最具感染力。新技术把投影仪与计算机连接在一起,从而使这一视听媒介变得方便、快捷并且价格低廉。无论你计划运用何种视听媒介,都要保证其操作技术简单易学,并尽可能使用最好的视像材料。演讲时,你也可以适时地发给听众一些笔记或视像材料。

6. 成功地演讲

演讲时你应运用积极的身体语言。可以用手势强调要点,但不应过于频繁。如果不看提要你也能讲得既流畅又自信,请尽量脱稿演讲。

检查投影仪上的材料是否已放好;用指示棒辅助演讲;身体站直,面向听众;声音清晰,语速适中;面部表情要积极;用张开手掌的手势表示强调。

7. 富有成效的培训

为员工上培训课是一种重要的沟通形式。像对其他听众讲话时一样,对学员讲话时应显示出自信,和学员保持目光接触,并鼓励学员提问。用几天时间到办公室以外的地方进行集中培训,效果最佳。通过课外与员工进行非正式讨论或交谈,你可以获得关于组织内部各方面的有益反馈。学员对培训课程本身所做出的反馈对于检测这次培训是否有意义至关重要。

8. 举行研讨会

内部研讨会与讲习班在某些领域为员工提供培训,这些领域对于组织而言是至关重要的。这类培训涉及工作中的事务,具有实践性、非正式性以及着眼于具体目标等特点。如果是内部研讨会,只邀请相关人员参加,请高级经理参加往往大有裨益。举行外部研讨会时,可以向顾客和供应商介绍公司进行了哪些变动,也可以利用这类机会推销产品。最好邀请你的最高领导为这类研讨会致辞,或做一个不以销售为目的的报告。

9. 研讨会上的发言

如果你要在内部或外部研讨会发言,发言前应先向组织者询问其他发言人将讲些什么内容,这样就能保证你们的发言不会重复。会前应弄清楚你该讲多久以及讲完后是否要回答听众提问。如果不用麦克风,应确保坐在后排的听众也能听清(如有必要可问一问他们)。讲话速度不要太快,注意看钟表,别超过规定时间。

10. 计划召开大型会议

大型会议比研讨会规模更大,也更正式。正如所有会议都有自己的目标一样,大型会议也不例外。会议的目标是制定议程的基础,并决定着讨论话题的转换。值得一提的是,内部销售年会往往具有极强的激励作用,像其他类型的大型会议一样,这类年会要求一流的会场、职业演说家的演说、效果绝佳的会场布置与视听设备以及周密的计划,还应提前指定在会上发言的人。如果能邀请一位客座演说家活跃会场气氛,将有助于激发听众的兴趣和热情。应让每一个将要发言的人了解自己何时发言以及发言时间的长短。

技能实训

一、成功谈判

要进行谈判,首先要掌握一流的沟通技巧。因为你需要清楚地阐明你的提议并正确理解对方提出的条件。在各种类型的管理工作中,这种技巧都是至关重要的,所以你应尽量提高这种技巧。

1. 为谈判做准备

准备越充分，谈判成功的可能性越大。准备过程中，首先要确立谈判目标，然后决定派谁参加谈判。你要想好，该派一个人还是一个小组呢？如果派一个小组，哪些人在一起能构成最佳组合？谈判前，应确保谈判小组已对问题进行了彻底调查，并确定了立场。调查结果有助于双方协商，共同制定谈判日程并获得对方认可。小组还应提前做至少一次角色预演。最后，确定你们的底线，即你们的最低目标。

2. 掌握谈判技巧

谈判专家往往把自己的谈判策略建立于需求（通常是对方需求）的基础上。若你"针对对方的需求"而展开谈判，就可以冒最小风险取得最大控制权。抓住时机是很关键的。在辩论与讨价还价的过程中，你要揣摩对方的想法，并且不失时机地抬高或改动报价、拒绝对方提议或提出新条件。时时注意把敌对意见转化为合作态度。你可以问一些引导性问题，如"您打算签约吗？"这可以使你的态度更为温和，同时还有助于吸引对方的注意力，获取与发出信息，并刺激对方思考。

3. 谈判的步骤

(1) 战略战术设计。
(2) 提出建议。
(3) 表明立场并展开辩论。
(4) 讨价还价。
(5) 总结并达成协议。

4. 购物谈判

购物谈判过程中，有两点必须考虑清楚。第一，确定你所需要的是什么（而不是你想要的）。记住：卖方的工作就是劝你相信，你们的需求与他们提供的产品恰好吻合。第二，确定你准备付多少钱。为自己设定一个上限，不要超过它。在这种谈判中，先开价的一方往往处于劣势，所以应争取让对方先开价。

5. 与供应商斡旋

与供应商谈判时，传统做法是从多个供应商处索要报价单（以便形成有益的竞争），倾听对方报价，狠狠杀价并要求对方大幅度降价，然后把自己提出的价格稍稍抬高一点儿，最后在尽可能低的价格水平上成交。如供应商在供货或质量方面不过关，则需再次谈判。

一种更有效的新做法是选择最好的供应商。谈判时，争取使双方的报价都降低，并共同分享利润。这种谈判方法不是仅在价格问题上做文章，而是先谈妥可靠性及其他一些与价格无关的问题，然后再讨论实际价格。

6. 同员工商谈

在就工作质量与生产力问题同员工商谈时，单独沟通是颇为有效的。记住：达成协议时，如果让对方觉得他们占了便宜（即使事实并非如此），将对你很有利。如果你要对付的是一个老练的谈判高手,他们的要求超过了你为自己设定的上限,这时应冷静沉着,集中精力将谈判结果维持在你设定的限定内。

二、撰写提议

提议不同于报告之处在于:它是自我推销性质的文件,它的目的在于说服读者接受提议的内容。例如,在公司内,你可提议公司增加在电脑或员工方面的投资。

1. 为写提议做调查

为了成功,所有项目都应与组织的总体目标保持一致。在动笔写提议前,调查一下该提议是否与组织的总体计划相一致,以及两者符合的程度如何。安排调查时应做到如下几点:

查明怎样才能使提议符合公司的总体战略要求,以及提议内容与目前的活动和将来的计划有无冲突。

查明应考虑哪些方面(资金、人力资源或法律问题等),并了解这些方面会给公司带来什么影响。

向决策者询问他们期望实现的短期、中期与长期目标分别是什么。

收集所需信息以支持提议,并准备进入下一阶段——安排提议的结构。

2. 草拟提议

(1)阐述提议内容。
(2)解释做出这一提议的原因以及它将起到的作用。
(3)预测所需资源,并表明该提议符合预算标准。
(4)指定负责人,规定时限。
(5)以行动计划做结论。

3. 提议的设计

提议与报告的格式大体相同:提议的开头要概述提议内容;论证过程中用标题组织行文;最后在结论中重述要点。你的提议应充满积极乐观的态度,你的热情会使读者相信你有能力把提议中所述的前景变为现实。如果要承担一定风险,应讲清你已充分考虑过潜在的不利因素,然后集中论述积极方面。

4. 自我提问

(1)这项提议的花费多大?会涉及哪些人?
(2)若这项提议被接受,它将带来哪些利益(在经济、销售、质量等方面)?
(3)该项提议应怎样实施?
(4)为什么提议要在此时提出?
(5)你为什么相信提出的计划能够取得成功?

5. 后续活动

分发提议时,应让接受者了解你准备在什么时间、以什么方式采取后续活动以及你是否期望他们做书面答复。无论把提议发给公司内部的同事,还是发给外部的供应商

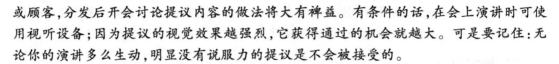

或顾客,分发后开会讨论提议内容的做法将大有裨益。有条件的话,在会上演讲时可使用视听设备;因为提议的视觉效果越强烈,它获得通过的机会就越大。可是要记住:无论你的演讲多么生动,明显没有说服力的提议是不会被接受的。

6. 撰写商务计划

如果为了创建企业而申请一笔资金,愿意向你提供资金的借方很可能要看你的商务计划。撰写这种文件时应先写清提议,然后展开讨论,最后得出结论。预测在一段时间(一般情况下,至少三年)内可能发生的情况与有关的数据,用预测结果支持你的提议。你的商务计划应表明:你能处理好财务问题;你已经把各种因素考虑在内,做出了最好与最坏估测;如果这一计划得以实施,会有很多赢利的机会。

计划书在设计时,应确保形式正规化,有标题页与目录页,并且有封面、封底,装订精良。

参 考 文 献

鲍秀芬. 2003. 现代社交礼仪基础[M]. 北京:机械工业出版社.
彼得·M·韦德曼,马丁·克劳伯格,霍尔格·舒茨. 2010. 领会复杂风险事件的放大:应用于电磁场案例的风险情景模式[A]. //尼克·皮金,罗杰·卡斯帕森,保罗·斯洛维奇. 风险的社会放大[M]. 谭宏凯译. 北京:中国劳动社会保障出版社.
彼得·圣吉. 2009. 第五项修炼:学习型组织的艺术与实践[M]. 张成林译. 北京:中信出版社.
波斯特(Elizabeth L Post). 1997. 款待礼仪[M]. 北京:外语教学与研究出版社.
陈其泰,郭伟川,周少川. 1998. 二十世纪中国礼学研究论集[M]. 北京:学苑出版社.
陈桃源,朱晓蓉. 2011. 职场沟通与交流能力训练教程[M]. 北京:高等教育出版社.
程艳霞. 2007. 管理沟通[M]. 武汉:武汉理工大学出版社.
丛杭青. 1995. 公关礼仪[M]. 北京:东方出版社.
戴尔·卡耐基. 2002. 好口才系列丛书(插图本)[M]. 乌鲁木齐:新疆人民出版社.
丁继,于萨日娜. 2012. 农业推广中基层农技人员与农民沟通的障碍研究[J]. 农业开发与装备(6):10-11.
杜江先. 2001. 交往心理与交往技巧[M]. 合肥:安徽人民出版社.
杜立宪,李涛. 2003. 社交与礼仪[M]. 石家庄:河北美术出版社.
杜卫. 2009. 现代职场礼仪[M]. 北京:中国环境科学出版社.
凡禹. 2002. 人际交往的艺术[M]. 北京:北京工业大学出版社.
郭士伊,席酉民. 2004. 和谐管理的智能体行为模型[J]. 预测23(2):9-13.
郭晓薇. 2011. 中国情境中的上下级关系构念研究述评——兼论领导—成员交换理论的本土贴切性[J]. 南开管理评论14(2):61-68.
哈抗尔德·布抗尔姆. 2003. 色彩的魔力[M]. 陈兆译. 合肥:安徽人民出版社.
何浩然. 2002. 中外礼仪[M]. 沈阳:东北财经大学出版社.
何舟,陈先红. 2010. 双重话语空间:公共危机传播中的中国官方与非官方话语互动模式研究[J]. 国际新闻界(8):21-27.
侯二秀,陈树文,长青. 2012. 企业知识员工心理资本、内在动机及创新绩效关系研究[J]. 大连理工大学学报(社会科学版)33(2):65-70.
侯莉颖,陈彪云. 2011. 个体差异、组织支持感与工作绩效[J]. 深圳大学学报(人文社会科学版)28(1):74-77.

胡爱娟,陆青霜. 2008. 商务礼仪实训[M]. 北京:首都经济贸易大学出版社.
胡百精. 2014. 危机传播管理[M]. 北京:人民大学出版社.
胡君辰,潘晓云. 2008. 心智管理导论[M]. 上海:复旦大学出版社.
黄光国. 2006. 儒家关系主义:文化反思与典范重建[M]. 北京:北京大学出版社.
黄铁鹰. 2011. 海底捞你学不会[M]. 北京:中信出版社.
黄文静. 2005. 企业家心智模式与企业集群成长的关联机理[J]. 经济论坛(4):37-39.
黄辛隐. 2008. 社交礼仪概论[M]. 苏州:苏州大学出版社.
蒋先平,谭宏. 2011. 管理学:理论、案例与技能[M]. 北京:北京师范大学出版社.
金正昆. 2003. 公司礼仪[M]. 北京:首都经济贸易大学出版社.
金正昆. 2005. 国际礼仪[M]. 北京:北京大学出版社.
金正昆. 2007. 大学生礼仪[M]. 北京:中国人民大学出版社.
金正昆. 2009. 当代青年礼仪规范[M]. 北京:新华出版社.
康家珑. 2003. 语言的艺术[M]. 北京:海潮出版社.
雷容丹. 2011. 护理礼仪与人际沟通[M]. 北京:中国医药科技出版社.
黎日,钟虎. 2013. 加强沟通协调营造良好施工环境 促农网改造升级再提速[J]. 广西电业(8):16-17.
李俊琦. 2009. 职业素质与就业能力训练[M]. 北京:清华大学出版社.
李满玉. 2010. 学生实用礼仪[M]. 北京:机械工业出版社.
李牧. 1994. 服装礼仪[M]. 广州:广东教育出版社.
李柠. 1996. 礼仪修养[M]. 北京:高等教育出版社.
李秋萍. 2010. 护患沟通技巧[M]. 北京:人民军医出版社.
李荣建,宋和平. 2005. 礼仪训练[M]. 武汉:华中科技大学出版社.
李霞. 2009. 大学生礼仪指导与训练[M]. 北京:首都经济贸易大学出版社.
李艳红. 2012. 以社会理性消解科技理性:大众传媒如何建构环境风险话语[J]. 新闻与传播研究(3):22-33.
李燕萍,吴丹. 2015. 情绪抑制对工作绩效、离职意向的影响——上下级沟通的中介作用[J]. 经济管理37(7):84-91.
李莹杰,任旭,郝生跃. 2015. 变革型领导对组织知识共享的影响机制研究——基于组织信任和沟通的中介作用[J]. 图书馆学研究(14):79-84.
刘连兴. 2004. 大学生礼仪修养[M]. 济南:山东大学出版社.
刘鲁蓉. 2010. 管理心理学[M]. 北京:中国中医药出版社.
龙君. 2012. 职业素养的培养与训练[M]. 北京:化学工业出版社.
鲁森斯. 2003. 组织行为学[M]. 王磊译. 北京:人民邮电出版社.
麻友平. 2012. 人际沟通艺术[M]. 北京:人民邮电出版社.
祁凤华,王俊红. 2006. 论管理沟通在现代管理中的重要地位[J]. 商场现代化(5):93-94.
邱伟光,王群. 2010. 礼仪宝典[M]. 上海:复旦大学出版社.
邵强. 2011. 沟通和协调艺术[M]. 北京:国家行政学院出版社.

石德金,余建辉,马万沐,等. 2008. 竹农参与技术创新:沟通技术供给与需求的桥梁[J]. 西北农林科技大学学报(社会科学版)8(6):19-21.

斯蒂芬·里德. 2004. 管理思维创新:如何构建你的心智模式[M]. 北京:经济管理出版社.

苏珊娜·杰纳兹,卡伦·多德,贝丝·施奈德. 2011. 组织中的人际沟通技巧[M]. 3版. 时启亮,杨静译. 北京:中国人民大学出版社.

苏勇,罗殿军. 1999. 管理沟通[M]. 上海:复旦大学出版社.

泰勒·哈特曼. 2001. 色彩密码[M]. 魏易熙译. 海口:海南出版社.

谭跃进. 2008. 定量分析方法[M]. 北京:中国人民大学出版社.

万里红. 2007. 职场礼仪[M]. 哈尔滨:黑龙江科学技术出版社.

王国华,梁樑. 2009. 决策理论与方法[M]. 合肥:中国科学技术大学出版社.

王岚巍. 2008. 女性职场礼仪[M]. 长春:吉林科学技术出版社.

王润生,王磊. 1986. 中国伦理生活的大趋向[M]. 贵阳:贵州人民出版社.

王伟. 2006. 文明礼仪手册[M]. 青岛:青岛出版社.

王炜民. 1997. 中国古代礼俗[M]. 北京:商务印书馆.

薇拉·弗·比尔肯比尔. 2003. 交往圣经[M]. 经轶译. 合肥:安徽人民出版社.

乌尔里希·贝克. 2004. 风险社会[M]. 何博闻译. 南京:译林出版社.

吴宜蓁,叶玫萱. 2012. 对话理论与网络危机沟通:一个探索性的研究[J]. 传播与社会学刊(22).

吴宜蓁. 2013. 危机情境与策略的理论规范与实践:台湾本土研究的后设分析[J]. 国际新闻界(5).

吴照云. 2000. 管理学[M]. 3版. 北京:经济管理出版社.

武洪明,许湘岳. 2011. 职业沟通教程[M]. 北京:人民出版社.

向志强. 2002. 现代生活礼仪[M]. 南宁:广西科学技术出版社.

肖冉. 2011. 哈佛沟通课[M]. 上海:龙门书局.

徐延君. 2007. 管理沟通的作用与艺术因素分析[J]. 边疆经济与文化(2):34-36.

尹雯. 2004. 礼仪文化概说[M]. 昆明:云南大学出版社.

余志鸿. 2003. 符号:传播的游戏规则[M]. 上海:上海交通大学出版社.

袁晖,张力娜. 2001. 腕力四射[M]. 北京:中国城市出版社.

张国宏. 2006. 职业素质教程[M]. 北京:经济管理出版社.

张逎英. 2000. 公共关系学[M]. 上海:同济大学出版社.

张霞,胡建元. 2005. 管理沟通的障碍与疏导[J]. 企业活力(1):62-63.

张岩松. 2008. 新型现代交际礼仪实用教程[M]. 北京:清华大学出版社.

张彦,韩欲和. 1993. 涉外礼仪[M]. 南京:译林出版社.

张怡,刘奕. 2009. 礼仪教程[M]. 上海:东华大学出版社.

赵关印. 2002. 中华现代礼仪[M]. 北京:气象出版社.

赵升奎. 2005. 沟通学思想引论[M]. 上海:上海三联书店.

郑成刚. 2004. 现代礼仪社交大全:怎样成为一个最受欢迎的人[M]. 长春:吉林大学出版社.

郑茂华. 2013. 从传播学视角解析"三农"网络书屋[J]. 图书馆建设(7):5-7.

周华. 2013. 渠道沟通对农产品流通效率的影响[J]. 中国流通经济(12):70-75.

周思敏. 2009. 你的礼仪价值百万[M]. 北京:中国纺织出版社.

朱立安. 2001. 国际礼仪[M]. 广州:南方日报出版社.

朱星. 1982. 古代文化基本知识[M]. 天津:天津人民出版社.

朱珠. 2009. 实用礼仪[M]. 北京:北京师范大学出版社.

Avies S R. 2008. Constructing communication[J]. Science Communication(29):413-434.

Beierle T C, Konisky D M. 2000. Values, conflict, and trust in participatory environmental planning[J]. Journal of Policy analysis and Management 19(4):587-602.

Covello V., Sandman P. M. 2001. Risk communication:evolution and revolution[A]. In A. Wolbarst. Solutions to an Environment in Peril[M]. Boleimore:John Hopkins University Press.

F·普洛格. 1988. 文化演进与人类行为[M]. 沈阳:辽宁人民出版社.

Fessenden-Raden J., Fitchen J. M., Heath J. S. 1987. Providing risk information in communities:Factors influencing what is heard and accepted[J]. Science, Technology, and Human Values 12(3):94-101.

Fiorino D J. 1989. Technical and Democratic Values in Risk Analysis[J]. Risk Analysis 9(3):293-299.

Fiorino D. J. 1990. Citizen participation and environmental risk:A survey of institutional mechanisms[J]. Science, technology & human values 15(2):226-243.

Fischer F. 2000. Citizens, experts, and the environment:The politics of local knowledge[M]. Durham:Duke University Press.

Flyvbjerg B, Bruzelius N, Rothengatter W. 2003. Megaprojects and risk:An anatomy of ambition[M]. Cambridge:Cambridge University Press.

Kasperson R E. 1986. Six propositions on public participation and their relevance for risk communication[J]. Risk analysis 6(3):275-281.

Kasperson R. E., Renn O., Slovic P., Brown H. S., et al. 1988. The social amplification of risk:A conceptual framework[J]. Risk analysis 8(2):177-187.

Mintzberg, Henry. 1973. The Nature of Managerial Work[M]. New York:Harper & Row.

Munter, Mary. 1997. Guide to Managerial Communication[M]. 4thed. Beijing:China Machine Press & Prentice-Hall.

Tøsse S E. 2013. Aiming for social or political robustness? Media strategies among climate scientists[J]. Science Communication 35(1):32-55.

Weijang, Yanjing. 2009. Management Communication[M]. Beijing:Machinery Industry Press.